Ekkehard Unger

AUWEIA CHEMIE!

Ekkehard Unger

AUWEIA CHEMIE!

WILEY-
VCH

WILEY-VCH Verlag GmbH & Co. KGaA

Dr. E. Unger
62 Wellington Street
Hamilton
Neuseeland

Bibliografische Information Der Deutschen Bibliothek
Die Deutsche Bibliothek verzeichnet diese Publikation in der Deutschen Nationalbibliografie; detaillierte bibliografische Daten sind im Internet über ‹http://dnb.ddb.de› abrufbar.

ISBN 13: 978-3-527-31238-2

© 2004 WILEY-VCH Verlag GmbH & Co. KGaA, Weinheim

Gedruckt auf säurefreiem Papier

Umschlaggestaltung: HIMMELFARB, Schwetzingen
Satz: Text- und Software-Service Manuela Treindl, Laaber

Printed and bound in Great Britain by
CPI Antony Rowe, Chippenham and Eastbourne

Inhaltsverzeichnis

Vorwort

Viele Bücher haben ein Vorwort. Manche haben sogar zwei. Die wenigsten lesen es.

Ich hoffe, du bist da neugieriger. Denn dieses Buch habe ich für dich geschrieben.

Unsere Welt ist voller Wunder, wenn man sie nur sehen will. Mit etwas Wissen über Chemie kann man einige davon besser verstehen. Trotzdem bleiben sie immer noch Wunder – auch wenn wir eine Erklärung dafür gefunden haben.

Manchen wäre es am liebsten, wir hätten nie damit begonnen, diese Wunder zu ergründen. In bestimmten Fällen haben sie möglicherweise recht. Anderen kann es mit der Forschung gar nicht schnell genug gehen. Die meisten von uns stehen irgendwo dazwischen.

Ohne Chemie würden wir uns ganz schön umstellen müssen. Geht jedoch etwas schief, können wir uns furchtbar über Chemie aufregen. Chemie – dieses Wort hört man fast jeden Tag. Doch was ist Chemie wirklich?

Und damit sind wir am Beginn dieses Buches.

Was ist Chemie?

Zu dieser Frage fällt mir eine Geschichte ein: Ich kenne einen kleinen Jungen, dessen Eltern beide Chemiker sind. Eines Abends saß der Junge mit einem Freund in der Badewanne. Sie unterhielten sich über die Berufe ihrer Eltern. „Mein Vati macht Chemie", sagte der kleine Junge. „Was ist Chemie?" fragte sein Freund. Da drehte sich der Junge um und deutete hinter die Badewanne. Dort hatte sein Vater einen Tag zuvor ein Loch in der Wand mit Schaum aus einer Spraydose zugemacht. Dieser Schaum wird dick und hart, wenn er an die Luft kommt. Der kleine Junge hatte seinem Vater dabei zugesehen. Jetzt in der Badewanne deutete er mit seinem tropfenden Zeigefinger auf den harten Schaumklumpen und sagte ganz stolz: „Das ist Chemie!"

Für den Jungen schien Chemie etwas Geheimnisvolles zu sein. Es passierte etwas vor seinen Augen, was er nicht erklären konnte. Doch mal ehrlich: Wenn du etwas siehst, das du nicht gleich erklären kannst, wirst du da nicht neugierig und siehst es dir genauer an?

Erwachsene, die immer noch neugierig sind, nennen sich Forscher, und manche werden sogar fürs Forschen bezahlt. Ist das nicht eine himmelschreiende Ungerechtigkeit? Hat dir schon mal jemand eine Mark gegeben, als du gefragt hast, ob Autos statt mit Benzin mit roter Limonade fahren können? Egal – ob mit oder ohne Geld – neugierig waren die Menschen schon immer. Die Urmenschen wollten wissen, warum Feuer heiß ist. Ein dicker, alter Grieche setzte sich in seine Badewanne und begann zu grübeln, warum das Wasser steigt, während er sich ausstreckte. Dieser Mann, Archimedes war sein Name, ist berühmt, weil er eine Antwort auf seine Frage fand.

Wenn wir durch die Jahrhunderte zurückgehen, stoßen wir immer wieder auf wichtige Personen, die nur deshalb bekannt wurden, weil sie nie aufhörten, Fragen zu stellen. Da haben wir Johannes Kepler und Nikolaus Kopernikus, die herausfanden, wie sich unsere Erde und die anderen Planeten des Sonnensystems durchs Weltall bewegen. Und dann gab es immer schon die Medizinmänner und später die düsteren Alchimisten, die Sachen machten, die fast nach Zauberei aussahen. Heute ist man sich über diese Frage einig: Es war keine Zauberei. Sie wußten nur etwas, wovon die anderen keine Ahnung hatten, und dieses Wissen hielten sie streng geheim. Aber das kennst du ja: Jeder gute Zauberer behält seine Tricks für sich.

Der Unterschied zwischen einem Zauberer und einem Medizinmann ist der: Der Zauberer täuscht dich mit einem raffinierten Trick. Der Medizinmann täuscht dich nicht – er kann einfach etwas, von dem du keine Ahnung hast. Das, was er kann, hat er vielleicht durch eigene Versuche über die Jahre gelernt, oder er war auf der Schule für Medizinmänner. Fest steht, mit der Zeit ist immer mehr Wissen hinzugekommen, und ganz langsam begann sich dabei für Medizinmänner und Alchimisten eine große Frage herauszukristallisieren: **Woraus sind die Stoffe gemacht, die uns umgeben?**

Es war wieder ein Grieche, der durch bloßes Grübeln eine Antwort auf diese schwierige Frage hatte. Er sagte: „Ich vermute, daß alles, was wir sehen und anfassen können, aus winzig kleinen Teilchen zusammengesetzt ist. Wenn es jemandem gelänge, ein einziges dieser Teilchen in der Hand zu halten, würde er feststellen, daß dieses Teilchen sich nicht weiter zerteilen läßt." Die Übersetzung für „Unteilbares" auf griechisch lautet „atomos".

Wir sagen heute: Alle Dinge sind aus Atomen zusammengesetzt.

Mal ehrlich – wärst du auf so eine verrückte Idee gekommen? Und kannst du dir vorstellen, daß dieser Mann vor mehreren tausend Jahren schon recht hatte? Sein Problem damals war nur – er konnte seine Idee nicht beweisen. Immerhin sind wir jetzt schon um einiges klüger: Chemie beschäftigt sich also mit Stoffen, und Stoffe bestehen aus Atomen. Komm, sehen wir uns doch mal die Atome etwas näher an.

Atome unter dem Vergrößerungsglas

Alle Kinder essen gerne Spaghetti mit Tomatensoße und schön viel Käse obendrauf. Und viele Kinder haben irgendwann in ihrem Leben gern mit Legosteinen gespielt. Kannst du dich noch an deine Legozeit erinnern? Ach, du spielst sogar noch damit! Na, um so besser.

Könntest du dir vorstellen, nur eine einzige Sorte Steine in deiner Kiste zu haben? Sagen wir einmal nur die roten mit den acht Buckeln obendrauf. Fändest du das gut, oder wird das Spielen damit schnell langweilig? Für die Grundmauern von Häusern sind die roten Achter ja noch ganz gut, aber wenn dann das Dach an die Reihe kommt, sieht es schon schlechter aus. Also, ich war immer ganz froh, einen Haufen unterschiedlicher Steine zu haben. Auch wenn die kleinen Sondersteine öfter mal im Staubsauger verschwanden.

Nach langem Suchen haben die Forscher 109 unterschiedliche Atomsorten gefunden. Das scheint erstmal alles zu sein, obwohl heutzutage ein paar ganz Neugierige die Suche noch nicht aufgegeben haben.

Guck mal in deine Legokiste. Wieviele unterschiedliche Steine hast denn du? Mehr oder weniger als es Atomsorten gibt?

Ob es uns gefällt oder nicht: Alles was uns umgibt, ist irgendwie aus den 109 bekannten Atomarten aufgebaut. Meistens sind nur fünf bis zehn unterschiedliche Atome am Bau einer Sache beteiligt. Manche Atomsorten kommen so gut wie nie vor. Andere sind dagegen fast überall dabei.

Jede Wissenschaft hat ihre eigenen Fachausdrücke. Die Paläontologen geben den Sauriern, die sie finden, lateinische Namen. Und doch gibt es immer mehr Kinder, die ohne zu stottern *Triceratops*, *Tyrannosaurus rex* oder ähnliche Zungenbrecher aussprechen können. Auch Chemiker haben ihre eigenen Fachausdrücke. So wirst du wohl oder übel ein paar neue Wörter lernen, wenn du dieses Buch liest. Keine Angst, es tut nicht weh!

Fangen wir gleich damit an: Viele Atome von nur einer Sorte nennt man ein Element. Der Unterschied zwischen **Atom** und **Element** ist ungefähr der: Das Atom ist so klein, daß ich es nicht sehen kann. Das Element kann ich sehen und ich weiß, daß es aus nur einer einzigen Sorte von Atomen besteht. Habe ich einen Stein in der Hand, der sich aus vielleicht drei unterschiedlichen Atomsorten zusammensetzt, ist das natürlich kein Element mehr. Das nennen wir dann eine **Verbindung**. Manchmal ist es gar nicht so einfach zu entscheiden, ob man ein Element oder eine Verbindung vor sich hat.

Die Suche nach den Elementen hat ziemlich lange gedauert. Manche Elemente haben es nämlich gar nicht gerne, wenn man sie so nackt und ohne ihre besten Freunde ans Tageslicht zerrt. Einige sind in den Labors der Forscher gleich vor Wut explodiert und verschwanden auf Nimmerwiedersehen. Andere haben sich jahrelang so raffiniert getarnt, daß die Forscher Verbindung mit Element verwechselten.

Ein erstaunliches Beispiel ist das Aluminium. Das kennst du ja gut von der Alufolie, die sicher auch bei euch als Rolle im Küchenschrank liegt. Aluminiumatome sind auch im Ton zu finden, mit dem die Töpfer arbeiten. Allerdings stecken sie da fest eingeschlossen in einer Verbindung. Als es einem Chemiker Ende des letzten Jahrhunderts gelang, so viele Aluminiumatome aus dem Ton herauszuholen (jetzt frag mich nicht, wie er das angestellt hat!), daß er ein kleines Stückchen reines Aluminium zusammen hatte, kam dieses Stück Aluminium auf die Weltausstellung nach Paris und war zwanzigmal teurer als Gold! Darüber wirst du heute vielleicht lachen, aber für die damalige Zeit war das eine enorme Entdeckung.

Nachdem wir auf diese Weise schon Aluminium kennengelernt haben, ist es höchste Zeit, daß sich uns noch ein paar andere Elemente vorstellen. Überlassen wir das mal den Elementen selbst. Wir setzen uns gemütlich auf eine Parkbank und lassen die Damen und Herren Elemente etwas über sich erzählen.

Was kommt denn da für ein durchsichtiger Geselle?

„Hallo, guten Tag, darf ich mich zu Ihnen setzen? Wasserstoff, mein Name, einfach Wasserstoff. Ach, ich fühle mich so unwohl, so leicht. Überall muß ich mich festhalten, sonst würde ich zum Himmel aufsteigen. Ich brauche dringend meine Frau, sie heißt Sauerstoff, ohne sie komme ich sonst nie in den Ozean zu unseren Wasserteilchen! Oh, da hinten kommt sie ja angeschwebt – sehen Sie nur, dieser federnde Gang, gleich eile ich zu ihr!"

Na, das ist ja ein etwas überdrehter Typ, der Wasserstoff. Und guck mal, jetzt umarmt er seine Frau und es kommt zu einer Explosion! Was ist denn das da auf dem Boden – eine Pfütze! Verrückt, Wasserstoff trifft Sauerstoff und es entsteht Wasser!

„Pssssst!"

Also, jetzt bin ich aber erschrocken! Was für eine finstere Gestalt steht denn da hinter unserer Bank. Der ist ja schwarz wie ein Schornsteinfeger.

„Geheimagent Kohlenstoff, Deckname Carbon. Sie werden noch öfters von mir hören. Übrigens tarne ich mich manchmal als Diamant."

Wie denkst du darüber – sollte das eine Drohung sein?

Guck mal, da schwebt doch noch so etwas Durchsichtiges. „He, Sie da drüben – sind Sie vielleicht auch ein Herr Wasserstoff?"

„Nein, Entschuldigung, das muß eine Verwechslung sein. Ich heiße Stickstoff. Es gibt fürchterlich viele Stickstoffs auf dieser Welt. Besonders die Luft ist voll davon. Es fällt uns ja so schwer, uns einmal zu binden. Und selbst wenn wir dann ein Kohlenstoffatom oder eine hübsche Sauerstofffrau gefunden haben – letzten Endes treffen wir uns doch alle nach einiger Zeit in der Luft wieder. Aber ich glaube, wehgetan haben wir dabei noch niemandem. Nichts für ungut, ich ziehe mal weiter."

Mein lieber Mann, das sieht ja schon gemixt aus. Wasserstoff und Sauerstoff, Kohlenstoff und Stickstoff – ja sag mal, enden denn alle Elemente auf „-stoff"?

„Einen wunderschönen Nachmittag, sagen Sie, ist hier noch ein Platz für mich auf dieser Bank?"

Sieh dir den an, der ist ja total gelb am ganzen Körper!

„Darf ich mich vorstellen, Schwefel".

„Sehr angenehm, Herr Schwefel wie geht es Ihnen denn so?"

„Sie werden es mir sicher nicht glauben, aber ich hatte einen unwahrscheinlich aufregenden Tag. Ich komme geradewegs von einem Vulkanausbruch aus Neuseeland! Da liege ich doch so gemütlich eingebettet zwischen den Steinen, und auf einmal wird es ganz heiß um mich. Beinahe wäre ich geschmolzen. Plötzlich rumpelte es ganz fürchterlich unter mir und – paffff – schon flog ich mit einem Haufen Felsbrocken durch die Luft. Eine Aussicht hatte ich, sage ich ihnen, unbeschreiblich. Unter mir der glühende Krater, um mich herum gigantische Aschewolken – und ich mittendrin. Irgendwann landete ich im Wald. Ich habe ja so lange in der Erde zugebracht, jetzt will ich mir erst mal die Welt ansehen. Vielleicht finde ich noch zwei Sauerstofffräulein, die mitreisen. Zu dritt können wir nämlich fliegen. Es war nett, mit Ihnen zu plaudern, aber nun will ich mal weiter. Sie wissen ja, die Frauen, die Frauen!"

Na, ob das alles gestimmt hat, was er uns da erzählt hat? Gleich zwei Sauerstoffe zu suchen, der scheint das Leben in vollen Zügen zu genießen!

Ich denke, das reicht für den Anfang. Wir gehen mal ein Stückchen spazieren. Vielleicht haben wir dabei Zeit, noch einmal über unsere Bekanntschaften auf der Parkbank nachzudenken.

Doch warte mal, halt! Siehst du diesen Haufen da drüben? Die wilden Jungs da, die Fußball spielen? Die sehen ja lustig aus, die haben so glitzernde Kleidung an. Gehen wir doch mal hin, vielleicht können wir mit von der Partie sein.

„Hallo, guten Tag, hätten Sie etwas dagegen, wenn wir ein wenig mitspielten?"

„Guten Tag, ich weiß nicht, ich frage gleich meine Freunde. He Chrom, Titan und Zink, brauchen wir noch jemanden in unserer Mannschaft?" „Na klar, immer – wenn es denen nicht zu hart zugeht".

„Was soll denn das heißen, spielen die hier so unfair?"

„Ja, da muß ich sie warnen, wir sind nämlich alles Metalle. Und die meisten von uns sind recht hart. Da kommt es schon mal vor, daß sich einer einen blauen Fleck holt."

Das werden wir schon aushalten, oder was denkst du? Merk du dir mal die Namen der Leute in deiner Mannschaft, ich mache das gleiche bei meiner. Und nun nichts wie rein ins Getümmel!

War das nicht ein schöner Nachmittag? So ein gutes Spiel habe ich lange nicht mehr gehabt. Und die Metalle waren richtig nett. Mit denen sollte man sich öfters treffen. Kannst du dich noch an die Namen der Metalle deiner Mannschaft erinnern? Also, das waren Magnesium, Kalzium, Kalium, Natrium, Kobalt und Nickel. Warte mal, jetzt muß ich nachdenken. Bei mir waren Eisen, Chrom, Zink, Blei und Zinn, dann noch Titan – und jetzt fällt mir sogar noch ein, daß der Schiedsrichter Vanadium hieß.

Ob wir uns die Namen alle merken können? Aber möglicherweise werden wir den einen oder anderen in diesem Buch wiedertreffen. Wenigstens haben wir sie dann schon einmal gesehen.

Nachdem du nun weißt, daß es unterschiedliche Elemente und damit auch unterschiedliche Atome gibt, sollte man die Frage beantworten: Was unterscheidet Atome?

Du kennst unterschiedliche Menschen. Du kennst unterschiedliche Legosteine. Menschen unterscheiden sich in der Haarfarbe, im Charakter, im Alter, ob sie Mann oder Frau sind – da gäbe es noch so viel aufzuzählen. Bei Legosteinen ist es etwas einfacher – da sind es Farbe, Form und Größe, die einem Stein seine Eigenschaften geben.

Wie ist das nun bei Atomen?

Wir gehen noch einmal zurück zu dem Griechen, der den Verdacht hatte, daß alle Dinge aus Atomen aufgebaut sind. Erinnerst du dich noch, er sagte: Das Atom ist der kleinste Baustein – etwas Kleineres gibt es nicht. Denken wir über diesen Satz einmal scharf nach, so würde das bedeuten: Wenn es verschiedene Atome gibt, dann können sie sich also in Farbe, Form und Größe unterscheiden, ähnlich wie die Legosteine. Und an dieser Stelle stehen wir vor einem ganz großen Problem:

Richtig sehen kann man Atome nicht.

Jedenfalls nicht so, wie man bei einem Blick auf ein Foto sagen kann: „Guck mal, das ist Tante Erna!". Dazu sind die Atome einfach zu klein. Selbst das beste Mikroskop auf der Welt reicht nicht aus, um ein gutes Bild von einem Atom zu liefern.

An dieser etwas aussichtslos erscheinenden Stelle haben wir Glück, daß dem Griechen ein klitzekleiner Irrtum unterlaufen war. So gut seine Idee von den Atomen gewesen ist – sie sind aber immer noch nicht die kleinsten Teilchen, aus denen alles aufgebaut ist. Das hat man allerdings erst viel, viel später herausgefunden.

Jetzt kannst du mit Recht protestieren: Wenn ich schon weiß, daß man Atome nicht sehen kann, was nützt es mir, wenn ich gesagt bekomme, daß sie aus noch kleineren Teilchen bestehen?

Das ist ein völlig berechtigter Einwand. Ich kann dir in diesem Moment nur darauf antworten, daß diese Atombestandteile die Eigenschaften einer Atomsorte so stark beeinflussen, daß man die Teilchen selbst gar nicht sehen muß. Du mußt doch auch nicht nachts aus dem Fenster sehen, um zu erkennen, ob da ein Auto oder ein Motorrad am Haus vorbeigefahren ist. Du hast das Motorengeräusch gehört und danach deine Unterscheidung getroffen. Soviel ich weiß, hat noch niemand Motorengeräusche von Atomen gehört. Es gibt aber andere Merkmale, mit deren Hilfe man Atome auseinanderhalten kann.

Garantiert hast du in einer schönen warmen Sommernacht schon einmal draußen gestanden und zu den Sternen emporgesehen. Was würdest du dafür geben, wenn dir jemand verraten könnte, was hinter den letzten, kleinsten und am weitesten entfernten Sternen verborgen ist?

Astronomen haben die Bahnen der Sterne bestimmt. Sie haben herausgefunden, daß sich manche Sterne in Kreisen um andere bewegen. Man kann sogar das Gewicht von Sternen ausrechnen und die Stoffe, aus denen sie aufgebaut sind, ermitteln. Trotzdem hat diese grenzenlose Weite nie für den Betrachter an Reiz verloren.

Ich kann es dir nicht beweisen; aber ich glaube ganz fest daran, daß sich dir ein ganz ähnliches Bild bieten würde, könntest du im Inneren eines Atoms stehen. Deine Füße ständen auf dem **Atomkern**, der aus **Protonen** und **Neutronen** zusammengesetzt ist. Er ist wie ein kleiner Planet, wahrscheinlich dreht er sich auch. Weit oben am Himmel der Atome würdest du kleine Sterne sehen, die man **Elektronen** nennt. Diese umkreisen in ganz bestimmter Entfernung den Atomkern. Vielleicht wäre der Atomhimmel genauso ein flimmerndes und funkelndes Gebilde wie unser Sternenhimmel, denn schließlich sind die Atome selten allein. Und so könntest du die fernen Galaxien der anderen Atomkerne mit den sie umkreisenden Elektronen beobachten.

Diese drei Bausteine Elektronen, Protonen und Neutronen bestimmen fast alle Eigenschaften eines Elements. Um ganz korrekt zu sein:

> **Die Zahl der Bausteine legt fest, um welches Element es sich handelt. Die Zahl der Protonen, Neutronen und Elektronen ist sozusagen der Familienname.**

Die Natur ist uns dabei mit den Zahlen sehr entgegengekommen. Die Atome haben keine Elektronenzahlen, die so schwer zu merken sind wie siebenstellige Telefonnummern. Es geht ganz simpel mit Eins los: Ein Elektron und ein Proton, das ist ein Wasserstoffatom. Zwei Elektronen, zwei Protonen, zwei Neutronen, das ist das Heliumatom. So geht das mit der Elektronen- und Protonenzahl weiter bis 109, nur die Neutronenzahl hat ihre eigenen Gesetze. Darüber müssen wir aber an dieser Stelle nicht reden.

Als fleißiger Musterschüler könntest du dich nun hinsetzen und die 109 Elemente mit ihrer Elektronenzahl auswendig lernen. 109 Namen, was ist das schon? Jedes etwas längere Gedicht hat mehr Wörter. Aber ein solcher Aufwand ist nicht nötig. Im Laufe des Buches wirst du merken, welche Elemente wichtig sind. Dann ist es natürlich gut, deren Elektronenzahl zu kennen.

Jetzt ist es Zeit, eine kleine Pause zu machen. Schließlich haben wir ja bis hierher schon eine Menge bahnbrechender Erkenntnisse gesammelt:

> **Stoffe bestehen aus Atomen. Atome haben Namen und sind aus Protonen, Elektronen und Neutronen zusammengesetzt, und deren Anzahl verrät uns den Namen des Atoms.**

Lassen wir nun im nächsten Kapitel ein paar Atome als Schauspieler in einer Geschichte auftreten.

Wer ist schon gern einsam?

*E*s war einmal ein kleines Wasserstoffatom, dem hatte ein gieriges Chlor sein einziges Elektron gestohlen. Aber nicht nur das: Dananch hatte das Chlor den kleinen Wasserstoff in einen Becher mit Wasser gezerrt und sich dort mit seiner Elektronenbeute unter den vielen Millionen Wasserteilchen versteckt. Der Wasserstoff irrte nun traurig durch das Wasser, und am meisten schmerzte ihn, daß ihn die Wasserteilchen alle nur noch mit „Proton" ansprachen. „Hallo, kleines Proton, wohin des Weges. Wie wäre es denn mit uns beiden?" Solche frechen Bemerkungen mußte sich das Wasserstoffatom anhören, und dann pfiffen ihm noch die Wasserteilchen hinterher. Es wünschte sich nichts sehnlicher, als sein Elektron wiederzufinden und aus dem Wasser herauszukommen.

Dabei wußte es nicht, das es nicht das einzige Opfer eines Elektronenraubes war. Die Räuberbande der Chloride hatte schon seit langem gemerkt, daß die kleinen, schutzlosen Wasserstoffatome eine besonders leichte Beute waren, und ein Glas Wasser war ungefähr das beste Versteck, das sich den Chloriden bieten konnte. So gab es noch andere bestohlene Wasserstoffatome in dem Glas. Doch sie wußten nicht voneinander, weil so unzählig viele Wasserteilchen um sie herum waren wie die Bäume eines dichten, finsteren Urwaldes.

Das Glas, das Wasser, Chlor- und Wasserstoffatome enthielt, stand auf dem Arbeitstisch im Labor eines Chemikers. Der ahnte natürlich nichts von dem Drama, das sich da in dem Becher abspielte. Er dachte, er hätte verdünnte Salzsäure auf dem Tisch stehen, und über mehr machte er sich keine Gedanken.

Kurz vor Feierabend besuchte ihn seine kleine Tochter. Für einen Moment mußte er aus seinem Zimmer und den nutzte das Mädchen, um sich neugierig umzusehen. Sie hätte zu gern gewußt, was da in dem Glas drin war. Sie hatte schon zugesehen, wie ihr Vati häufig noch etwas in seine Gläser hineingetan hatte und dann plötzlich wußte, was vorher im Wasser war. So nahm sie einen kleinen

Schnipsel eines Metalls, das auf dem Tisch herumlag und warf es in das Glas hinein.

Das Metall war ein Stückchen Zink. Zinkatome haben schon so viele Elektronen – nämlich 30 – daß sie eigentlich am liebsten ein paar abgeben möchten. Der Zinkkrümel sank auf den Boden des Glases und kam dabei direkt an dem kleinen, traurigen Wasserstoff vorbei. „Elektronen zu verschenken, Elektronen zu verschenken", schrie das Zink. Sofort rannte das Wasserstoffatom zu ihm und ließ sich ein Elektron geben. Dieses Geschrei hatten auch andere Wasserstoffatome ohne Elektronen gehört. Alle kamen sie herbei. Das Stück Zink war so groß, daß genügend Zinkatome vorhanden waren, um jedem Wasserstoffatom sein Elektron wiederzugeben. Die Chloride waren so mit ihrer Beute beschäftigt, daß sie von all dem gar nichts mitbekamen. Außerdem war es für sie schwer, mehr als ein Elektron als Beute mit sich zu tragen.

Die beschenkten und glücklichen Wasserstoffatome hatten große Angst, daß sie ihr Elektron wieder verlieren können. So beschlossen sie, gemeinsam aus dem Glas auszubrechen. Jedes Atom nahm ein anderes an die Hand und dabei verwandelten sie sich in ein winziges Gasbläschen. Sie stiegen nach oben auf und hops – wie die Blasen in der Limonade sprangen sie aus dem Wasser und verschwanden so schnell sie konnten in der Luft.

Das Mädchen hatte mit Erstaunen zugesehen, wie sich um das kleine Stück Metall eine wunderhübsche Perlenkette kleiner Glaskugeln bildete, die durchs Wasser nach oben zog. Natürlich hatte sie nicht bemerkt, wie ihr Vati wieder leise in den Raum zurückgekommen war. Eigentlich wollte er schimpfen. Denn sie wußte ganz genau, daß fast überall lebensgefährliche Dinge im Labor passieren konnten. Als er sie aber so versunken auf das Glas schauen sah, wollte er ihr diesen schönen Moment nicht zerstören. Er wartete noch zwei Minuten und räusperte sich dann vernehmlich. Bevor sie eine schuldbewußte Miene aufsetzen konnte, fragte er sie:

„Bist du jetzt fertig? Können wir dann gehen?" Sie nickte und zog sich ihre Jacke an.

Auf dem Gang des Institutsgebäudes meinte er zu ihr: „Das muß ja etwas ganz Besonderes gewesen sein, was du da gesehen hast." Sie blickte ihn nur mit versonnenen aber fröhlichen Augen an und griff nach seiner Hand, als sie gemeinsam die Treppe hinuntersprangen.

Die Schule ist endlich vorbei, und du läufst fröhlich nach Hause. Du steigst die Treppe zu eurer Haustür empor und kramst dabei schon den Schlüssel aus dem Ranzen. Da, auf der letzten Stufe passiert es: Du hast dich zu sehr auf die Suche nach dem Schlüssel konzentriert, rutschst aus und knallst mit dem Schienbein auf die Kante. „Autsch, verdammt!" Das tat weh – unwillkürlich schossen dir die Tränen in die Augen. ‚Was muß diese Stufe aber auch so kantig und hart sein?', denkst du wütend und würdest ihr am liebsten noch einen Tritt versetzen.

Zugegeben, das ist jetzt sicher ein ungünstiger Zeitpunkt, um über Wissenschaft nachzudenken. Aber wieso ist Stein eigentlich so hart? Ist es nicht vielleicht viel günstiger, wenn der Mensch am härtesten wäre? Keine Schrammen und Beulen mehr, keine gebrochenen Knochen, nur noch verbeulte Autos bei Verkehrsunfällen – wo ist eigentlich der Unterschied versteckt zwischen hart und weich?

Jemand, der viele Jahre lang Chemie studiert, gewöhnt sich eine ganz seltsame Denkweise an: Er sieht die Welt als ein mehr oder weniger geordnetes Gewirr von Atomen, die irgendwie zusammenhängen. Für viele Erwachsene ist das eine ganz harte Herausforderung an ihre Phantasie. In ihrem ganzen Leben haben sie ihre Umgebung immer als Ganzes gesehen. Ein rotes Handtuch ist rot, weil man es in rote Farbe getaucht hatte. Bier schmeckt bitter, weil Hopfen zum Bierbrauen verwendet wird. Waschmittel funktioniert, weil Seifenpulver drin ist. Mit solchen Erklärungen geben sich die meisten Erwachsenen zufrieden. Häufig sind sie einfach zu erschöpft oder zu beschäftigt, um tiefergehende Fragen zu stellen. Da wartet der Abwasch, die Hausaufgaben der Kinder sind zu kontrollieren, eigentlich müßte das Bad mal wieder geputzt werden – wozu um alles in der Welt soll man da nun noch wissen, warum die Kopfschmerztablette wirkt, die man sich vor dem Schlafengehen in den Mund steckt?

Das ist deine Chance: Der Abwasch beschränkt sich für dich vielleicht auf das fünfminütige Ausräumen der Spülmaschine. Die Hausaufgaben waren heute gerade wieder besonders leicht. Dein größtes Problem im Bad ist, daß irgend jemand von deinen Eltern ständig einen Teil deines Spielzeuges vom Badewannenrand zurück in dein Kinderzimmer schafft. Das fällt dir natürlich immer erst dann auf, wenn du bereits in der Wanne sitzt. Und dann gibt es keine Möglichkeit mehr, so naß wie du bist, noch das Schiff und den Taucher aus deiner Spielkiste zu holen. Aber ansonsten ist dein Kopf frei, deine Phantasie läuft auf Hochtouren. Und wieso es keine Kerzen gibt, die mit roter oder blauer Flamme brennen, wolltest du schon lange mal wissen. Es ist also Zeit, daß wir uns noch ein paar Gedanken über das Atom – oder besser die Atome – machen.

Würdest du es schaffen, ein ganzes Wohnhaus nur aus Legosteinen zu bauen? Richtig mit dicken Wänden, mit Erdgeschoß, erstem Stock und einem Dach? Mit genügend passenden Steinen wäre das doch eigentlich nur eine Frage der Zeit und deiner Geduld. Jetzt wagen wir einen Sprung in eine noch kleinere Welt. Kannst du dir vorstellen, daß jedes Wohnhaus in deiner Straße nicht bloß aus Legosteinen, sondern aus Atomen, die viele, viele Millionen mal kleiner als der kleinste Legostein sind, zusammengesetzt ist? Selbst wenn dir das im Moment etwas schwerfällt – du wirst mir aber wenigstens zustimmen, daß es auch hier nur eine Frage von ausreichend vielen Atomen ist.

Wenn wir nun den Blick weg von den Häusern auf die Blumen in den Gärten, auf die Gartenzäune, die Katze, die gerade über die Straße läuft, auf uns und auf die Wolken am Himmel richten:

Alles, was du siehst, besteht aus unzähligen Atomen!

Ist es nicht ein Wunder, daß eine Blume so wunderschön aussieht und dabei so gut riecht? Und eine Katze sich anschmiegsam mit ihrem glatten Fell schnurrend an deinen Beinen reibt? Kann man wirklich sagen, daß hinter all dem nur Atome stecken?

Vorhin als du auf der Treppe gestolpert bist, ist dir schmerzhaft bewußt geworden, daß sich Atome offenbar anders verhalten als ein Haufen Sandkörner. Es muß eine Kraft geben, die sie aneinander bindet. Die Kraft, die dabei zwischen den Atomen der Steinstufe wirkt, muß größer sein als die Kraft zwischen den Atomen deiner Haut. Sonst hätte ja nicht dein Schienbein eine Schramme, sondern an der Stufe wäre ein Stück herausgebrochen. Woher kommt diese geheimnisvolle Kraft?

Denk dir einmal, du und deine Klassenkameraden ihr wärt alle Atome. Ich möchte, daß du mit jemandem eine Verbindung eingehst. Du tust das normalste, was man dabei macht: Du faßt jemanden an die Hand. Jetzt seid ihr miteinander verknüpft.

Keiner von euch ist gleich. Du könntest also, wenn ihr beispielsweise 32 Kinder in der Klasse seid, 31 unterschiedliche Paare bilden – nur du allein. Jetzt können aber auch die anderen untereinander Pärchen bilden, an denen du gar nicht mit beteiligt bist. Bei 32 unterschiedlichen Kindern sind – so würde ein Mathematiker jetzt ausrechnen – 496 verschiedene Paare möglich. Das müssen wir uns auf der Zunge zergehen lassen!

Wenn wir jetzt noch erlauben, daß sich nicht nur zwei sondern drei und vier Kinder an die Hände nehmen können – und es soll noch ein Unterschied sein, ob sie eine Kette oder einen kleinen Kreis bilden –, dann sind das schon unglaubliche 82 336 verschiedene Gruppierungen. Das liegt schon jenseits unserer Vorstellungskraft. Ich werde nur selten solche Zahlenspielereien mit dir anstellen, du sollst ja nicht durcheinanderkommen.

Jedenfalls, da hast du nun jedem deiner Klassenkameraden mal die Hand gegeben. Es war nicht immer das gleiche Gefühl, stimmt's? Wenn ich so an meine Schulzeit denke, den Mike hätte ich wohl am liebsten ausgelassen, der wollte mich immer nur verprügeln. Der Ines hätte ich am liebsten beide Hände gereicht, in die war ich heimlich verliebt, ich habe mir nur nie getraut, ihr das zu sagen.

Ob Atome auch Hände haben, mit denen sie sich gegenseitig festhalten können? Hände kann man wohl nicht direkt sagen. Es bildet sich zwischen den Atomen eine **Bindung** aus, die du durchaus mit den aneinandergehängten Armen zweier Menschen vergleichen kannst. Statt der zwei Hände, die da in der Mitte ineinandergreifen, sind es bei Atomen zwei Elektronen. Oft ist es so, daß jedes Atom ein eigenes Elektron beisteuert, damit es zur Bindung kommt.

Der Mensch hat zwei Hände, nicht mehr und nicht weniger. Atome haben unterschiedlich viele Elektronen, mit denen sie Bindungen eingehen können. Meist liegt die Zahl zwischen eins und sechs. Dabei ist noch gar nicht gesagt, ob ein Atom, das sechs „Hände" ausstrecken könnte, diese auch wirklich nutzt. Manche binden sich auch gerne doppelt oder sogar dreifach mit einem anderen Atom. Für uns bleibt in diesem Moment nur festzustellen:

> **Bindungen zwischen Atomen entstehen, weil Elektronen wie Hände von Atom zu Atom gereicht werden.**

Bei 109 verschiedenen Elementen sind genauso viele unterschiedliche Verknüpfungen möglich, wie es Sterne am Himmel gibt – unzählige.

Garantiert hast du schon einmal in deinem Leben einen Magneten in der Hand gehabt. Ist es nicht faszinierend, die unsichtbare Kraft zu spüren, mit der er Eisen anzieht? Vielleicht besitzt du sogar zwei Magneten? Ist dir aufgefallen, daß es immer zwei Seiten gibt, mit denen sie sich abstoßen und zwei, mit denen sie sich anziehen? Wie funktioniert denn das?

Einen Magneten kann man sich ein bißchen wie eine Batterie vorstellen. Die hat einen Plus- und einen Minuspol. Auch ein Magnet besitzt diese beiden Pole. Wenn du bei der Batterie den Plus- und den Minuspol mit einem Draht verbindest, fließt Strom. Würdest du das bei einem Magneten versuchen, würde gar nichts geschehen. Erst wenn ein weiterer Magnet ins Spiel kommt, läßt sich eine Wirkung beobachten. Dann passiert zwischen den Magneten etwas: Bringst du sie mit ihren gleichen Polen zusammen, stoßen sie sich immer ab. Nur wenn Plus auf Minus trifft, fühlst du die Anziehung. Wenn ich dir das alles erzähle, ahnst du sicher schon, daß es mit Atomen ähnlich läuft. Richtig geraten!

Sehen wir uns noch einmal ein einzelnes Atom an: Im Kern stecken die Protonen und Neutronen. In der Hülle schweben die Elektronen. Elektronen und Protonen sind wie die voneinander getrennten Pole (natürlich nur ganz winzig kleine Pole) einer Batterie. Die Elektronen sind der Minuspol, wir sagen auch, sie sind negativ geladen. Die Protonen sind kleine, positiv geladene Pluspole. Die Neutronen sind gar nicht geladen. Trotzdem sind sie unwahrscheinlich wichtig: Wir wissen ja bereits von den Magneten, daß Plus und Plus sich abstoßen. Wenn nur Protonen in einem Atomkern säßen, würde dieser auseinanderfliegen – eben weil jedes Proton das andere abstößt. Damit das nicht passiert, quetschen sich die Neutronen zwischen die Protonen. Jetzt sind die

Protonen so weit voneinander entfernt, daß sie sich nicht mehr abstoßen können. Man könnte sagen, die Neutronen kitten den Atomkern zusammen.
Normalerweise sind bei einem Atom Protonen- und Elektronenzahlen gleich.
Das bedeutet, daß beispielsweise Wasserstoff ein Elektron und ein Proton hat, Kohlenstoff hat sechs Elektronen und sechs Protonen, Chlor 17 Elektronen und 17 Protonen und so weiter.

Was passiert, wenn man einem Atom ein Elektron wegnimmt und es einem anderem gibt? Denk mal an die Geschichte mit dem Wasserstoffatom und den Chlorräubern! Die Chlorräuber waren ja richtig gierig nach einem zusätzlichen Elektron. Und das arme Wasserstoffatom konnte sich überhaupt nicht wehren – schwupp – schon war es sein Elektron los.

Was war von ihm übriggeblieben? Wenn man es nüchtern betrachtet nur noch ein Proton (womit es die Wasserteilchen auch neckten). Und ein Proton ist positiv geladen, wie wir nun wissen. Ein Chloratom besitzt 17 Protonen, aber mit einem geklauten Elektron 18 Elektronen. Es hat also mehr negative als positive Teilchen! Das führt dazu, daß das ganze Atom von außen betrachtet negativ geladen erscheint.

Jetzt passiert etwas, das du bestimmt vorhersagen könntest: Weil das Chlor nach dem Elektronenraub eine Minusladung trägt und der Wasserstoff zum positiven Proton geworden ist, ziehen sich beide plötzlich an. Wie der Pluspol von einem Magneten den Minuspol des anderen. So haben wir noch eine Möglichkeit gefunden, wie sich unterschiedliche Atome anziehen können. Ein Partner gibt Elektronen ab (das muß nicht immer nur ein einzelnes Elektron sein), der andere nimmt Elektronen auf. Dadurch entstehen geladene Atome, die nun nicht mehr Atome sondern **Ionen** heißen und sich binden können.

Das waren eine Menge neuer Sachen! Eigentlich ist es wieder Zeit für eine kleine Geschichte zum Verschnaufen:

E̳s war einmal ein Kohlenstoffatom mit dem klangvollen Namen Carbonara. Das saß mit vielen anderen Kohlenstoffkameraden zusammen auf einem Stück Kohle. Die Kohle lag in einem dunklen Keller, aber an einem kalten Wintertag wurde sie in einen Eimer getan und in ein gemütliches Wohnzimmer geschafft. In einer Ecke des Zimmers stand ein dicker altmodischer Kachelofen mit grünglasierten Kacheln. Der Vater der Familie hatte bereits im Ofen ein Holzfeuer entzündet, und nun war es an der Zeit, Kohlen nachzulegen. Schwupp – schon flog der Kohlebrocken mit Carbonara obendrauf hinein in die Flammen. Ein Atom hat keine Angst vor Feuer – verbrennen, so wie wir das kennen, kann es sich nie.

Interessiert sah sich Carbonara im Innern des Ofens um: Was war das für eine Aufregung! Viele Atome auf dem Kohlestück begannen auf und nieder zu hüpfen. Sie sprangen immer höher und höher, bis sie plötzlich von ihren Nachbarn losgelöst davonstoben. Doch sie kamen nicht allzuweit. Die Luft war voller Sauerstoffatome, die mit unwahrscheinlicher Geschwindigkeit dahinzischten. Natürlich knallten sie dabei ständig auf Kohlenstoffatome. Wenn ein Stoß ganz besonders heftig war, blieben die zwei unterschiedlichen Atome aneinander kleben. Sobald auf dieses Paar nun noch ein weiterer Sauerstoff krachte, blieb auch der daran hängen. Carbonara fand das alles ziemlich lustig und aufregend. Nur vor einem hatte sie Angst: Sie wollte auf keinen Fall eines ihrer Elektronen verlieren, von denen vier leicht aus ihrer Elektronenhülle herausschauten.

Kohlenstoffe sind fast mit Affen vergleichbar. Ein Affe kann sich mit zwei Händen und gleichzeitig mit zwei Füßen irgendwo festhalten. Ein Kohlenstoff hat vier Elektronen, die es nutzen kann, um sich mit anderen zu verbinden. Nur – Carbonara wollte nie zum Ion werden, sie haßte Kohlenstoffionen! (Du erinnerst dich doch noch – ein Ion ist ein Atom, das mehr oder weniger Elektronen als Protonen besitzt und deshalb geladen ist.) So sprang sie erst etwas zögernd hoch und runter. Doch sie kam in Schwung und – hastdunichtgesehen – flog sie durch die Luft. Dong, schon kam es zum ersten Knall mit einem Sauerstoffatom. Erschrocken raffte Carbonara ihre Elektronenhülle an sich und machte sich in die andere Richtung davon.

Doch da geschah es: Ein kleineres aber sehr gut aussehendes Sauerstoffatom hatte sich ihr von hinten mit enormem Tempo genähert und griff beim Zusammenstoß sofort nach zwei von Carbonaras Elektronen. Krampfhaft versuchte sie, diese festzuhalten, doch dann merkte sie, daß der Sauerstoff sie ihr gar nicht entreißen, sondern nur mit ihr teilen wollte. Einigermaßen gnädig gestimmt sah sie ihm in die Augen und fand ihn durchaus akzeptabel. Sie verspürte auf einmal so ein beschwingtes Gefühl. Sie fühlte sich leicht und fragte sich, was wohl passieren würde, wenn sie einem weiteren Sauerstoff ihre beiden, noch freien Elektronen reichen würde.

Kurz entschlossen nutzte sie den nächsten Stoß und griff mutig nach dem neuen Partner. Kaum hielten die beiden Sauerstoffe Carbonara in ihrer Mitte, spürte sie, wie ihre Leichtigkeit zunahm. Sie jubelte, als sie nach oben flog, durch die rußigen Kanäle des Ofens hindurch in den Schornstein und von da hinauf zum Himmel. Was gab es da alles zu sehen! Nicht mehr der dunkle langweilige Keller, statt dessen Freiheit, Bewegung, herrliche Aussicht – sie schwor, sich nie wieder von den beiden Sauerstoffen zu trennen. Die beiden fanden das völlig akzeptabel, schließlich hatte Carbonara ja auch ihre Elektronen mit ihnen geteilt. So führten sie ein tolles Leben, flogen mit dem Wind von Kontinent zu Kontinent, und wenn sie sich nicht getrennt haben, so fliegen sie noch heute.

Du siehst, es müssen nicht immer Ionen sein, die sich gegenseitig anziehen. Oft reicht es, daß Atome sich Elektronen wie Hände hinhalten und dann das gemeinsame Elektronenpaar eine Verbindung zwischen Atom und Atom bildet. Ähnlich wie bei den Ionen ist auch hier möglich, daß ein Atom mit mehreren anderen Bindungen eingeht. Es hängt nur davon ab, wieviel Hände (Bindungselektronen) zur Verfügung stehen.

Egal wie man es anstellt, solche Erklärungen sind doch meistens ziemlich trocken. Vielleicht hilft es dir, wenn wir jetzt einen Blick auf die „Geheimschrift" der Chemiker werfen, die Formelzeichen.

Als ich so ungefähr sieben war, ging ich nachmittags nach der Schule zu einer alten Dame, die auf mich aufpassen sollte. In ihrem Wohnzimmer stand eine Nähmaschine und auf einem Tischchen neben der Nähmaschine stapelten sich Bögen aus Papier, auf denen seltsame Strichlinien aufgedruckt waren. Tante Stephan, so durfte ich die alte Frau nennen, versuchte mir zu erklären, daß sie mit Hilfe dieser Bögen Kleider nähen könne. Ich habe das damals absolut nicht verstanden, wie solche Schnittmuster richtig funktionieren sollten. Aber es hat mich unheimlich beeindruckt, daß jemand mit Hilfe dieser verwirrenden Strichlinien ein ordentlich passendes Kleidungsstück herstellen konnte.

Es wird ja immer weniger zu Hause genäht, die meisten Sachen kauft man sich im Geschäft. Aber vielleicht findest du noch eine Oma, Tante oder irgend jemanden, der dir einen Schnittmusterbogen zeigen kann. Dann wirst du sehen – wer nicht weiß, was die Linien bedeuten, ist rettungslos verloren.

Man könnte sagen, ein Schnittmuster ist eine Art Geheimschrift. Es gibt sicher noch viele andere Arten von Geheimschriften: Der Schaltplan eines Elektrikers, die Bauzeichnung des Architekten, auch Landkarten – den Sinn dieser Zeichen versteht man erst, wenn man genügend darüber gelernt hat.

Warum sollst ausgerechnet du wissen wollen, was hinter einer chemischen Formelzeichnung steckt? Tjaaaa, wenn du es geschafft hast, dieses Buch bis hierher zu lesen, nehme ich an, daß du wirklich interessiert bist, ein bißchen mehr über Chemie zu erfahren und einige wichtige Moleküle kennenzulernen, die im Leben – sei es in deinem oder allgemein in der Natur – eine besondere Rolle spielen.

Ein Botaniker muß eine Unmenge Pflanzen kennen. Ein Arzt muß alle kleinsten Bestandteile des menschlichen Körpers auswendig hersagen können, ehe er einen Patienten behandeln darf. Und ein Chemiker muß wissen, welches

Molekül besonders geeignet ist, um eine bestimmte Wirkung zu erzielen. Das Bild von einem Molekül kann dir eine ganze Menge erzählen – wenn du es verstehen kannst. Überlege mal, wieviele Worte du bräuchtest, um zu erklären, warum ein Löwe gefährlich ist. Wenn du statt dessen ein Bild mit einer brüllenden, gestreckt nach vorn springenden Raubkatze zeigst, wäre das nicht viel einfacher?

Schluß jetzt mit langen Vorreden! Ich denke, du bist einfach neugierig und interessiert, eine Sache zu erfahren, die für die meisten Menschen im Leben ein Buch mit sieben Siegeln bleiben wird. Fangen wir an:

Bitte denke noch einmal an die Legosteine! Einige wenige Typen reichten aus, um schon fast alles zu bauen, was du dir vorstellen konntest (vorausgesetzt, es waren genügend vorhanden). Genauso ist das auch von der Natur gelöst worden, schon lange bevor es Menschen gab. Aus den Elementen Wasserstoff, Sauerstoff, Stickstoff und Kohlenstoff sind die erstaunlichsten Gebilde geformt worden, unter anderem auch große Teile von dir und mir.

> **Einzig wie, wie oft und in welcher Reihenfolge die Atome miteinander verknüpft sind, entscheidet über die Eigenschaften des entstandenen Moleküls: Ob es zu einer festen oder flüssigen Verbindung gehört, ob es giftig ist, ob es gerne mit fremden Stoffen reagiert, all das ist im Bauplan des jeweiligen Moleküls versteckt.**

Um die Atome zusammensetzen zu können, muß man ein paar Regeln kennen, die aber nicht schwer zu verstehen sind. Du weißt ja bereits, daß jede Atomart eine bestimmte Zahl von Bindungen zu anderen Atomen bilden kann:

Wasserstoff als der absolute Zwerg unter den Atomen hat nur Platz für eine einzige Bindung.

Sauerstoff ist da schon etwas besser dran, er hat zwei Hände frei, um nach anderen Atomen zu greifen.

Stickstoff ist erst glücklich, wenn er drei Partner gefunden hat, mit denen er sich verbinden kann (In Ausnahmefällen kann er auch vier Partner an sich ziehen.).

Nun errätst du es sicher gleich – da bleibt für den Kohlenstoff ja nur noch übrig, vier Bindungsstellen zu besitzen.

Was kann man nicht alles für Figuren bilden, wenn man sich beim Tanzen anfaßt? Ein großer Kreis oder eine lange Schlange sind darunter die einfachsten und wohl bekanntesten – na klar, ehe ich es vergesse, natürlich auch das einzelne Paar, das sich an den Händen hält. Fast könnte man meinen, Atome hassen es, einsam zu sein. Denn ein Atom ist erst dann richtig glücklich, wenn es mit jeder freien Hand nach einem Partner greifen kann. Und da ist es genau wie beim Tanzball: Ketten, Ringe, Pärchen – alles was du dir in deiner Phantasie ausmalen kannst, gibt es zu beobachten, wenn sich Atome zusammentun.

Du solltest das Buch einmal weglegen und dir einen Stift und Papier holen. Nimm ein paar Atome und hänge sie aneinander, ganz wie du es gern tun möchtest. Ich mache das auch hier auf der nächsten Seite. Laß dich vor allem nicht durch die Frage ablenken, ob es die Moleküle in Wirklichkeit gibt. Vielleicht sind sie nur noch nicht entdeckt worden.

Um das Zeichnen noch etwas einfacher zu machen, würde ich vorschlagen, wir geben jedem Atom eine Abkürzung: Wasserstoff nennen wir H, Sauerstoff O, Stickstoff N und Kohlenstoff C. So machen es auch die richtigen Chemiker. Nun kennst du also schon vier Buchstaben aus dem Chemie-ABC.

Mit Händen gezeichnet, sehen die Atome so aus:

$$\overset{|}{\underset{|}{H}} \qquad \diagdown O \diagdown \qquad \diagdown N \diagdown \qquad -\overset{|}{\underset{|}{C}}-$$

Beachte nur eins genau: **Keine freien Hände und nicht mehr als drei Bindungen zum gleichen Partner! Ein Kohlenstoffatom, das alle vier Hände einem zweiten Kohlenstoffatom reicht, ist noch nicht gefunden worden. Also dann, viel Spaß beim Zeichnen!**

Na, wie ging es? Schade, daß ich jetzt nicht auf dein Blatt sehen kann. Ich bin zu neugierig, was dir alles eingefallen ist. Willst du sehen, was ich gemalt habe? Dann schau mal auf der Seite gegenüber.

$$H-N=N-N=N-N=N-N=N-H$$

$$H-O-H$$

$$H-H$$

$$O=C=O$$

Sicherlich wirst du ganz andere Ideen gehabt haben als ich. Daran kannst du gleich merken, daß sich schon mit vier verschiedenen Elementen unzählige unterschiedliche Moleküle zeichnen lassen. Was nützt es uns eigentlich, das Bild eines Moleküls zu sehen?

Zuallererst merkt man sich ein Ding besser, wenn man es schon einmal gesehen hat. Für einen Chemiker ist das Bild eines Moleküls notwendig, um viele Eigenschaften der Verbindung erklären zu können. Für dich sollen diese Bilder – auch wenn sie vorerst noch sehr ungewohnt für deine Augen sind – eine Hilfe sein, um alles, was noch in diesem Buch kommt, besser zu verstehen.

Werfen wir doch einfach noch einmal einen Blick auf die Moleküle dieser Seite: Da ist ein H-Atom, das einem anderen H-Atom die Hand gereicht hat. Erinnerst du dich noch an die Geschichte von dem kleinen Mädchen? Da stieg doch Wasserstoff aus der Salzsäure, nachdem ihm vom Zink ... – ja, genau die Wasserstoffe sollen es sein. Das ist das Bild eines Wasserstoffmoleküls, und unzählig viele von dieser Sorte findest du in einer Gasflasche, die mit Wasserstoff gefüllt ist.

Der Kohlenstoff, der rechts und links von einem Sauerstoff angefaßt wird – den kennst du auch schon. Es ist Carbonara, wie sie aus dem Schornstein fliegt mit ihren zwei Sauerstoffmännern, den Kopf voller Reisepläne. Das dritte von den kleinen Molekülen ist eines der wichtigsten auf der Erde überhaupt: Ein

Sauerstoff, der zwei Wasserstoffe anfaßt, man nennt diese Gruppe auch einfach H_2O – und das ist nichts anderes als Wasser!

Über die drei größeren Moleküle müssen wir nicht allzu viele Worte verlieren. Ich habe beim Malen gespielt und einfach etwas zusammengesetzt, was mir in den Sinn kam. Vielleicht gibt es diese Moleküle gar nicht in der Natur? Woher erfahren wir eigentlich, wie Moleküle aussehen und wie sie entstehen?

Chemiker sind auch Menschen

Alles auf dieser Welt besteht aus Atomen. Also findet Chemie überall statt, egal ob mit oder ohne Menschen. Ein Chemiker ist offensichtlich nur jemand, der versucht zu verstehen, was mit Atomen passiert. Und wenn er glaubt, es verstanden zu haben, überlegt er weiter, um bestimmte Probleme zu lösen.

Ein wichtiges Problem von Chemikern ist, daß sie Geld verdienen müssen. Die hungrigen Mäuler ihrer Kinder sind zu stopfen, ihre Frauen möchten neue Kleider, der Urlaub wird auch von Jahr zu Jahr teurer – wofür bekommt der Chemiker seinen Lohn? Finstere Seelen haben diese Frage auf sehr traurige Weise beantwortet: Sie bauen Bomben oder stellen Gifte her, an denen in einem Krieg möglichst viele Menschen sterben sollen. Oder sie machen Rauschgift. Hoffentlich sterben diese Typen eines Tages ganz aus.

Die meisten Wissenschaftler haben sich aber erfreulicheren Dingen gewidmet. Für dich habe ich drei Typen herausgesucht, die dir einen Eindruck geben sollen, was alles zur Chemie dazugehört und wo unser Wissen herkommt.

Jeder Chemiker hat einen Titel. Die meisten sind Doktoren, manche sogar Professor und die, die noch kein Doktor geworden sind, heißen Diplomchemiker. Alle haben eine ganz schön lange Zeit ihres Lebens an einer Universität verbracht. Dort studierten sie mindestens bis zu dem Tag, an dem sie Diplomchemiker wurden. Um sich Diplomchemiker nennen zu dürfen, muß man viele schwere Prüfungen bestehen und eine Abschlußarbeit schreiben. Diese Diplomarbeit ist wie ein kleines Buch, das man den Professoren zur Begutachtung vorlegen muß.

Wir besuchen jetzt mal einen Diplomchemiker in seinem Labor in der Universität. Er heißt Säule, genau wie die Säule im Tempel. Weil er schon Diplomchemiker ist, steht an seiner Tür das Schild „DC Säule".

„Puh, das riecht aber komisch in dem Labor! Das beißt ja richtig in der Nase!"
DC Säule steht an einer Art Schrank mit Schiebetüren aus Glas und lacht: „Ach,
das ist nur ganz am Anfang so. Wenn man das jahrelang atmen muß, gewöhnt
man sich daran. Dann merkt man das fast gar nicht mehr." Gesund kann das
aber trotzdem nicht sein, oder was denkst du? Wenn man den ganzen Tag in
so einem Mief arbeitet.

„Was machst du da gerade, DC Säule?"

„Tja, ich versuche schon seit Tagen eine neue Verbindung zu kochen, aber
es will nicht so richtig klappen."

Sehen wir uns doch einmal an, was er da so macht. In dem Schrank mit
den durchsichtigen Türen ist eine Tischplatte und auf der stehen lauter interessant aussehende Geräte aus Glas. In einem Rundkolben befindet sich
eine schwarze Brühe, die heftig kocht. Daraus steigt Dampf in eine Glasröhre,
die mit Gummischläuchen mit einem Wasserhahn verbunden ist. Eine klare
Flüssigkeit tropft aus der Röhre wieder zurück in diesen dreckigen Blubber-
sumpf.

„Soll das deine neue Verbindung sein?"

„Na ja, ich hoffe, daß ich sie aus diesem schwarzen Zeug hervorlocken kann.
Eigentlich soll sie fast weiß sein – so habe ich es zumindest gelesen."

„Dann ist wohl Chemie doch so etwas wie Zaubern, wenn man aus schwarz
weiß machen kann? Was meinst du eigentlich damit – eine neue Verbindung
kochen? Kann man denn Moleküle kochen wie eine Mahlzeit auf der Speise-
karte?"

„Man könnte es fast so bezeichnen. Aber manchmal muß man statt kochen
auch seine Reaktion bei ganz tiefen Temperaturen durchführen – sonst geht
sie schief."

„Was ist das – eine Reaktion?"

DC Säule guckt mich jetzt nachdenklich an, fast sogar etwas geringschät-
zig. Muß man denn wirklich immer gleich wissen, was so ein Fremdwort bedeutet?

„Also, eine Reaktion ist ein Vorgang, bei dem sich mindestens ein bestimmtes
Molekül in ein anderes umwandelt. Oft ist es so, daß an einer solchen Um-
wandlung zwei unterschiedliche Moleküle beteiligt sind, die dann bei einem
Zusammenstoß ihre alte Gestalt verlieren und eine neue Form annehmen.
Vielleicht sollte ich mal ein Beispiel aufschreiben."

Na so ein Glück, die Formelschrift kennen wir ja wenigstens. Da stehen wir
nicht ganz so ahnungslos da. Sehen wir uns doch mal an, was er da hingemalt
hat.

$$\underset{\substack{H}}{\overset{\substack{H}}{C}} \overset{\substack{H}}{\underset{\substack{H}}{C}} \overset{\substack{Cl}}{\underset{\substack{H}}{C}} \quad + \quad O{-}H \quad \longrightarrow \quad \underset{\substack{H}}{\overset{\substack{H}}{C}} \overset{\substack{H}}{\underset{\substack{H}}{C}} \overset{\substack{O{-}H}}{\underset{\substack{H}}{C}} \quad + \quad Cl$$

„Auf der linken Seite des Pfeiles stehen die Ausgangsstoffe. Wenn ich die richtigen Bedingungen wähle, reagieren sie miteinander. Dann entstehen die Produkte, die rechts neben dem Pfeil geschrieben werden. Das Wichtigste ist, daß die Ausgangsstoffe wirklich aufeinandertreffen müssen. Das OH mit dem kleinen Minus – das ist ein Hydroxidion – knallt auf das größere Molekül, das ich Chlorethan nenne. Stoßen beide Stoffe an der richtigen Stelle zusammen, wechselt das Chloratom – das hat das chemische Zeichen Cl, am besten gleich merken! – mit dem Hydroxidion seinen Platz. Das Chlor zischt als Chloridion auf und davon, und an dessen Stelle sitzt nun das OH. Ich habe auf diese Weise Chlorethan in Ethanol umgewandelt. Und Ethanol ist nichts anderes als das, was wir als Alkohol kennen, der in Schnaps, Bier und Wein zu finden ist.“

Das konnte man ja fast auf Anhieb verstehen. Oder, wie ist es dir ergangen? Also:

Bei einer Reaktion verändert sich ein Molekül. Die Veränderung findet statt, weil Moleküle aufeinandertreffen und beim Aufprall bestimmte Atome ausgetauscht, hinzugefügt oder abgegeben werden. Am Ende einer Reaktion ist etwas anderes im Glaskolben als am Beginn.

„Was meintest du mit den richtigen Bedingungen für eine Reaktion, DC Säule? Woher weißt du, was richtig oder falsch ist?“

„Stell dir mal vor, du möchtest einen Kuchen backen. Du rührst den Teig an, wie es dir deine Großmutter gezeigt hat, und dann, was kommt dann? Wird aus dem Teig ein Kuchen, wenn du ihn aufs Fensterbrett stellst oder ihn in kochendes Wasser schüttest? Nein, es klappt nur dann, wenn er bei der richtigen Temperatur für eine genau abgemessene Zeit in der Backröhre steht. Eis entsteht im Tiefkühlschrank, und Eierkuchen werden mit Öl in der Pfanne gebraten. All diese Dinge stehen in einem Kochbuch. Für Moleküle gibt es auch Kochbücher. Weil es so furchtbar viele unterschiedliche Moleküle gibt, sind auch verwirrend viele chemische Kochvorschriften, wir sagen dazu Synthesevorschriften, vorhanden. Manchmal sucht man sehr lange, ehe man eine bestimmte Vorschrift gefunden hat."

„Wenn du nun aber ein Molekül kochen willst, das vorher noch niemals jemand gebaut hat, woher weißt du dann, was richtig ist?"

„Da bleibt mir nur die Möglichkeit, ein Molekül zu finden, das dem ähnelt, das ich kochen will. Die Bedingungen, die zu dem bekannten Endprodukt geführt haben, nehme ich dann für mein neues Molekül, nur daß ich andere Ausgangsstoffe einsetze. Du hast zum Beispiel ein Rezept, wie man Makkaroni kocht: Makkaroni hinein ins kochende Wasser, zehn Minuten sprudeln lassen und dann sehen, ob sie schon weich sind. Sind sie es, heißes Wasser abgießen, kurz mit kaltem Wasser nachspülen, fertig.

Jetzt will ich Reis kochen, habe es aber noch nie gemacht. An das Kochbuch komme ich auch nicht heran, weil der Bücherschrankschlüssel seit einer Woche abgebrochen ist und der Vater wahrscheinlich erst wieder einen kräftigen Tritt von der Familie braucht, um das zu reparieren. Da bleibt mir nichts anderes übrig, als zu versuchen, den Reis nach der Makkaronivorschrift zuzubereiten. Nach zehn Minuten Kochzeit stelle ich fest, daß der Reis noch total hart ist. Also lasse ich weiterköcheln und werde etwa zwanzig Minuten später das erste weiche Reiskorn zwischen den Zähnen zerdrücken können – abgießen, abspülen – der Reis ist dann zwar leicht pappig, aber fürs erste Mal ist er fast tadellos, noch dazu ohne Kochbuch.

So versucht es auch der Chemiker, und manchmal hat er damit Glück. Oft passiert aber auch etwas total anderes und das macht das Kochen so spannend."

„Doch wer sagt Dir eigentlich, ob oder was passiert ist? Moleküle kann man doch nicht sehen!"

„Wenn ich denke, daß eine Reaktion zu Ende ist, versuche ich das Produkt so rein wie möglich in meinen Glaskolben zu bekommen. Ich gieße das Lösungsmittel – das ist die Flüssigkeit, in der meine Reaktion stattfindet – durch einen Filter, oder ich verdampfe es. Und wenn alles geklappt hat, finde ich dann in meinem Filterpapier oder Kolben ein Pulver oder manchmal sogar Kristalle. Diese kann ich dann noch waschen und trocknen, und dann gebe ich sie zur Analyse."

„Was ist eine Analyse?"

„Eine Analyse ist eine Untersuchung, ob es sich um die von mir gewünschten Moleküle handelt. Dazu gibt es komplizierte Apparate. Weil die meisten wirklich sehr verzwickt zu bedienen und obendrein noch sehr teuer sind, gibt es speziell für deren Bedienung Chemiker, die den ganzen Tag nur Analysen machen. Das sind die Analytiker."

„Denkst Du, daß die Reaktion in deinem Kolben dort geklappt hat? Das ist doch ein fürchterlicher Schlamm, wie kann man davon eine Analyse machen?"

„Ich muß versuchen, meine Moleküle in dem Schlamm zu finden. Dazu gibt es verschiedene Methoden und manchmal ist es ganz erstaunlich, wie plötzlich aus dreckigen, schmierigen Bodensätzen wunderbar geformte, helle und saubere Kristalle wachsen können."

„Machst Du deine Arbeit gern, DC Säule?"

„Ich mag es sehr, etwas völlig Neues auszuprobieren. Es ist, als wenn man ohne Karte und Kompaß in einen unbekannten Urwald hineinläuft. Es ist ein kleines Abenteuer, ein Abenteuer im Glaskolben. Manchmal, wenn tagelang jede Reaktion schiefgeht und auch der Analytiker kopfschüttelnd die Probengläser zurückbringt, weil alles zu schmutzig war für eine vernünftige Analyse – da ist man schon mißgelaunt. Wenn aber etwas geklappt hat, sind komischerweise alle mißglückten Versuche wieder vergessen."

„Würdest Du so etwas für immer machen wollen?"

„So wie ich hier arbeiten kann, ist es sehr interessant. Eines Tages möchte ich aber auch mal erleben, daß wenigstens ein Molekül, das ich gekocht habe, eine Anwendung im Leben findet. Ich möchte nicht immer nur Moleküle erfinden, bloß weil sie neu sind. Ich finde, sie müssen auch einen Zweck haben. Alles andere wäre sonst nur Trockenschwimmen!"

„Sag mal, könntest Du uns noch eine richtig beeindruckende Reaktion zeigen bevor wir gehen, eine wo etwas Interessantes passiert?"

DC Säule schmunzelt und greift nach ein paar braunen Flaschen, die in seinem Regal stehen. Dann zieht er aus einer Schublade einen kleinen, leeren Glaskolben mit Stopfen hervor. Er gießt aus einer der Flaschen eine rötlich schimmernde Lösung in das Kölbchen hinein, gibt einen kleinen Schwapp einer Flüssigkeit darauf, die wie Wasser aussieht. Dann tröpfelt er schließlich noch etwas aus einer dünnen Plastikflasche hinzu.

„Hier, mach den Kolben einmal fest zu und dann schüttele ihn kräftig!",
meint er zu mir. Ich stecke den Stopfen fest in den Kolbenhals hinein, drücke
noch meinen Daumen darauf und mixe den Kolbeninhalt wie ein alter Bar-
keeper. Du wirst es nicht glauben, aber nach ein paar Sekunden Mischen fängt
der Kolben ganz kräftig gelbgrün wie ein Glühwürmchen an zu leuchten! Fast
hätte ich ihn fallengelassen, so überrascht bin ich.

„Ja, ja, das hat noch keinen kalt gelassen.", lächelt DC Säule. Ich bin noch
so platt, daß ich nur sprachlos nicken kann. War das nicht eine tolle Vorfüh-
rung? Das ist aber ein guter Moment, Tschüß zu sagen – so viel Neues muß
erst mal verdaut werden.

Was meinst du? Ist das nicht eine komische Welt, in der sich Chemiker zu Hause
fühlen? Sie versuchen, Dinge zu beeinflussen, die sie oft gar nicht sehen können. Aber vielleicht macht die Phantasie, die man dazu braucht, das Ganze
erst so richtig interessant.

Bisher haben wir aber schon allerhand erfahren:

Du weißt bereits, daß Atome die kleinsten Bausteine aller Dinge sind. Du
kennst ihren sehnlichen Wunsch, sich mit anderen Atomen zusammenzutun,
wobei **Moleküle** entstehen. Die wichtigsten Regeln über die Bindungsanzahl,
die ein einzelnes Atom eingehen kann, hast du auch schon mitbekommen.

Es ist wie dein Legobaukasten: Du kennst alle Bausteinsorten, weißt wie sie
zusammengesteckt werden können, und dein Kopf ist bereits voller Pläne, was
du damit alles bauen möchtest.

DC Säule hat uns erzählt, daß das „Bauen" von Molekülen nicht ganz so
einfach ist – eben weil man ja nicht direkt sehen kann, was im Glas passiert.
Der Chemiker kann nur hoffen, daß seine Kochvorschrift funktioniert. Du
hältst dagegen zwei Legosteine zwischen deinen Fingern und steckst sie so
aufeinander, wie du es dir vorgestellt hast. Das ist der Wunschtraum der
Synthesechemiker!

Doch warum um alles in der Welt ist man eigentlich so scharf darauf, ganz
bestimmte Moleküle zu bauen? Atome sieht man nicht, Moleküle sind immer
noch zu klein, um unter dem Mikroskop beobachtet zu werden – ist es da nicht
völlig egal, welche und wie viele Verbindungen es gibt? Die Antwort auf diese
Frage solltest du dir wie ein Stück der sahnigsten Vollmilchschokolade ganz,
ganz langsam auf der Zunge zergehen lassen:

**Nein, es ist absolut nicht egal, welche und wie viele Moleküle es gibt. Ein
Molekül allein ist (fast) gar nichts.** Aber viele – und mit viele sind ungeheuer
große Zahlen gemeint – Moleküle bilden einen Stoff. Damit ist jetzt nicht Samt

oder Seide gemeint, sondern ein Grundmaterial, das ganz bestimmte Eigenschaften hat.

Nehmen wir ein Beispiel und sehen uns noch einmal unsere chemischen Formeln an. Da gab es das Wasserstoffmolekül HH. Viele dieser Moleküle bilden das Gas Wasserstoff. Es wurde früher benutzt, um Zeppeline zu füllen, weil es leichter ist als Luft und so die Luftschiffe emporhob. Mit Sauerstoff gemischt, braucht man aber nur noch ein kleines Fünkchen, und es gibt eine gewaltige Explosion: Wasserstoff und Sauerstoff haben sich zu Wasser verbunden. Wie ein Wassermolekül aussieht, kannst du noch einmal nachsehen. Viele Wassermoleküle zusammen ergeben, na klar, Wasser. Wasser ist flüssig oder als Eis fest, als Dampf ist es aber auch gasförmig. Gleiches könntest du auch bei Wasserstoff beobachten, nur daß es flüssigen und festen Wasserstoff erst bei extrem niedrigen Temperaturen gibt.

Wann Wasser fest oder flüssig ist – diese Eigenschaft ist in der Bauweise der Wassermoleküle verborgen. Und weil ein Wassermolekül total anders aussieht als ein Wasserstoffmolekül, hat Wasserstoff eben auch ganz andere Eigenschaften als Wasser. Klingt das logisch für dich?

Ich sitze an meinem Schreibtisch, und durch das offene Fenster strömt eine wunderbar frische, würzig nach Wald und Garten riechende Luft herein. Überall auf dieser Welt hat die **Luft** ungefähr die gleiche Zusammensetzung. Sie besteht aus vier Teilen Stickstoff und einem Teil Sauerstoff, dazu noch eine Prise Kohlendioxid und immer mal hier und dort auftauchend ein paar Atome seltener Gase, die für uns an dieser Stelle nicht so wichtig sind. Die Luft in Großstädten enthält dann natürlich noch alle Abgase, die Industrie und Autoverkehr herauspusten.

Machen wir uns mal klitzeklein und springen auf ein Sauerstoffmolekül, das gerade durch die Luft schwebt. Was würden wir beobachten können? Um uns sausen mit ziemlicher Geschwindigkeit andere Sauerstoff- und natürlich noch viel mehr Stickstoffmoleküle herum, die gefährlich oft aufeinander knallen. Wie Hartgummibälle springen sie wieder auseinander, um gleich darauf mit einem anderen Molekül zusammenzustoßen. He, bloß weg hier, nicht daß es uns bei einem Zusammenstoß erwischt! Hui, das war nicht ungefährlich, diese kurze Reise in die Mikrowelt.

Nun habe ich eine Frage: Wenn diese Moleküle schon andauernd einander berühren – können sie dann nicht auch miteinander reagieren?

Es gibt doch zum Beispiel ein Gas, das Stickstoffdioxid heißt und aus zwei Atomen Sauerstoff besteht, die ein Atom Stickstoff in ihre Mitte genommen haben. Wenn so etwas existiert, warum ist da nicht die Luft voller Stickstoff-dioxidmoleküle? Diese Frage werden wir mal einem Professor der theoretischen Chemie stellen, das scheint mir die richtige Adresse zu sein.

Während es beim DC Säule noch ziemlich gefährlich nach Hexenküche aus-sah, ist es regelrecht enttäuschend, einen theoretischen Chemiker zu besuchen. Herr Professor Hochhinaus sitzt pfeiferauchend in seinem Arbeitszimmer – ein mit Büchern vollgestopftes Büro, das nach Tabak riecht wie ein altes Kaffee-haus. Ein Computer auf dem Schreibtisch gibt dem Zimmer wenigstens ei-nen modernen Hauch. Aber von Chemie erstmal keine Spur.

„Herr Professor Hochhinaus, wozu gibt es eigentlich theoretische Chemi-ker?"

„Gewissermaßen, um Ihnen einen bildlichen Vergleich zu liefern, hat die theoretische Chemie die Rolle, welche die Architektur im Bauwesen spielt. Ein Architekt macht die Entwürfe für neue Gebäude, ohne sich dabei mit Kalk oder Teer die Kleidung schmutzig machen zu müssen. Mit Hilfe von Tabellen und Formeln berechnet er die Stärke der zu verwendenden Träger und Mauern, da-mit es ein stabiles und sicheres Gebäude wird. Mit seiner künstlerischen Phan-tasie entwirft der Architekt neue Formen für Häuser, die er dann mit Hilfe sei-ner mathematischen Kenntnisse zu standfesten Konstruktionen wachsen läßt."

„Braucht man denn die Mathematik in der Chemie?"

„Ha, haben Sie eine Ahnung, welche bedeutende Rolle mathematische Glei-chungen in der Chemie spielen. Sämtliche Energieumwandlungen, die bei Reak-tionen ablaufen, lassen sich mit Hilfe von Berechnungen vorhersagen. Die Form von Molekülen wird bestimmt von der Lage der bindenden Elektronenpaare, deren Ort wiederum durch hochkomplizierte Gleichungen ermittelbar ist."

„Heißt das also in einfacheren Worten gefaßt, ein theoretischer Chemiker berechnet neue Moleküle wie ein Architekt neue Häuser entwirft?"

„Das ist nur ein einzelner Zweig der theoretischen Chemie. Sämtliche ener-getischen Betrachtungen zwischenmolekularer Wechselwirkungen wie auch die Ergründung der Elektronenkonfigurationen fallen mit unter unseren Arbeits-bereich."

Hast du verstanden, was der Professor meinte? Klingt verdammt trocken, oder was denkst du?

„Herr Professor, können Sie uns erklären, warum in der Luft nicht sofort Sauerstoff und Stickstoff zu Stickstoffdioxid reagieren?"

„Selbstverständlich, und zum besseren Verständnis der Problematik sollte ich Sie wohl zu einem Gedankenexperiment einladen: Stellen Sie sich ein hohes, zerklüftetes Gebirge vor. In einem Tal liegt ein Stickstoffmolekül, im Nachbartal ein Sauerstoffmolekül. Was müßte Ihrer Meinung nach passieren, damit beide Moleküle miteinander reagieren können?"

Hast du eine Idee? Wir hatten doch vorhin in der Luft gesehen, daß sie zusammengestoßen sind – so ein Zusammenstoß ist bestimmt erstmal notwendig. „Also – wir vermuten, daß sich die beiden Moleküle treffen müssen."

„Das ist völlig richtig und die Bedingung Nummer Eins. Ohne Zusammenstoß keine Reaktion. Doch nicht umsonst habe ich den Ort der Reaktion in ein Gebirge gelegt. Wie kommt ein Molekül zum anderen?"

„Na über einen Berg."

„Und das ist der springende Punkt! Die Theorie sagt, daß der Ort des Aufeinandertreffens genau auf der Spitze des Berges zu liegen hat, damit die vereinigten Moleküle danach zusammen in das Tal des Stickstoffdioxides hinabrollen können. Die Energie, die notwendig ist, um ein Molekül auf die Bergspitze hinaufzubewegen, nennt man **Aktivierungsenergie**. Diese Energie muß dem Molekül von außen zugeführt werden, damit es in der Lage ist, auf den Berg hinaufzurollen. Die Aktivierungsenergie macht sozusagen das Molekül startklar zur Reaktion. In der Luft ist trotz der ständig erfolgenden Zusammenstöße der Energiegehalt der Moleküle zu gering, als daß es zu einer Reaktion kommen könnte. Es ist als ob Sie händevoll Erbsen an eine Fensterscheibe werfen. Das können Sie stundenlang tun, ohne daß etwas passiert. Stecken Sie dage-

gen eine einzige Erbse in ein Gewehr und feuern Sie diese auf die Scheibe ab: Mit großer Sicherheit wird das Fenster ein Loch haben. Diese eine Erbse hatte genug Energie, um Unheil anzurichten."

„Herr Professor, wie geben Sie einem Molekül Energie und was ist das überhaupt, Energie?"

„Für uns Menschen ist Energie die Fähigkeit, eine Arbeit zu verrichten. Bevor Sie eine anstrengende Tätigkeit ausüben wollen, empfiehlt es sich, eine gehaltvolle Mahlzeit zu sich zu nehmen. Mit der Speise haben Sie Ihrem Körper Energie zugeführt. Diese Energie wird später beim Arbeiten verbraucht oder aber, wenn Sie sich statt zu Arbeiten für einem Mittagsschlaf entscheiden, in Form von Fett in ihrem Körper gespeichert.

Da Moleküle nichts essen können, muß es andere Wege geben, ihnen Energie zuzuführen. Man kann beispielsweise durch Wärme ihre Geschwindigkeit erhöhen, so daß die Stöße mit einer größeren Wucht erfolgen. Dadurch kann die Hürde der Aktivierungsenergie oft übersprungen werden. Einen ähnlichen Effekt erzielt man durch Erhöhung des Druckes. Um auf Ihre eingangs gestellte Frage nach der Reaktion von Sauerstoff mit Stickstoff zurückzukommen – diese Reaktion läuft tatsächlich in Kolben von Verbrennungsmotoren ab. Bei laufendem Motor ist die Temperatur so hoch und der Druck so groß, daß nicht nur Benzin verbrennt, sondern auch noch Stickstoffdioxid entsteht, natürlich nur als sehr geringer Nebenbestandteil."

„Herr Professor, wir dachten immer, Chemie sei etwas, wozu man ein Labor braucht. Meinen Sie, daß man eines Tages alle Fragen der Chemie am Computer klären kann?"

„Im Laufe der Entwicklung der Chemie hat es eine Zeit gegeben, in der es deutliche Grenzen gab zwischen den einzelnen Arbeitsbereichen innerhalb der Chemie. Heute nähern sich die einzelnen Zweige wieder einander an, weil die Aufgaben zu schwer geworden sind, als daß sie ein Spezialist allein lösen könnte. Hinzu kommt noch, daß die Chemie immer mehr Berührungspunkte mit Medizin, Biologie und Physik findet. Theoretische Voraussage und das praktische Experiment werden immer zusammengehören. Je besser wir theoretisch Bescheid wissen, desto weniger Fehlschläge wird es im Labor geben. Und immer wieder treten Überraschungen im Labor auf, die uns Theoretikern zu neuen Einsichten verhelfen. Nein, Chemie nur am Computer – das wird es nie geben!"

„Gibt es eigentlich Chemikerwitze?"

„Kennen Sie den Unterschied zwischen einem Synthesechemiker und einem Theoretiker?"

„Na der eine hat ein Labor, der andere keins."

„Nein, der Synthetiker weiß nicht was er tut, und der Theoretiker tut nicht, was er weiß!"

So so, immer scheinen sich ja die Fachkollegen auch nicht zu vertragen! Willst du jetzt noch wissen, was ein analytisch arbeitender Chemiker – oder kurz Analytiker – macht?

Aber eigentlich wäre auch mal wieder Zeit für eine Pause, die wir uns nach so viel geduldigem Zuhören sicher verdient haben. Laß uns auf einer Wiese etwas ausstrecken, die Schuhe ausziehen, mit den Zehen wackeln und ich werde dir ein Märchen erzählen:

*E**s war einmal eine Prinzessin, die war nicht nur überaus hübsch sondern auch sehr klug. Sie wurde von den Gelehrten des Königshofes unterrichtet. Die Gesetze der Mathematik waren ihr genauso vertraut wie die Lehren der Medizin von den verborgenen Vorgängen im menschlichen Körper. Sie besaß ein bewunderungswürdiges Talent im Anfertigen besonders naturgetreuer Zeichnungen. Viele Nächte hatte sie bereits an der Seite des Hofastronomen bei der Beobachtung der Sternenbahnen verbracht.*

Bereits seit einiger Zeit machte sich ihr Vater Gedanken, wie sie wohl bei diesem närrischen Treiben, wie er ihren Wissensdurst zu nennen pflegte, einen Mann finden sollte. Bei seinen vorsichtigen Fragen hatte sie immer nur unbekümmert gelacht und sich dann wieder in ihre Studien vertieft. Doch der König ließ mit seinem bohrenden Drängeln nicht nach – wollte er doch durch ihre Heirat mit einem Prinzen edelster Herkunft sein Reich und seine Stellung stärken. Leider waren die Königssöhne der angrenzenden Länder ohne Ausnahme als Raufbolde bekannt, die außer der Jagd und wilden Saufgelagen nichts hatten, was sie für eine Rolle als Schwiegersohn empfehlen könnte.

Die Zeit verstrich und die Bitte des Königs an seine Tochter bekam einen gehetzten und drohenden Klang. Noch immer hatte sich nichts an ihrer Reaktion darauf geändert, bis eines Tages dann das Unvermeidliche eintrat: In einem üblen Wutausbruch befahl der Vater seinem Kind, innerhalb einer von ihm gesetzten Frist sich den Bewerbungen eines Freiers gnädig zu erweisen. Es sollte die Nachricht in die anderen Königreiche getragen werden, daß nun die Prinzessin den Wunsch geäußert hätte, sich verheiraten zu wollen. Bevor jedoch die Boten dieser Kunde ausreiten konnte, stellte die Prinzessin noch eine letzte Bitte: Es sollte mit bekanntgemacht werden, daß sie nur den als ihren Manne anerkennen werde, der in der Lage sei, ein von ihr gestelltes Rätsel zu lösen.

Es dauerte nicht lange, da trafen die ersten Freier am Hofe der Königstochter ein. Sie wurden mit entsprechender Höflichkeit empfangen und zum König geführt. Nach einem freundlichen Willkommensgruß geleitete der Herrscher den Ankömmling in die Zimmer seiner Tochter, wo diese dem Gast alsbald ihr Rätsel aufgab. Da in diesem Moment nur der König, der Freier und die Prinzessin im Raume waren, erfuhr niemand sonst, was die Prinzessin wissen wollte. Doch ohne Ausnahme endeten die Gespräche hinter verschlossenen Türen so, daß der Freier seiner Natur entsprechend geknickt, entrüstet oder beleidigt von der Prinzessin schied – offenbar hatte das Rätsel seinen Meister nicht gefunden. Alsbald ließ der Andrang fremder Königssöhne nach, und einige Zeit später konnte die Prinzessin unbehelligt von allen Werbungen wieder ihren Neigungen folgen. Ihr Vater verwünschte sich des öfteren, auf ihre Bedingung mit dem Rätsel eingegangen zu sein. Doch ein Königsehrenwort ließ sich nicht rückgängig machen.

Nicht weit vom Schloß trieb täglich ein Hirte seine Schafherde über die Wiesen. Um die viele freie Zeit, die zwangsläufig entsteht, wenn man tagaus tagein einer Herde zu folgen hat, sinnvoll zu nutzen, hatte er sich angewöhnt, die Vorgänge in der Natur rings um sich herum besonders genau zu beobachten. An den Farben des Himmels und den Formen der Wolken konnte er nahezu unfehlbar das Wetter für den kommenden Tag vorhersagen. Mit Sorgfalt wählte er die Schafe aus, die nach

ihrer Paarung besonders gesunde und später reichlich Wolle tragende Lämmchen zur Welt bringen würden. Seine Hunde konnten ohne lästiges Kläffen die Herde zusammenhalten und lasen ihm seine Befehle ohne Pfiffe und Geschrei von den Augen ab. Er sammelte Kräuter auf der Wiese, die getrocknet wurden, um im Winter den Kranken als Tee oder Auszug Linderung zu verschaffen. Der häufige Aufenthalt im Freien hatte ihm einen gesunden, widerstandsfähigen Körper eingebracht und mit seinem sonnengebräunten Gesicht, das von sonnengeblichenen Locken umrahmt war, gab er eine eindrucksvolle Gestalt ab.

Eines Tages drang auch die Kunde von der Prinzessin und ihrem Rätsel bis zu ihm auf das Feld. Er hatte schon viel von der Schönheit der Prinzessin gehört, doch reizte ihn in diesem Moment fast mehr der Gedanke an die anscheinend unlösbare Aufgabe. Als ein Mann der Tat überließ er am nächsten Tag seine Herde einem Hüteburschen und machte sich zum Schloß auf.

Als er am Tor sein Anliegen vortrug, wollte man ihn mit Spott davonjagen. Doch gerade in jenem Augenblick kam der König von einem Ausritt zurück. Die Halsstarrigkeit seiner Tochter hatte ihn in den letzten Wochen aufs äußerste gereizt, und jetzt die Blamage, daß nun schon ein Hirte als Freier kam, brachte ihn fast zum Schäumen. Nahezu besinnungslos vor Wut wollte er schon mit der flachen Seite seines Schwertes auf den Hirten einschlagen, da durchfuhr ihn der Gedanke, daß hierin vielleicht das Ende seiner Schwierigkeiten liegen könnte. Sicher *würde der Ekel der Prinzessin vor diesem stinkenden Hirten so groß sein, daß sie nun endlich einsehen würde, mit der Abweisung aller ihrer früheren Freier zu weit gegangen zu sein. Dem nächsten Ankömmling adliger Herkunft würde sie wohl danach mit Freuden ihre Hand zum Ehebund reichen.*

So zügelte er seinen Groll und lud den Hirten mit aller Artigkeit in das Schloß. Der König mußte stark an sich halten, um nicht den Glanz eines baldigen Triumphes über seine Tochter auf seinem Gesicht funkeln zu lassen. Der Hirte wurde zur Prinzessin geleitet, welche ihn mit der gleichen Höflichkeit willkommen hieß wie alle anderen Besucher vorher. Die Tür schloß sich, und nun waren König, Prinzessin und der Hirte allein.

Die Prinzessin zeigte auf einen kleinen, kunstvoll gearbeiteten Tisch, auf dem ein würfelförmiger Kasten aus aufs feinste poliertem Mahagoniholz stand. Das sonderbare an dem Behälter war, daß er rundum verschlossen schien. Kein Scharnier, kein Schlüsselloch, nicht einmal eine winzige Unregelmäßigkeit im Holz, die auf eine geheime Öffnung hindeuten könnte, waren zu sehen.

Der König kannte das Spiel nur zu gut, doch hatte er nicht erwartet, daß seine Tochter einen vom Felde dahergelaufenen so lange in ihrem Gemach dulden würde. Aber die Prinzessin wandte sich an den Hirten mit folgenden Worten: „Das Rätsel, was ich meinen Freiern zu stellen pflege, ist folgendes: Sage mir, was in der hölzernen Schatulle verborgen ist, ohne daß sie dabei geöffnet werden darf.“

Der Schäfer blickte abschätzend auf die Schatulle und ging dann näher an den Tisch heran. Schon wollte der König unmutig dazwischenfahren, da hielt ihn seine Tochter mit einem mißbilligenden Blick zurück. Der Hirte ergriff vorsichtig die hölzerne Kiste und kippte sie hin und her. Ein Kullern war hinter den hölzernen Wänden zu vernehmen. Mit einem Lächeln sprach der Mann: „Prinzessin, es ist etwas Rundes in der Kiste verborgen.“ Er verharrte einen Moment, kippte das Kästchen in eine andere Richtung und fuhr dann fort: „Aber es ist nicht perfekt rund, es handelt sich um ein Ei. Allerdings,“ er zögerte erneut und ließ den Gegenstand im Inneren der Kiste hart an eine Wand prallen, „ist es für ein gewöhnliches Ei zu schwer. Man könnte ein steinernes Ei vermuten. Doch glaube ich nicht, daß Eure Majestät sich mit solchen einfachen Dingen wie Stein beschäftigen würde, nein, Euch ist nach Kostbarerem der Sinn. Es befindet sich hier ein goldenes Ei verborgen.“

Die Prinzessin errötete zutiefst und rief: „Man hole den Tischler!“

Kurze Zeit darauf trat der Handwerker in den Raum. Die Königstochter überreichte ihm das Kästchen und bat ihn, es zu öffnen. Der Tischler setzte ein Stemmeisen an eine kaum erkennbare Fuge an und sprengte mit einem kurzen, heftigen Ruck eine Wand des hölzernen Behältnisses ab. Hastig beugte sich der König nach

vorn, um einen Blick auf dessen Inhalt zu erhaschen. Im selben Moment schon überzog sich sein Gesicht mit Blässe. Der Hirte hatte das Rätsel richtig gelöst. Ein goldenes Ei rollte taumelnd auf den Tisch.

Wie oft hatte die Prinzessin vor diesem Tag schon ganz andere, meistens peinliche Augenblicke erlebt, wenn andere Bewerber am gleichen Platz standen. Ein Blick auf das rundum geschlossene Behältnis hatte allen genügt, um sich bald in unsinnigen Ausflüchten zu verhaspeln. Einige hatten versucht, einen Hinweis, nur einen klitzekleinen Tip der Prinzessin zu entlocken. Doch Reden gegenüber blieb sie genauso verschlossen wie das vor ihr stehende Geheimnis. Eigentlich hatte sie sich nie Gedanken darüber gemacht, wie jemals einer ihre Aufgabe lösen würde. Die überzeugende Sicherheit, mit der der Hirte heranging, die Frage zu beantworten, die Schnelligkeit mit der er seine Schlüsse zog, all das zeigte ihr, einen ebenbürtigen Partner gefunden zu haben.

So wurde denn Hochzeit gehalten mit aller Feierlichkeit, die an einem königlichen Hofe üblich ist. Das Brautpaar ließ mit seinem Auftritt jeden Spötter verstummen.

Der König fand mit der Zeit Zuneigung zu seinem Schwiegersohn, weil er sah, daß seine Tochter rundum glücklich war. Sie blieb weiterhin ihrem Streben nach neuem Wissen treu und ihr Mann engte sie dabei niemals ein. Bevor der König in einem gesegneten Alter starb, hatte er noch mit Freude vier kleine Enkelkinder auf seinen Knien schaukeln können. Und er ging in das Reich seiner Ahnen mit der Sicherheit, daß sein Land von klugen und weisen Herrschern regiert würde.

Wenn wir uns fragen: Woher wissen wir, wie Atome und Moleküle aussehen, die doch noch niemals jemand gesehen hat? Stehen wir da nicht vor einem ganz ähnlichen Problem wie der Hirte in dem Märchen? An diesem Punkt angekommen, sollten wir den Rat eines Fachmannes einholen. Oder hätte ich besser „Fachfrau" sagen sollen?

Besuchen wir nun Frau Dr. Mosy – eine Analytikerin. Analytiker sind Chemiker, die uns sagen können, welche Verbindungen oder Elemente in einer unbekannten Probe stecken. Die Proben machen das Analytikerleben stinklangweilig oder hochinteressant. Wenn man Pech hat, stehen Tag für Tag hunderte von Wasserproben auf dem Tisch, die darauf zu prüfen sind, ob es wirklich Mineralwässer sind, wie auf dem Flaschenetikett gedruckt steht. Hat man Glück, darf man ein für Jahr in den Regenwäldern Südamerikas Blätter bestimmter Bäume analysieren, ob sie nicht Verbindungen enthalten, die man als Arzneimittel gegen eine gefährliche Krankheit einsetzen kann. Wenn man eine Leiche auf den Tisch bekommt, bei der man herausfinden soll, ob vielleicht Gift die Todesursache war – ist das Glück oder Pech für einen Analytiker? Das darfst du für dich allein entscheiden.

Aber jetzt zu unserer Fachfrau. Dr. Mosy ist eine junge, lebenslustige Frau, aus deren Augen lebendige Fünkchen sprühen. Sie hüpft über die Gänge ihres Instituts, als hätte sie mindestens zehn Hartgummibälle verschluckt. Über ihrem weißen Kittel trägt sie gern ein buntes Seidentuch. Denn nur Weiß findet sie langweilig. Und Langeweile haßt sie wie die Pest.

„Hallo, Frau Dr. Mosy, können wir uns mal für zehn Minuten mit Ihnen unterhalten?"

„Einen kleinen Moment, ich muß da nur noch schnell eine Probe einspritzen, die ganz dringend ist. Wieder so ein armer Bauer, dem seine Aussaat eingegangen ist, weil er vielleicht ein falsches Pflanzenschutzmittel gespritzt hat."

Nur für dich zur Erklärung: Frau Dr. Mosy arbeitet an einem Institut, das sich hauptsächlich mit Problemen beschäftigt, die mit der Landwirtschaft zusammenhängen. Du weißt doch sicher, daß es Mittel gegen schädliche Insekten oder gegen Unkraut gibt. Viele dieser Mittel dürfen nur zu ganz bestimmten Zeiten und in genau festgelegten Mengen auf die Felder gesprüht werden. Hält man sich nicht an diese Vorschriften, kann es passieren, daß entweder Reste der Pflanzenschutzmittel in der Nahrung enthalten sind und vom Menschen mitgegessen werden. Oder aber andere Teile der Natur wie Tiere oder Pflanzen, gegen die das Mittel gar nicht gerichtet war, haben darunter zu leiden. Es ist traurig aber wahr, daß so mancher Bauer denkt, er könne mit viel

Chemie auch viel ernten. Und so wird sicherheitshalber mal hier ein bißchen mehr oder da noch ein Schwapp außerhalb der vorgeschriebenen Zeit auf die Pflanzen gegossen – es wird schon keiner so schnell merken.

Damit so etwas nicht passiert, werden Kontrollen auf den Feldern durchgeführt: Es werden Pflanzen abgeschnitten, Früchte abgepflückt oder einige Krümel Boden als Probe genommen. Dann ist es die Aufgabe eines Analytikers herauszufinden, ob bestimmte Stoffe in den Proben enthalten sind oder nicht. Aber nicht, daß du jetzt denkst, alle Bauern seien Betrüger! Es gibt tausend Gründe, warum in der Landwirtschaft eine Ernte kaputtgehen kann und nur selten trifft die Schuld denjenigen, der das Feld bestellt hatte. Denk dir, du wärest Bauer, hast alle deine Felder mit Rüben bepflanzt und plötzlich über Nacht lassen sämtliche Pflanzen die Blätter hängen und gehen ein. Die Arbeit eines Jahres ist damit hin, dein Geld, das du für die Pflanzen ausgegeben hast auch – und ohne reiche Oma bist du vielleicht ruiniert. Aber vielleicht hast du ja eine Chance und kannst beweisen, daß die Firma, die da vorgestern auf deinen Feldern ein Unkrautvernichtungsmittel gesprüht hat, aus Versehen das falsche Mittel genommen hat. Da das die Firma sicher nicht freiwillig zugeben wird – wer kann dir da noch aus der Misere helfen? Der Analytiker!

So, da kommt auch wieder Frau Dr. Mosy. Wo fangen wir am besten an mit der Fragerei. Ach ja, das Unsichtbarkeitsproblem.

„Frau Dr. Mosy, warum weiß der Chemiker, wie Moleküle aussehen, wenn doch noch nie ein Mensch jemals eins gesehen hat?"

„Oh, da habt ihr euch ja gleich das größte Problem ausgesucht, was man sich so vorstellen kann. Nicht weil es so kompliziert ist, sondern weil man so viel dazu erzählen kann. Ich will versuchen, es so kurz wie möglich zu machen. Das beste ist, wir nehmen uns ein Molekül als Beispiel und zeigen daran, was die einzelnen Analysenmethoden uns über das Molekül mitteilen können.

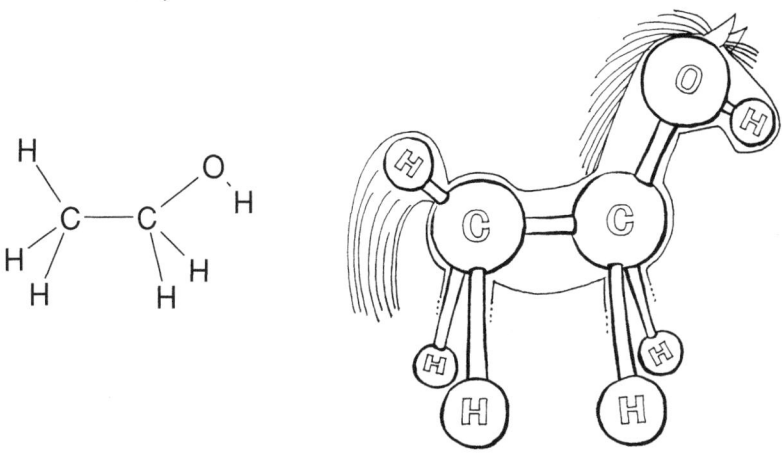

Ich male hier ein Molekül, das ich als Bild mag, weil es mich immer an ein Pferdchen erinnert. Die Verbindung heißt in der Fachsprache Ethanol aber meistens sagt man nur Alkohol dazu. Uns soll jetzt aber nicht interessieren, wo das Molekül vorkommt und ob es nützlich oder schädlich ist, sondern nur, wie man seine Gestalt ermitteln kann.

Wir können jetzt am Bild ganz einfach abzählen, aus welchen Atomen unser Molekül aufgebaut ist. Zwei Kohlenstoffatome, sechs Wasserstoffatome, ein Sauerstoffatom. Die Summenformel heißt demnach C_2H_6O. Doch nicht einmal die wäre uns bekannt, wenn es sich um einen völlig unbekannten Stoff handelt.

So gibt es für den Analytiker immer drei Fragen zu beantworten:

Aus welchen Atomen wird eine Verbindung gebildet? Wieviele Atome haben sich in einem Molekül zusammengefunden? Wie sind die Atome miteinander verbunden?"

Denken wir uns statt der Atome unsere altbekannten Legosteine, wäre also für uns das Problem herauszubekommen, aus welchen Steinen ein bestimmtes Gebilde zusammengesetzt ist. Außerdem müßten wir noch die Zahl der einzelnen Bausteine und die Art ihres Zusammenbaus erforschen! Das wäre sozusagen die komplette Analyse eines Legobauwerkes. Aber lassen wir lieber Frau Dr. Mosy weiter erklären:

„Da es 109 Elemente gibt, wäre es theoretisch möglich, daß diese auch immer wieder in Molekülen zu finden sind. Zum Glück sind aber die meisten Verbindungen, mit denen wir täglich zu tun haben, aus ungefähr 20–30 Elementen zusammengesetzt. Das erleichtert die Suche nach dem Aussehen der Verbindung sehr. Zusätzlich hat ein Analytiker im Laufe seiner Arbeit bereits sehr viele Stoffe gesehen, kennt deren Farbe, ihren Geruch und weiß, welche Verbindung fest oder flüssig ist und entscheidet so, mit welcher Analysenmethode man am schnellsten zum Ziel kommt. Bei unserem Beispiel Ethanol sehe ich, daß es sich um eine Flüssigkeit handelt, die noch dazu sehr typisch riecht – ich würde hier zuerst eine **Elementaranalyse** machen lassen."

Also, nur noch mal für dich – Alkohol riecht nicht nach Bier oder Wein sondern eher nach starkem Schnaps. In Bier und Wein ist so wenig Ethanol, daß man ihn nur schlecht oder gar nicht riechen kann.

„Die Elementaranalyse sagt mir, welche Atome in meiner Verbindung enthalten sind und welches Mengenverhältnis sie zueinander haben. Das soll euch jetzt nicht verwirren, Mengenverhältnis bedeutet im Fall von Ethanol, daß Wasserstoff dreimal so oft wie Kohlenstoff und sechsmal so oft wie Sauerstoff vorhanden ist. So kann meine Summenformel dann C_2H_6O aber genauso gut auch $C_4H_{12}O_2$ lauten. Welche davon richtig ist, kann ich nicht von der Elementaranalyse erfahren."

„Können Sie uns verraten, wie eine Elementaranalyse funktioniert?"

„Das ist ganz einfach. Die unbekannte Substanz wird mit viel Sauerstoff verbrannt. Aus allem Kohlenstoff, der in der Verbindung enthalten ist, entsteht dabei Kohlendioxid. Wasserstoff verbrennt zu Wasser, das bei den hohen Temperaturen ein Gas ist. Beide Gase werden aufgefangen und ihre Mengen bestimmt. Mit etwas Rechnerei kann man dann die Verhältnisse der einzelnen Atomsorten ermitteln."

„Aber wenn nun Sauerstoff mit im Molekül ist, was passiert mit dem?"

„Da bleibt in der Rechnung ein Rest, aus dem man automatisch auf den vorhandenen Sauerstoff schlußfolgern kann. Überhaupt ist dieser Rest in der Rechnung sehr wichtig, er verrät mir nämlich auch, ob vielleicht noch andere Atomarten im Molekül enthalten sind, aber leider nicht welche."

Auwei, hört sich das kompliziert an. Dabei hat es erst angefangen. Also, wir merken uns mal: **Die Elementaranalyse verrät uns etwas über Atomsorten und deren Zahlenverhältnis.**

„Was nun sehr weiterhilft ist die Bestimmung des Molekülgewichts. Jede Atomart hat ein ganz bestimmtes Gewicht und so hat auch jedes Molekül ein ganz bestimmtes Gewicht. Leider kann man das nicht mit einer Waage messen, weil ein einziges winziges Molekül dafür viel zu leicht ist. Man braucht dazu ein Massenspektrometer. Darin werden Moleküle auf eine sehr hohe Geschwindigkeit gebracht und dann in eine kurvenförmige Flugbahn gezwungen. Stellt euch vor, ein fetter und ein ganz schlanker Motorradfahrer fahren mit gleichen Motorrädern mit gleicher Geschwindigkeit in eine scharfe Kurve. Wer wird wohl zuerst aus der Kurve fliegen? Der Fette natürlich, weil bei seinem Gewicht die Fliehkraft viel größer ist.

Ähnlich funktioniert das auch bei Molekülen. Die Moleküle haben ihrem Gewicht entsprechend einen ganz bestimmten Kurvenflug. Hinter der Kurve knallen sie auf einen Schirm. Der Punkt, an dem sie aufgeprallt sind, entspricht ganz genau ihrer Masse. Und nun wissen wir sehr viel über das Molekül: sein Gewicht und seine Zusammensetzung. Vom Massenspektrometer erfahre ich

nur (Nase zuhalten für Computersprache): Ihre Verbindung hat eine Masse von 46. Weil Wasserstoff 1, Kohlenstoff 12 und Sauerstoff 16 Atomgramm wiegen und deren Verhältnis laut Elementaranalyse 6 : 2 : 1 ist, weiß ich nun, meine Verbindung hat die Summenformel C_2H_6O. Wie die Atome zusammenhängen, muß ich aber erst noch herausbekommen."

Noch vor 100 Jahren konnte das nur über sehr aufwendige und zeitraubende Verfahren geschehen. Damals versuchten Chemiker, die unbekannte Verbindung in Stoffe umzuwandeln, von denen sie bereits wußten, wie sie aussahen. Man kann nur achtungsvoll den Hut ziehen, mit welcher Mühe und mit was für genialen Einfällen der Bau von ziemlich kompliziert aussehenden Molekülen erforscht wurde. Heute haben wir es dagegen viel einfacher. Doch um das zu erklären, ist es besser, ein neues Kapitel zu beginnen.

Mücken, Wellen und die Spektroskopie

Es ist eine wunderbar laue Sommernacht mit einem sternklaren Himmel. Du liegst in deinem Zelt und könntest eigentlich schon in den herrlichsten Träumen entschwunden sein, wenn da nicht etwas wäre, was dich stört: Eine gierige, ausgehungerte, blutdürstige Mücke. Der an- und abschwellende Heulton ihres Gesumms raubt dir den letzten Nerv, es kribbelt bereits am ganzen Körper, und du bist dir sicher: Das wird ein Kampf auf Leben oder Tod.

Das Summen, das für dich einer peinigenden Marter gleichkommt, ist für ein Mückenmännchen das Lied einer beginnenden Liebe und der Gesang von einer großen Kinderschar. Und weil die Wissenschaftler von einer notorischen Neugierde besessen sind, wollten sie natürlich wissen, wie sich ein Mückenpaar findet. Also klebte man einen jungen, schmucken Mückenbullen mit seinen sechs Beinen auf einer Platte fest. Daraufhin entließ man eine frisch geschlüpfte, bezaubernde, heiratswillige Mückenjungfer in den gleichen Raum und beobachtete durch ein Vergrößerungsglas das gefesselte Männchen. Kaum ertönte das erste weibliche Gesumm, begann der junge Mann an seinen Fesseln zu zerren, um zu seiner Liebsten abzuheben.

Aha, schlußfolgerte sofort der Mückenforscher, wahrscheinlich können sich Mücken gegenseitig hören. Er hatte nichts besseres zu tun, als den Summgesang einer Mückenfrau gleich auf Band aufzunehmen und diesen dem armen Versuchsmännchen vorzuspielen. Es kam zum gleichen Effekt: Erneut zerrte das Tier mit übermückischer Kraft an seinen festgeleimten Füßen. Es ist also wirklich das Gehör, bestätigte sich zufrieden der Wissenschaftler. Doch wo hat ein Mückenmännchen seine Ohren?

Wieder wurde das Tonband eingeschaltet und genau durch die Lupe geschaut. Und siehe da: Im Schwingen der Summtöne begannen die seltsamen Büschel am Kopf des Männchens zu zittern und zu vibrieren. Es waren die

Schallwellen, die diese Vibration erzeugten. Etwas später konnte man zeigen, daß die Hörbüschel nur auf die Töne des Mückensummens und nicht auch auf Staubsaugergebrumm reagieren.

Kannst du dir denken, wie das gemacht wurde? Eine Geige würde für dieses Experiment schon ausreichen. Du fietschst eine Tonleiter auf den Saiten des Instruments und läßt dabei die Hörbüschel der Mücke beobachten. Erst bei einem Ton, der dem einer Mückendame nahekommt, beginnen die Büschel zu vibrieren.

Moleküle und Mücken beginnen zwar beide mit einem großen „M", doch ein Spezialist für Mückenkunde ist selten ein großer Kenner des Moleküllebens. Moleküle tragen auch keine Hörbüschel. Trotzdem ist das Experiment mit dem Insekt fast komplett auf die Welt der chemischen Verbindungen übertragbar. Doch um das zu verstehen, müssen wir uns noch kurz mit dem Thema **Wellen** beschäftigen.

„Mach nicht solche Wellen," rufst du deinem Vater zu, der sich gerade walroßartig ins Wasser wälzen will, während du eben beim vorsichtigen Hineinwaten in das kalte Naß die kritische Zone zwischen Badehose und Bauchknöpfchen erreicht hast.

Mit fürchterlicher Gewalt reißt die Welle eines Erdbebens an den Fundamenten der Häuser und läßt die darin schlafenden Bewohner vor Angst aufschreien.

„Wir hatten keine gemeinsame Wellenlänge." sagt mißmutig der Politiker nachts zu seiner Frau, als er ihr nach einer gescheiterten Verhandlung erklären möchte, warum er erst so spät nach Hause kommt.

Ohne daß wir es bewußt gemerkt haben, hat sich der Begriff Welle in unsere Alltagssprache eingeschlichen. Was du als Baby bereits in der Badewanne erlebt hast, wird mit wachsendem Alter zu einem Begriff mit vielen Bedeutungen. Aber egal ob Wasserwellen, Schallwellen (zu denen der Physiker auch akustische Wellen sagt) oder die Wellen, die du durch Schlenkern an einem Seil oder Wasserschlauch erzeugst, eines haben sie alle gemeinsam: Jede Welle hat eine Wellenlänge. Die Wellenlänge ist der Abstand von einem Wellenberg bis zum nächsten. Daraus kann man schlußfolgern, daß bei kurzen Wellenlängen viele Wellenberge, bei großen Wellenlängen dagegen entsprechend wenig Wellenberge auf einem bestimmten Abschnitt eines Metermaßes zu finden sind.

Mit Wellen wird Energie übertragen. Spätestens nachdem dich eine Meereswelle fein säuberlich zu einem Bündel, für das es kein Unten und Oben mehr gibt, zusammengefaltet an den Strand geworfen hat, wirst du dieser Aussage zustimmen. Wellen müssen sich fortpflanzen (= vorwärtsbewegen) können. Auf dem Wasser kann man besonders gut beobachten, wie das geschieht. Auch Erdbebenwellen schwanken manchmal über die Oberfläche einer Landschaft

hinweg. Schallwellen werden von einem Ort zum anderen übertragen, indem Gasmoleküle die Energie der Welle von einem Molekül zum nächsten schubsen. Im absoluten Vakuum (das ist ein Raum ohne jedes Atom oder Molekül) würdest du kein Tönchen hören, genausowenig wie du jemanden in einem leeren Schwimmbad mit einem Bauchklatscher naßspritzen könntest. Offensichtlich benötigen Wellen immer eine Art Träger, durch den sie sich ausbreiten können.

Nur eine Wellenart bildet dabei eine Ausnahme. Das sind die **elektromagnetischen Wellen**. Dazu gehören zum Beispiel die **Röntgenstrahlen**, das **Licht** und die **Radiowellen**. Diese pflanzen sich auch im Vakuum fort. Aus diesem Grunde können wir nachts Sterne bewundern. Denn außer Planeten, Fixsternen, Meteoriten und etwas Staub existiert oberhalb der Erdatmosphäre ein nahezu absolutes Vakuum – nebenbei bemerkt ist bis heute der Streit noch nicht abgeschlossen, ob es nicht doch etwas gibt, was elektromagnetische Wellen benötigen um voranzukommen; daran darfst du gerne forschen, doch hier müssen wir uns auf das Wesentliche konzentrieren. Man hat festgestellt, daß gerade die elektromagnetischen Wellen, sobald sie auf eine chemische Verbindung treffen, diese an bestimmten Stellen anregen. So wie das Gesumm einer Mückendame das entsprechende Männchen fast um den Verstand bringt.

Laß uns ein Molekül Ethanol von Frau Dr. Mosy nehmen und wie die Mücke auf eine Platte kleben. Um elektromagnetische Wellen zu erzeugen, gibt es verschiedene Möglichkeiten, die aber leider nur für bestimmte Bereiche der Wellenlängen anwendbar sind. Jedes Instrument hat einen höchsten und tiefsten Ton, der auf ihm spielbar ist. Das gilt im übertragenen Sinne auch für die Geräte zur Erzeugung elektromagnetischer Wellen. Mal ist es ein Radiosender, dann eine Halogenlampe oder eine Röntgenröhre – für uns soll das nebensächlich sein. Wir nehmen an, es gäbe eine elektromagnetische Geige, auf der man alle Wellenlängen, die es gibt, nacheinander abspielen kann.

Alles ist bereit: Unser Versuchsmolekül kann nicht entfliehen. Alle Augen sind gespannt auf seine Einzelteile gerichtet. Und nun werden die ersten Wellen, beginnend bei einer Wellenlänge von ungefähr 15 Metern, auf das Molekül gestrahlt. Langsam verringern wir die Wellenlänge und bei etwa 12 Metern angekommen, sehen wir das erste Anzeichen einer Reaktion. Die Kerne der Wasserstoffatome vibrieren wie die Hörbüschel der Mücke. Beim ganz genauen Hinsehen können wir sogar erkennen, daß die Wasserstoffatome der CH_3-Gruppe damit zuerst begonnen hatten und die anderen erst bei weiterer Verkürzung der Wellenlänge hinzukamen.

Jetzt steht der Zeiger für die Wellenlänge der elektromagnetischen Geige bereits auf einem Zentimeter (also genau einhundert Wellenberge auf der Strecke von einem Meter). Viel passiert ist bisher nicht. Bei etwa einem Millimeter geht ein Ruck durch das Molekül, als ob es sich von seinem Untergrund losreißen will. Aber das lassen wir nicht geschehen, wir wollen doch nicht unsere Testperson verlieren. Aha, jetzt wird es interessant! Die Wellenlänge steht bei ungefähr 0,1 Millimeter, da kommt Bewegung in das Molekül: Alle Atome schwingen hin und her, das pferdchenförmige Gebilde wackelt mit dem Schwanz, reißt seinen Kopf ungestüm zur Seite, reckt den Hals, dehnt sich – kurz, es benimmt sich wie ein preisgekrönter Rodeohengst. Wir verkleinern die Wellenlänge Stück für Stück. Das Ethanolmolekül hat sich gerade wieder beruhigt, da beginnen bei etwa einem Hundertstel Mikrometer angekommen die Elektronen der Bindungen zwischen den Atomen verrückt zu spielen. Nichts kann sie mehr an ihrem Platz halten! Sie scheinen völlig den Kopf zu verlieren, zu vergessen, daß sie zu einer Bindung gehören! Es sieht aus, als wolle das Molekül auseinanderbrechen, weil keine Bindung mehr stabil ist. Schnell, drehen wir weiter am Wellenlängenknopf!

Uff, diese Phase haben wir noch einmal glücklich überstanden. Wir sind nun bei einer unvorstellbar kurzen Wellenlänge von weniger als einem Millionstel Millimeter angekommen, da knallt direkt aus einem Kohlenstoffatom ein Elektron heraus. Noch zweimal können wir das beobachten – Schluß jetzt, aufhören! Wir haben das arme Ethanolmolekül genug gequält. Eigentlich wissen wir doch bereits schon alles, was uns interessieren könnte.

Während beim Mückenmännchen nur die Hörbüschel eine Reaktion gezeigt hatten, können wir mit entsprechenden Wellenlängen jeden Körperteil des Moleküls regelrecht abklopfen. Alle Bereiche der elektromagnetischen Wellen haben Namen, die wir jetzt in Verbindung mit den angeregten Molekülteilen bringen können. Begonnen hatten wir mit den **Mittelwellen**, die die Wasserstoffatomkerne zum Schwingen brachten. Im Bereich der **Mikrowellen** – die tatsächlich genau die Wellen sind, die in der Mikrowelle zu Hause eine gefrorene Torte in drei Minuten auftauen – wollen sich Moleküle nur schneller drehen, doch das konnten wir nicht beobachten. Unser Molekül war ja festgeklebt. **Infrarotstrahlen** führen zu Schwingungen der Atome, als ob die Bindungen dehnbar und wabbelig wie Federn in einem Kugelschreiber wären. **Licht** und **ultraviolette Strahlung** erregt die Elektronen der Bindungen. Durch **Röntgenstrahlen** werden Elektronen, die normalerweise ganz fest im Besitz des Atoms sind und sonst niemals ihren Platz verlassen würden, herausgeschossen.

Jedesmal wenn elektromagnetische Wellen eine Wirkung in einem Molekül erzeugen, wird genau diese Wellenlänge vom Molekül „verschluckt". Fachmännisch ausgedrückt redet man von **absorbieren**. Würdest du ein Probenmolekül genau zwischen dir und einer Quelle von elektromagnetischen Strahlen stellen, bräuchtest du nur darauf zu achten, bei welcher Wellenlänge plötzlich keine Strahlung mehr durch das Molekül hindurchgelassen wird. Diese Wellenlänge schreibst du dir auf. Aus Tabellen oder Nachschlagewerken erfährst du im Anschluß, welche **Absorption** zu welchem Atom, welcher Bindung oder Elektron gehört. Denn das Phantastische ist:

Egal was für eine Verbindung betrachtet wird: Die Absorptionen für ein bestimmtes Merkmal bleiben immer gleich.

Der Mückenmann spricht nur auf das Signal eines echten Mückenweibchens an. Beim erotischen Zirpen einer Grille bleibt er genauso cool wie beim fordernden Grummeln einer Hornisse, weil beide nicht in der entsprechenden Wellenlänge summen.

Eine Kohlenstoff-Wasserstoff-Bindung läßt sich nur bei einem ganz bestimmten Wert des Infrarotbereiches anregen. Die Absorption für eine Kohlenstoff-Sauerstoff-Bindung unterscheidet sich so von diesem Wert, daß beide Bindungen vom analysierenden Chemiker leicht auseinandergehalten werden können.

Alle Verbindungen können mit den **spektroskopischen Methoden** Atom für Atom und Bindung für Bindung abgetastet werden. Das ist natürlich nicht immer so einfach, wie es klingt. Du kannst dir sicher vorstellen, daß in einem Molekül, das mehr als 50 Kohlenstoffatome, über 100 Wasserstoffatome und noch zusätzlich Stickstoff und Eisen enthält, die Ermittlung der Molekülgestalt nicht nur eine Sache von Minuten ist. Ganze Forschergruppen sind damit monatelang beschäftigt. Am Schluß liegen sich alle erleichtert in den Armen und sind glücklich, diese harte Nuß geknackt zu haben.

Für dich gibt es nun eigentlich nur zu klären: Kann ich mit der gerade erlernten Methode entscheiden, ob es sich bei C_2H_6O um Ethanol oder um etwas anderes handelt? Zuallererst muß man sich natürlich überlegen: Gibt es überhaupt noch eine Verbindung, die die gleiche Summenformel besitzt, aber auf andere Weise zusammengebaut ist als Ethanol?

Schütten wir uns einfach mal die Atome, aus denen sich unsere Substanz zusammensetzt, auf den Tisch. Zwei Kohlenstoffatome, sechs Wasserstoffatome, ein Sauerstoffatom. Dann legen wir uns die Regeln für die Bindungen, die von jedem Atom ausgehen dürfen und müssen, daneben: Wasserstoff – eine Bindung, Kohlenstoff – vier Bindungen, Sauerstoff – zwei Bindungen.

Jetzt können wir nur versuchen, so viele unterschiedliche Moleküle aus den Einzelteilen zusammenzusetzen wie möglich. Selbstverständlich ohne die Bindungsregeln dabei zu verletzen. Wir haben Glück: Es gibt nur zwei Molekülstrukturen mit der Summenformel C_2H_6O. Hier sind die beiden:

Ethanol

Dimethylether

Nach einem kurzem, scharfen Blick siehst du: Ethanol hat eine Wasserstoff-Sauerstoff-Bindung und eine Kohlenstoff-Kohlenstoff-Bindung. Das andere Molekül hat zwei Kohlenstoff-Sauerstoff-Bindungen und keine Kohlenstoff-Kohlenstoff-Bindung. So wäre das gleichzeitige Erscheinen von Absorptionen für eine C-C-Bindung und eine O-H-Bindung ein eindeutiger Hinweis auf Ethanol.

Das Molekülsortierungsamt

Währenddessen hat Frau Dr. Mosy mit dünnen, weißen Baumwollhandschuhen an den Händen an einem ihrer Analysengeräte etwas verändert. Sie hatte eine Rolle eines locker aufgewickelten steifen Fadens, der wie ein Kupferdraht glänzt, gegen eine fast genauso aussehende Rolle ausgetauscht, von denen noch mehrere andere an einer Laborwand hängen.

„Frau Dr. Mosy, wir wissen zwar, wie man das Aussehen einzelner Moleküle erforscht, doch was macht man, wenn ganz viele verschiedene Verbindungen zusammengemischt sind? Können wir da auch gleich die Spektroskopie verwenden?"

„Nein, das geht leider nicht. Bei Verwendung von Gemischen werden sich alle Absorptionen der verschiedenen Moleküle überlagern. Aus diesem großen Durcheinander von Signalen kann man eine einzelne Molekülart nicht mehr herausfinden. Es ist, als würden alle Autos an einer großen Kreuzung gleichzeitig zu hupen anfangen. Niemand könnte genau bestimmen, welche Hupe zu welchem Auto gehört."

„Wenn ich nun aber zum Beispiel wissen will, ob in dem Apfel das Insektenvernichtungsmittel, das der Bauer vor zwei Monaten gesprüht hat, noch enthalten ist – wie macht man denn das?"

„Zuallererst wird der Apfel in einem Mixer völlig zerkleinert. Der entstandene Apfelbrei wird mit einem Gemisch aus Wasser und einem anderen Lösungsmittel für ein paar Stunden geschüttelt. Dabei lösen sich alle Substanzen, die für uns interessant sein könnten. Was als Bodensatz übrigbleibt, sind Bestandteile des Apfels, von denen man ganz sicher weiß, daß darin kein Insektenvertilgungsmittel enthalten ist. Dieser Bodensatz wird abfiltriert. Die übrigbleibende klare Lösung, die oft gelb oder grün gefärbt ist, heben wir auf. In ihr befinden sich unzählige verschiedene Stoffe, die man immer in jedem

Apfel finden würde. Das wären zum Beispiel Fruchtzucker, Äpfelsäure, Aroma-stoffe und etwas Fett, das im Apfelkern gespeichert war. Sicher sind auch noch Ionen von Natrium, Kalium oder Calcium enthalten. Fest steht, die Verbin-dungen, nach denen wir suchen, werden nur in winzigen Mengen vorhanden sein, verglichen mit der großen Zahl an Molekülen, die eigentlich nur stören. Das bedeutet, das wir gezwungen sind, die Moleküle zu sortieren."

„Moleküle kann man doch nicht sehen! Wie will man sie da sortieren kön-nen?"

„Auch wenn man sie nicht sehen kann, unterscheiden sich doch verschie-dene Verbindungen in vielen Dingen. Einen dieser Unterschiede, sei es Grö-ße, Gewicht oder auch nur Gestalt der Moleküle kann ich nutzen, um ein Gemisch in seine einzelnen Bestandteile zu zerlegen."

„Das ist schon zu verstehen, daß irgendwelche Unterschiede zwischen den Molekülen bestehen. Doch wie kann ich diese zum Sortieren ausnutzen?"

„Das Sortieren geschieht beinahe von selbst, wenn man die entsprechenden Bedingungen schafft. Wir müssen uns das etwa so vorstellen: Am Anfang eines endlosen Ganges stehen fünf rote und fünf blaue Personen. Der Gang hat rechts und links endlos viele Zimmer und in jedem Zimmer sitzt ein Beamter. Jede der Versuchspersonen hat einen Schein in der Hand. Alle Beamten wissen: Kommt eine blaue Person in mein Zimmer, muß ich ihr zwei Stempel auf den Schein drücken. Ist es dagegen eine rote Person, bekommt sie nur einen Stem-pel. Bei ‚Los' laufen alle Personen in den Gang hinein. Ihre Aufgabe ist, sobald sie ein Zimmer sehen, in dem noch niemand steht, in dieses hineinzugehen und sich von dem Beamten je nach Farbe ein oder zwei Stempel geben zu lassen.

Was wird passieren? Am Anfang werden rote und blaue Leute noch gleich-auf den Gang entlang kommen und Zimmer für Zimmer besuchen. Doch der

geringe Zeitunterschied, der bei dem Geben von einem oder zwei Stempeln entsteht, sorgt dafür, daß sich die blauen Personen immer etwas länger in jedem Zimmer aufhalten müssen. Allmählich können wir beobachten, daß Rot einen kleinen Vorsprung gewinnt, während Blau anfängt zurückzufallen. Einige Zeit später wird es sogar so sein, daß die blauen Personen weit hinter den roten liegen und zwischen ihnen eine große leere Lücke im Gang ist. Jetzt könnte ich den Gang enden lassen. Zuerst kommen die roten Leute heraus, dann heißt es etwas warten und schließlich erscheinen die Blauen. Rot und Blau ist mit diesem Stempeltrick fein säuberlich getrennt worden."

„So etwas läßt sich doch nur mit Menschen machen!"

„Das ist richtig, Moleküle brauchen keinen Stempel. Aber ich kann Moleküle zum Beispiel durch eine sehr lange, extrem dünne Röhre, die wir Kapillare nennen, hindurchschicken. An der Wand der Kapillare kleben Verbindungen, die ähnlich wie es in dem Zimmer geschah, die Moleküle mehr oder weniger stark aufhalten können. Auf diese Art kommen die Moleküle am Ende der Säule in Gruppen sortiert heraus."

„Wahnsinn, funktioniert das immer so?"

„Nein, oft gibt es Schwierigkeiten, ein Gemisch ordentlich zu trennen. Dann muß man versuchen, eine wirksamere Kapillare zu finden, also andere Verbindungen an den Kapillarwänden auszuwählen, die die Moleküle stärker zurückhalten. Wenn man ein völlig neues Problem hat, an dem niemals vorher jemand gearbeitet hat, dauert das Suchen und Probieren schnell mal einen Monat."

„Wenn die Moleküle sortiert aus der Säule kommen, dann kann ich sie doch aber gut analysieren?"

„Ja, denn dann gibt es keine Vermischung der Absorptionssignale mehr."

„Wie sieht so eine Maschine aus, die die Analyse und die Trennung macht?"

Frau Dr. Mosy zeigt auf einen Kasten, in den sie vorhin gerade den aufgewickelten Faden hineingesetzt hat. „Hier befindet sich meine Kapillare. Mit einer dünnen Spritze gebe ich eine winzige Menge von meiner Probe in die Kapillare. Sie ist deshalb in dem Kasten eingebaut, weil dieser wie ein kleiner Backofen die Kapillare beheizt. Damit wird dafür gesorgt, daß die Moleküle alle als Gas freibeweglich durch die Kapillare strömen können. Mit Druck werden die Moleküle durch die 30 Meter lange Röhre – und das ist eine sehr lange Strecke für ein Molekül – geschoben und hier hinten, in diesem anderen Kasten analysiert. Die Analysen werden mir dann zum Computer gesendet und ich muß nur noch entscheiden, welche Verbindung sich hinter den Signalen verbirgt."

„Und mit etwas Glück sieht man dann auch die Signale von dem Insektenvertilgungsmittel?"

„Das ist ja der Sinn der Sache. Für den Bauer ist es aber eine traurige Angelegenheit. Denn der darf ja dann seine Äpfel nicht verkaufen. So ist es aber
ziemlich sicher, daß keine verunreinigten Lebensmittel auf den Markt kommen. Mit einem guten Analytiker an der Seite wäre Schneewittchen nie ver-
giftet worden."

„Aber dann hätte sie nie ihren Prinz geheiratet."

Dr. Mosy kicherte vergnügt. „Vielleicht war der Prinz der Hexe am Ende
auch gar nicht so böse. Nun macht es mal gut, ihr zwei. Jetzt muß ich wieder
ran an die Stanze." Im Gehen dreht sie sich noch einmal um und winkt, wobei ihr Seidentuch am Hals flattert.

Einen Haufen komplizierter Dinge haben wir bis jetzt gehört! Ich würde vorschlagen, wir trennen jetzt mal das ganz Wichtige vom weniger Wichtigen,
schließlich wollen wir unseren Rucksack auf dem Weg durch das Land der
Chemie nicht gleich am Anfang mit Reiseandenken überladen. Laß uns soviel
mitnehmen:

Moleküle verschlucken elektromagnetische Strahlung. An der Art, wie sie es machen, also an der Wellenlänge, die sie aufnehmen, kann man die Gestalt der Moleküle bestimmen. Dr. Mosy hat uns gezeigt, daß sich Molekülgemische trennen lassen. Nach einer Trennung ist es einfach, die einzelnen Verbindungen, die im Gemisch steckten, zu analysieren.

Nun wollen wir einmal sehen, wie Moleküle zusammenleben. Und dazu beginnen wir ein neues Kapitel.

Großes Molekülleben

1829 wurde Alfred Edmund Brehm geboren. Als junger Mann studierte er Zoologie und verfaßte später sein Lebenswerk: Eine Beschreibung aller Tiere, die zu seiner Zeit bekannt waren. Daraus wurde ein sechsbändiges Lexikon, das nach seinem Verfasser den Namen „Brehm's Tierleben" erhielt. Diese Bücher wurden immer wieder gedruckt und überarbeitet, sobald neue Erkenntnisse zu einer Tierart bekannt wurden. Auch jede neu entdeckte Gattung wurde säuberlich der nächsten Auflage vom „Brehm" hinzugefügt.

Es hat sich noch niemals jemand die Mühe gemacht, eine komplette Sammlung von allen bisher bekannten Verbindungen herauszugeben. Das ist auch gar nicht möglich. Denn zum einen sind schon jetzt mehrere Millionen Verbindungen bekannt, und zum anderen werden täglich weit über hundert neue Moleküle hergestellt oder bei Analysen gefunden. Man würde mit der Schreiberei gar nicht hinterherkommen.

Es gibt aber in Amerika eine Einrichtung, genannt *Chemical Abstracts* (was auf deutsch ungefähr soviel bedeutet wie *Chemische Verzeichnisse*) bei der sämtliche Angaben über Moleküle gesammelt werden, die in Fachzeitschriften veröffentlicht wurden. Dorthin kann man sich wenden, wenn man etwas über eine Verbindung wissen möchte. Die „Chemical Abstracts" sind sozusagen eine Molekülbibliothek für alle Chemiker dieser Welt. Es gibt auch noch andere, kleinere Sammlungen, die jedoch nicht so berühmt sind. Im Moment wollen wir uns aber noch nicht für eine spezielle Verbindung interessieren. Für uns sei erst einmal wichtig, was passieren kann, wenn Moleküle in Massen auftreten.

Moleküle als Herdentiere

Kein Molekül ist besonders glücklich, wenn es allein in der Gegend herumschwirrt. Es ist auch fast unmöglich, ein einziges Molekül in einer leeren Flasche zu halten. Wirklich leer wäre eine Flasche noch lange nicht, wenn nur deren flüssiger Inhalt ausgegossen würde. Erst wenn alle Moleküle Luft, die noch in der Flasche ist, abgezogen würden, wäre die Flasche im chemischen Sinne „leer". Das erfordert Superspezialpumpen und selbst die würden es nicht schaffen, absolut alle Gasmoleküle aus der Flasche zu saugen.

Ob eine Flasche voller Saft, Sand oder nur Luft ist – eins steht fest: In der Flasche herrscht ein fürchterliches Molekülgetümmel. Und nicht nur dort: Überall auf dieser Welt prasseln kleine und große Moleküle aufeinander, schwingen Atome und Ionen Bauch an Bauch nebeneinander her, wechseln Verbindungen ständig ihren Platz:

> **Alles ist in Bewegung. Diese Bewegung schafft Unordnung, viel Bewegung schafft viel Unordnung. Anhand der Bewegungsstärke von den einzelnen Elementarteilchen (das ist der Sammelbegriff für Atome, Ionen und Moleküle), gibt es drei Zustände, in denen die Teilchen in Gemeinschaft auftreten können: fest, flüssig, gasförmig.**

„Ich krieg einen Zustand!" schrie der Vater, als ihm beim Öffnen des Spielzeugschrankes der Bausteinkasten mit einer Kante auf den Fuß knallte. Was hat er dort auch zu suchen? Er kann ja fragen, wenn er etwas braucht. Jedenfalls, der Zustand, der nun herrscht, ist klar: Eine halbe Stunde häusliche Gewitterstimmung, bei der man sich verhalten sollte wie ein Mäuschen. Wahrscheinlich wird Aufräumen unumgänglich sein.

Solche Zustände sind Molekülen sicher fremd. Für sie ist entscheidend: Wie stark ist meine Beweglichkeit? Gehöre ich etwa zu einem **Gas**, weil ich so schön ungehindert herumschwirren kann? Oder bewege ich mich weniger gut und bin Teil einer **Flüssigkeit**? Rutsche ich auf einem festen Platz nur noch hin und her und gehöre so zu einem **festen Körper**? Ob gasförmig, flüssig oder fest – an einem einzelnen Elementarteilchen kann man nicht sofort erkennen, zu welchem Zustand es gehört. Erst wenn man es in seinem Verhältnis zu seinen Nachbarn sieht, kann man den entsprechenden Zustand bestimmen.

Der Unterschied zwischen fest und flüssig ist eindeutig: In festen Stoffen sitzen die Elementarteilchen an Plätzen, von denen sie nicht so ohne weiteres weg können. In Flüssigkeiten schmieren die Teilchen andauernd aneinander vorbei und sind in ständiger Bewegung. Das gleiche gilt eigentlich auch für Gase. Nur sind dort die Abstände zwischen den Teilchen größer und die Bewegungen heftiger. Den theoretischen Chemikern fällt es schwer, eine Unterscheidung zwischen flüssig und gasförmig mit Hilfe der Mathematik zu finden. Zum Glück ist das nicht unser Problem, wir dürfen unseren Augen trauen. Wir sehen uns einfach um in der Welt, die uns umgibt, und suchen nach Gasen, Flüssigkeiten und Feststoffen.

Hole einmal tief Luft! Gerade eben ist ein Gemisch aus Sauerstoff, Stickstoff, geringen Anteilen eines Gases mit dem Namen Argon und einer winzigen Prise Kohlendioxid in deine Lungen geströmt. Sauerstoff, Stickstoff und Argon sind Elemente (erinnerst du dich an die Elemente, denen wir am Anfang des Buches begegnet waren?), Kohlendioxid ist eine Verbindung. Beim Ausatmen sind in deiner Atemluft wieder Stickstoff – mit dem wußte dein Körper nichts anzufangen – etwas weniger Sauerstoff aber dafür mehr Kohlendioxid, Wasser und Argon. Du glaubst mir nicht, daß Wasser in deiner Ausatemluft ist? Atme mal an einen Spiegel! Sofort beschlägt er, weil sich winzige Wassertröpfchen auf der Spiegeloberfläche niedergeschlagen haben. Da haben wir schon vier echte Gase und gasförmiges Wasser kennengelernt. Alle Gase können sich gut miteinander mischen, obwohl das Gewicht der Gasmoleküle unterschiedlich ist. Kohlendioxid und Argon sind schwere Gase, Sauerstoff und Stickstoff sind dagegen relativ leicht.

Laß uns auf der Suche nach Flüssigkeiten einen kleinen Streifzug durch die Wohnung machen. Sicher, die wichtigste Flüssigkeit, die wir gleich literweise täglich brauchen, ist das Wasser. Bei dir strömt es aus dem Wasserhahn. Andere Kinder müssen es sich erst aus Flüssen oder Seen schöpfen, bevor sie es nutzen können. Ein Eskimo sitzt geduldig stundenlang vor seiner Lampe mit Robbentran, über der in einem Topf ein Eisblock schmilzt. Ganz Gewitzte bauen sich einen Tank in die Erde und fangen darin das Regenwasser auf, das auf ihr Dach prasselt. Wasser braucht jeder, und dafür gibt es so viele Gründe, daß man ein neues Buch nur zu diesem Thema schreiben könnte. Hier an dieser Stelle sagen wir einfach nur:

Wasser ist die Flüssigkeit Nummer 1.

In der Küche können wir in Sachen Flüssigkeit gleich noch mehrmals fündig werden: Essig und Öl im Gewürzregal, das Spülmittel für den Abwasch und vielleicht steht ja auch irgendwo noch Fensterputzmittel in einem Küchenschrank. Im Bad könnten wir das Rasierwasser des Vaters, das Parfüm der Mutter, Reinigungsmittel und Badeöl als Flüssigkeiten finden. Es gibt sicher noch viele andere Beispiele für flüssige Stoffe im Haushalt, doch die hier sollen uns erst einmal reichen.

Feste Stoffe muß man nicht lange suchen: Fest ist der Stuhl, auf dem du sitzt, das Hemd, das du trägst (auch wenn es sich weich anfühlt), der Baustein, die Tasse ... alles, was du mit geschlossenen Augen berührst und was sich dabei nicht naß anfühlt, ist fest.

‚Und die Zahnpasta, die Hautcreme, meine Erdbeerkonfitüre und der Schokoladenpudding – sind die fest oder flüssig?', wirst du jetzt sicher einwenden. Da hast du doch tatsächlich einen wunden Punkt getroffen. Also gut, weil du es bist: Alles was sich mit geschlossenen Augen pampig und schlammig anfühlt, ist chemisch gesehen etwas besonderes – ein Zwischending. Doch jetzt geht es darum, die einfachen Dinge zu verstehen, ehe wir über die Sonderlinge sprechen können, überredet?

Woher weißt du eigentlich alles, was du in deinem Leben bisher gelernt hast? Ein Ofen ist heiß, ein Messer ist scharf, auch mit dem Hammer bekommt man eine Schraube ins Holz, Äste können beim Klettern abbrechen – das sind die Erfahrungen, die du zum Teil sogar unter Schmerzen machen mußtest und dir deshalb besonders gut gemerkt hast.

Die Erde ist rund, Saurier haben vor Millionen von Jahren gelebt und die reichste Ente der Welt heißt Dagobert Duck – das sind keine Erfahrungen, sondern das haben dir Erwachsene erzählt. Möglicherweise hast du es in Büchern gelesen, die Erwachsene für dich geschrieben haben. Auf eigene Erfahrungen kann man sich verlassen, auf das meiste, was von Erwachsenen kommt auch, wobei eine Portion gesunden Mißtrauens nicht verkehrt ist. Bleiben wir aber mal bei den eigenen Erfahrungen.

Als kleines Baby lagst du in deinem Kinderwagen und der stand unter einem Baum. Über dir bewegten sich die Zweige im Wind und allerhand Getier trieb sich im Geäst herum. Ein Hering glitt geschmeidig bis an das Ende der wippenden Zweige, um an den dort hängenden Kugeln Schokoeis zu lecken. Eine Schnecke verfolgte unter bösem Gekreisch einen kleinen Kraken, der ihr aus Neckerei den Schornstein von ihrem Haus mit einem Schulbuch verstopft hatte. Ein Stegosaurus beugte sich über dein Bettchen, zupfte dir die aufgestrampelte Decke glatt und steckte dir freundlich eine süß schmeckende frische Raupe in den Mund.

Ich wette mit dir, du hättest dich kein einziges Mal gewundert, du hättest nur in deinem kleinen, süßen Babygehirn gespeichert, daß Fische auf Bäumen leben, Saurier nett sind und Schnecken sich gut ärgern lassen. Jedem, der dir später erzählen würde, daß Fische nur im Wasser schwimmen können und Saurier längst ausgestorben sind, hättest du glatt als Lügner ausgelacht. Du hattest es ja ganz anders erlebt.

Auch Wissenschaft kann man erleben. Für jede Behauptung muß etwas Erlebbares herhalten, das die Wahrheit der Behauptung unter Beweis stellt.

„Wenn die Erde tatsächlich rund ist, was ich vermute," sprach vor 500 Jahren Kolumbus „so müßte es egal sein, ob ich nach Osten oder Westen segele, um in Indien anzukommen." Also stieß er zum Beweis nach Westen in See und kam nach Amerika, das er für einen Teil Indiens hielt. Erst Ferdinand Magellan konnte mit einer totalen Weltumsegelung zeigen, daß man bei ständig westlichen Kurs auch wieder an seinem Ausgangspunkt ankommt.

Will man einen Beweis liefern, für eine Behauptung, über die man sich noch nicht ganz sicher ist, so nennt man das ein **Experiment**. Kolumbus hatte ein Experiment gemacht, dessen Ergebnis in erster Freude falsch verstanden wurde. Er sichtete Land, hielt es für Indien und sah damit den Beweis für die Kugelgestalt der Erde erbracht.

Ergebnisse von Experimenten können mißverstanden werden. In der Geschichte der Wissenschaft gibt es zahlreiche Irrtümer, die sich über Jahrhunderte als Wahrheiten halten konnten, bis jemand den endgültigen Gegenbeweis lieferte. Daran hat sich bis heute nichts geändert.

Auch wir leben in einer Zeit, in der selbst große und einleuchtende Gedankengebäude noch krachend in sich zusammenstürzen. Und vielleicht wirst du es eines Tages sein, der etwas gänzlich Neues beweist, was alles andere vorher bestehende ablöst. Glücklicherweise gibt es noch unendlich viel Unbekanntes und das Abenteuer lauert hinter der nächsten Ecke, wenn du es nur wahrhaben willst.

In der Chemie kennt man viele Experimente. Vielleicht ist es sogar die Wissenschaft mit den aufregendsten Experimenten. Das mußt du selbst für dich entscheiden. Chemische Experimente sind oft nicht ungefährlich. Viele Chemiker hatten traurige Unfälle beim Experimentieren, verloren Körperteile, wurden blind, krank und starben als junge Leute. Was nützt dir die Entdekkung eines neuartigen Sprengstoffs, wenn von dir und deinem Labor nur ein tiefer Krater übrigbleibt und nicht einmal jemand weiß, was du für einen Versuch gemacht hast? Deine säuberlich geführten Aufzeichnungen – wo sind sie nach dem großen Knall?

Natürlich mußt du Experimente machen! Wie willst du sonst prüfen, ob ich dir nicht Unsinn erzählt habe? Aber ich schwöre dir und ganz besonders deinen Eltern: Nichts davon wird gefährlich sein. Auch wenn es dich enttäuscht.

Keine private Silvesterrakete, kein Schlafmittel für Nachbars Hund, keine Stinkbombe für das Schulklo. Es ist schon schlimm genug, daß Erwachsene Atombomben gebaut haben und diese sogar ausprobieren mußten. Wer weiß, was dir alles einfallen würde, wenn ich nicht dabei bin. Solltest du mehr als die in dem Buch vorgeschlagenen Experimente durchführen wollen, sei bitte sehr vorsichtig und sei dir vor allem immer sicher, was du tust!

Lösen oder Nichtlösen, Mischen oder Nichtmischen – das ist die Frage!

Unterschiedliche Flüssigkeiten können sich miteinander mischen, ein Feststoff kann sich in einer Flüssigkeit lösen, Gase mischen sich untereinander und lösen sich in Flüssigkeiten – ist das tatsächlich immer so? Um das herauszubekommen, laß uns eine erste Versuchsreihe starten.

Gieße bitte einen Teelöffel Speiseöl in vier kleine Gläser. Dazu gibst du in das erste ein paar Krümel Zucker, in das zweite ein paar Krümel Salz, in das dritte einen Teelöffel Essig und in das vierte einen Teelöffel Wasser. Nun nimmst du nochmal vier Gläser, in denen sich je ein Teelöffel Wasser befindet. Dazu gibst du: ein paar Krümel Zucker, ein paar Krümel Salz, einen Teelöffel Essig und in das letzte einen kleinen Kieselstein.

Diese acht Gläser läßt du stehen und gießt nun in einen kleinen Topf einen Schluck sprudelndes Mineralwasser. Das bringst du am Herd zum Kochen. Es reicht, wenn das Wasser nur ganz kurz gekocht hat, dann nimmst du es von der Flamme und läßt abkühlen.

Nun werfen wir mal einen Blick in die Gläser. Was läßt sich feststellen?
Zucker und Salz lösen sich nicht in Öl.
Essig und Wasser mischen sich nicht mit Öl.
Zucker und Salz lösen sich in Wasser.
Essig mischt sich mit Wasser.
Ein Stein löst sich nicht in Wasser.
Während der Beobachtungen ist sicher auch das Mineralwasser abgekühlt. Nun trinkst du einen Schluck davon. Was ist zu bemerken? Es ist zu fadem, ödem, langweiligem Wasser geworden, in dem nichts mehr zischt und prikkelt. Die Hitze hat das im Wasser gelöste Kohlendioxid herausgetrieben, nichts davon ist mehr zu schmecken.
Wie lassen sich unsere Beobachtungen erklären?

Struktur und Zustand

Wieder zahlt es sich aus, daß du bereits Bekanntschaft mit der chemischen Formelschrift gemacht hast. Nun können wir gemeinsam einen Blick auf Moleküle werfen, ohne daß du aufschreien mußt: „Iiih, was ist das denn?"

Glyceryltrioleat

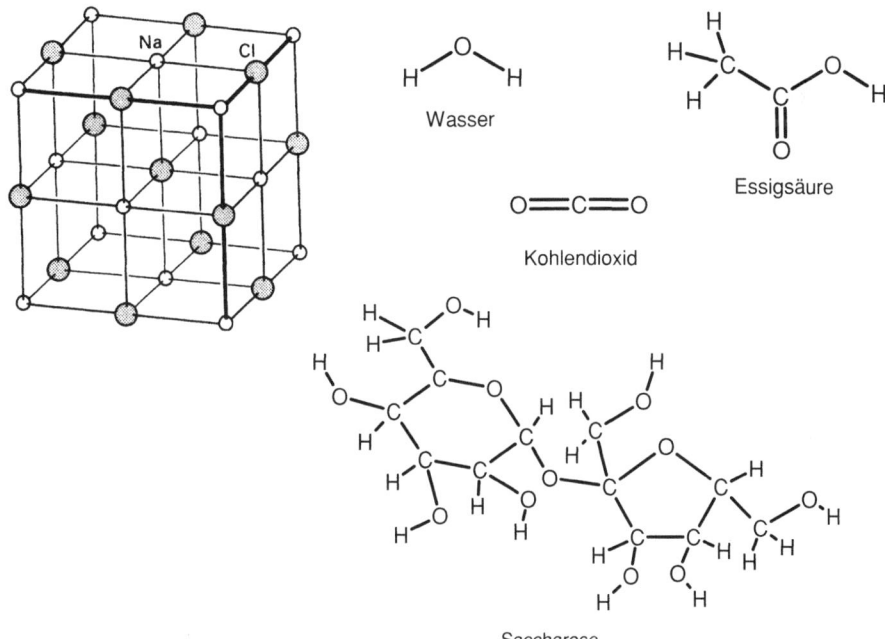

Saccharose

Ist es nicht beeindruckend, wie sich diese sechs Substanzen unterscheiden? Eins drängt sich sofort auf: Wer so unterschiedlich aussieht, wird sich auch in seinem Verhalten stark unterscheiden.

Ein Wal lebt anders als ein Kolibri. Wer die beiden nebeneinander sieht und nicht zu diesem Schluß kommt, sollte vielleicht einmal einen Optiker besuchen. Das kleine Kohlendioxidmolekül wirkt im Vergleich zum walgroßen Fettmolekül, das aussieht wie ein Riesenkrake mit drei Fangarmen, eher wie ein Kolibri.

Im Mittelalter war Latein die Sprache der Wissenschaft. Später schrieben die Gelehrten auch in ihrer Landessprache. Glücklicherweise haben sich jedoch bis heute einige kernige Aussprüche auf Latein in der Umgangssprache von Forschern erhalten. Die Anwendung solcher alten Ausdrücke erweckt beim Zuhörer ein ehrfürchtiges Staunen: „Oh, mit was für einem gebildeten Menschen habe ich mich da unterhalten!" Zum Verblüffen aller, mit denen du dich über Chemie unterhalten willst, liefere ich dir solch einen wohlklingenden Satz. *Similia similibus solvuntur*, was nichts anderes bedeutet als *Ähnliches löst sich in Ähnlichem*. Dieser Satz stammt noch aus Alchimistenzeiten. Bis heute hat er seine Bedeutung behalten.

Alchimisten verstanden unter der Ähnlichkeit von Stoffen deren äußerlichen, einander ähnelnden Eigenschaften. Für uns hat Ähnlichkeit eine viel tiefere Bedeutung: Wir meinen ähnliche Molekülstrukturen.

Wieso kommt eigentlich jemand auf die Idee, auf eine Frage zu antworten: „Das verstehst du noch nicht?" Macht sich da nicht die gleiche Enttäuschung in einem breit wie wenn ein Kellner bei der Bestellung verkündet: „Schnitzel ist aber ausverkauft!" Gerade als man sich so auf ein saftiges, knuspriges Schnitzel, das über den Tellerrand hinaushängt, gefreut hatte. Verstehen kann man alles, wenn es nur richtig erklärt wird. Leider sind manche Erklärungen nicht mit wenigen Sätzen zu erledigen. Das trifft auch für das Zusammenleben der Moleküle zu. Doch wenn du diesen kniffligen Punkt überstanden hast, bist du schon fast ein Experte, was die Kräfte zwischen Atomen, Molekülen und Ionen betrifft.

Gehen wir noch einmal in Gedanken an den Anfang des Buches zurück: Die Treppenstufe aus Stein ist hart, weil die Ionen, die den Stein bilden, einander anziehen. Bestimmte Atome haben ihre freien Elektronen abgegeben und sind deshalb positiv geladen. Andere Atome haben die Elektronen aufgenommen tragen deshalb eine negative Ladung. Positive und negative Ionen ziehen einander an wie die Pole von Magneten. Das war die **Ionenbeziehung**.

Die andere Möglichkeit, Atome fest aneinanderzuhängen, ist die **Atombindung**. Dabei wird nicht um Elektronen zwischen den Atomen gehandelt und gefeilscht. Jeder behält seine eigenen Elektronen. Jedes Atom stellte eine bestimmte Zahl äußerer Elektronen zur Verfügung, um mit den Elektronen des Bindungspartners ein oder mehrere gemeinsame Elektronenpaare zu bilden. Die gemeinsamen Elektronenpaare erinnerten uns an ineinandergreifende Hände.

Wer verrät mir, wann ich welche Bindungsart vor mir habe, und warum muß ich das wissen?

Die Klärung dieser Fragen führt uns wieder zur Ähnlichkeit unter Verbindungen und ist deshalb extrem wichtig. Die Untersuchung von Atombindungen hat ergeben, daß es unter den Atomen doch nicht immer ganz fair zugeht bei der Bindungsknüpfung. Wasserstoff mit einem freien Elektron (eine Hand) verbindet sich bereitwillig mit Sauerstoff, der zwei freie Elektronen (zwei Hände) besitzt. Kaum haben die beiden Atome ein gemeinsames Elektronenpaar gebildet, zerrt der Sauerstoff diese Elektronen ein kleines Stück an sich heran.

Die Elektronen sind so aus der genauen Mitte zwischen den beiden Atomen in Richtung Sauerstoff verschoben. Das gleiche Spiel treibt der Sauerstoff noch mit einem zweiten Wasserstoffatom, um das Wassermolekül bilden zu können.

Verbindet sich Chlor mit Kohlenstoff, ist es das Chloratom, das die Bindungselektronen an sich heranzieht. Nun hat man sich sämtliche Atombindungen angesehen und gemessen, wie groß die Kraft ist, mit der die einzelnen Atomsorten Bindungselektronen zu sich herüberzuziehen. Diese Kraft bekam, weil sie von enormer Bedeutung ist, einen speziellen Namen. Sie heißt **Elektronegativität**. Die Messungen führten zu einer Elektronegativitätstabelle der Elemente. Für die wichtigsten Elemente habe ich dir diese Tabelle abgeschrieben:

Element	Elektronegativität
Fluor	4,0
Chlor	3,0
Sauerstoff	3,5
Stickstoff	3,0
Phosphor	2,1
Schwefel	2,5
Natrium	0,9
Kalium	0,8
Wasserstoff	2,1
Kohlenstoff	2,5

Fluor hat die höchste Elektronegativität mit dem Wert 4. Auch Sauerstoff und Chlor sind noch sehr elektronegativ mit 3,5, Kohlenstoff und Wasserstoff nehmen eine Mittelstellung ein mit 2,5 und 2,1 und Natrium ist das Schlußlicht mit einer Elektronegativität von nur 0,9. Mit Hilfe der Tabelle können wir vorhersagen, wo sich die Bindungselektronen zwischen zwei Atomen befinden. Jetzt aufpassen, das ist wichtig:

Ist der Unterschied der Elektronegativitäten zwischen zwei Atomen größer als 1,4, so besteht eine Ionenbeziehung zwischen den Atomen. Die Kraft des einen Partners, Bindungselektronen an sich zu ziehen, ist dann so groß, daß der andere Partner eigentlich nichts mehr von einem gemeinsamen Elektronenpaar spürt.

Angenommen ... du und dein Vater bekommen gemeinsam ein ferngesteuertes Segelboot zu Weihnachten und wenige Tage danach spielt nur noch einer damit – du weißt schon, wer das ist.

Ist der Elektronegativitätsunterschied kleiner als 1,4, kann man schon von einer Atombindung reden, die jedoch noch an eine Ionenbeziehung erinnert. Eine richtig echte, eindeutige Atombindung mit fair verteilten Elektronen existiert nur bei einem Elektronegativitätsunterschied von 0. Das ist natürlich immer dann der Fall, wenn sich zwei gleiche Atome miteinander vereinigen. Auch eine Kohlenstoff-Wasserstoff-Bindung gehört trotz des kleinen Elektronegativitätsunterschiedes von 0,4 schon zu den Bindungen mit recht gleichmäßig verteilten Bindungselektronen.

Dieses ständige Hin- und Hergezerre an den Bindungselektronen in einem Molekül hat natürlich Auswirkungen. Sehen wir uns mal ein Beispiel an:

Ethanolamin

Je mehr ein Atom in einem Molekülverband die Elektronen an sich zieht, desto größer ist die schwache negative Ladung, die man an dieser Stelle messen kann – und umgekehrt: Je kräftiger von einem Atom Bindungselektronen weggezogen werden, desto positiver wird das Feld, das es umgibt. Zeichnen wir für negativ kleine Minuszeichen und für positiv Pluszeichen, so können wir mit Hilfe der Elektronegativitätstabelle versuchen, diese Symbole in einem Molekül zu verteilen. Dazu brauchen wir weder zu wissen, wie das Molekül heißt, noch wo es vorkommt.

Die Elektronenverschiebungen innerhalb eines Moleküls führen zu einer ganz wichtigen Eigenschaft: Es entstehen positiv oder negativ geladene Bereiche auf der Moleküloberfläche, die wiederum andere Moleküle anziehen oder abstoßen können. Diese Kräfte sind viel, viel kleiner als die innerhalb der Atombindung oder Ionenbeziehung.

Uff, das war so ungefähr der härteste Ritt, den du durch das Gestrüpp der chemischen Theorie machen mußtest. Wenn du noch auf dem Pferd geblieben bist, könnte dir klar werden:

> **Nicht nur Atome und Ionen hängen zusammen, auch Moleküle ziehen sich gegenseitig an.**

Von jetzt an kannst du bei jeder beliebigen Molekülstruktur feststellen, wo stärker negativ oder positiv geladene Bereiche zu finden sind. Siehst du deutliche Unterschiede der Elektronegativitäten in einem Molekül, spricht man von einer **polaren** Substanz. Sind dagegen überall im Molekül die Elektronen größtenteils in der Mitte zwischen den Atomen gelagert, nennen wir diese Verbindung **unpolar**.

Und jetzt checken wir noch einmal die Verbindungen, mit denen du deine Lösungs-Experimente gemacht hast:

Wasser ist demnach eine sehr polare Verbindung. Es besteht fast schon eine Ionenbeziehung zwischen den Atomen. **Kochsalz**, das aus Natrium und Chlor gebildet wird, ist ein ionischer Stoff. Der Elektronegativitätsunterschied von 2,5 signalisiert uns eine eindeutige Ionenbeziehung.

Möglicherweise verwirrt dich die Darstellungsweise von Natriumchlorid ein wenig. Wieso sind da diese gestrichelten Linien zwischen den Ionen? Schreibt man leichtfertig „NaCl" auf das Papier, könnte man annehmen, daß man es mit einem kleinen Molekül zu tun hat, das aus einem Atom Natrium und einem Atom Chlor besteht. Beide Atome sind, das verraten uns die Elektronegativitäten, über die Kräfte der Ionenbeziehung aneinander gebunden. Falsch, falsch, falsch – das ist ein riesengroßer Irrtum! Es gibt kein NaCl-Molekül! Es gibt überhaupt keine Moleküle, wenn wir echte Ionenbeziehungen betrachten! Es gibt nur einen Haufen negativ und positiv geladener Ionen, die sich gegenseitig anziehen.

So ein einzelnes, positiv geladenes Natriumion ist doch nichts anderes, als ein kleiner, runder, positiv geladener Ball. Er trudelt durch die Gegend und trifft auf ein Chloridion, dessen Anziehungskraft auf ihn wirkt. ‚Oh fein', denkt er so bei sich, ,wir ziehen uns an, da bleiben wir mal zusammen'. Wenn du zwei Bälle aneinanderlegst, ist um jeden einzelnen Ball herum noch eine Menge Platz. So ein Natriumion hört nicht einfach auf, positiv geladen zu sein, bloß weil es ein einzelnes Chloridion gefunden hat. In alle Richtungen, die nicht vom Chloridion belegt sind, strahlt es seine Anziehungskräfte in den Raum hinein und lockt damit weitere Chloridionen heran. Aber auch das erste anlandende Chloridion war währenddessen nicht faul und hat mit seiner Ladung weitere Natriumionen in seine Nähe gezogen. Dabei ist dieses Gebilde entstanden, das du als Zeichnung von Natriumchlorid siehst. Eigentlich ist das nur ein Ausschnitt. Denn in alle Richtungen gehen diese Reihen von sich abwechselnden Chlor- und Natriumionen weiter und bilden ein einziges riesiges **Ionengitter**. Würde man ein Stück aus diesem Gitter herausschneiden und das Verhältnis der Ionen zueinander bestimmen, käme man auf ein Natrium-Chlor-Verhältnis von 1 : 1. Deshalb schreibt man „NaCl". Steht auf dem Papier CaF_2, haben wir kein Calciumdifluoridmolekül, sondern ein Ionengitter, in dem das Verhältnis von Calcium zu Fluor 1 : 2 beträgt.

Atombindungen geben einem Molekül eine eindeutige Form und jedes Atom in diesem Molekül hat eindeutig bestimmte Bindungspartner. Ionenbeziehungen führen zu Ionengittern, in denen jedes Ion von vielen anderen Gegenionen umgeben ist. Die Anziehungskräfte von Ionen erstrecken sich gleichmäßig in alle Richtungen. Es gibt keinen einzelnen, festen Bindungspartner wie bei einer Atombindung, auch wenn uns das die Formel von NaCl vorgaukeln möchte. Was du als Bild siehst, ist ein winziger Ausschnitt aus dem Natriumchloridgitter. Die gestrichelten Linien geben dir eine kleine Hilfe, damit du dir dieses Gitter vorstellen kannst. Sie sind Hilfslinien, die in Wirklichkeit nicht existieren!

Sehen wir uns die weiteren Molekülbilder an, fällt unser Blick auf **Zucker** mit seinen vielen Sauerstoff-Wasserstoff- und Sauerstoff-Kohlenstoff-Bindungen. So viele polare Stellen in einem einzigen Molekül, das wird sicher deutliche Folgen haben.

Ein Hauptbestandteil von **Speiseöl** ist die Verbindung, die unter unseren Molekülen den meisten Platz für sich beansprucht. So ein dickes Ding aber auch! Ein paar leicht polare Stellen an den Kohlenstoff-Sauerstoff-Bindungen können wir ja am Molekül ausmachen. Die riesig langen Kohlenwasserstoffketten verdecken diesen Effekt jedoch fast vollständig und machen das Molekül insgesamt ziemlich unpolar. *Similia similibus solvuntur* – Polares löst sich in polarem, unpolare Stoffe vermischen sich nur mit unpolaren Verbindungen. Deswegen ...

Ich glaube, wir sollten sicherheitshalber noch ein Experiment machen. Wenn das alles stimmt, warum kann man denn da nicht ...

Der wissenschaftliche Abwasch

Für diesen Versuch benötigst du einen kleinen Teller, auf dem du etwas Margarine breitschmierst. Laß etwas sehr heißes Wasser ins Spülbecken und versenke den Teller mit der Margarinenseite nach oben darin. Beobachte genau die Wasseroberfläche. Wahrscheinlich wird ein kleiner Teil der Margarine durch die Wärme des Wassers schmelzen und als ein oder mehrere Fettaugen auf dem Spülwasser treiben. Wenn die Temperatur soweit heruntergegangen ist, daß du ohne Unfall ins Wasser greifen kannst, fühle mit dem Finger auf dem Teller, ob alle Margarine abgelöst ist. Du wirst merken, daß sich der Teller noch fettig anfühlt. Selbst durch kräftiges Rubbeln wirst du an diesem Zustand nichts ändern können. Wir wissen ja bereits: Fett löst sich nicht in Wasser – unpolares paßt nicht zu polarem – was kannst du da tun? Ja, wozu um alles in der Welt gibt es denn Spülmittel? Gib einen Teelöffel voll Spülmittel in das Waschwasser und reibe erneut am Teller. Du wirst deutlich merken, wie beim Reiben das fettige Gefühl nachläßt, bis dein Finger regelrecht auf der Tellerglasur quietscht.

Hochinteressant! Zwei Stoffe, die sich nicht miteinander mischen wollen, werden durch Zugabe eines Mittels zusammengebracht. Wie muß ein solches Mittel aussehen?

Vielleicht nützt uns ein Blick auf die Inhaltsangabe. Es hat eine lobenswerte Übereinkunft aller Hersteller von Haushaltchemikalien in Europa gegeben, mit der sie sich verpflichtet haben, die wichtigsten Inhaltsstoffe auf die Etiketten aufzudrucken. So soll der Käufer selbst entscheiden dürfen, ob er das Mittel mit gutem Gewissen kaufen kann. Vorausgesetzt er versteht irgendetwas von dem Kauderwelsch.

Außerdem können einem Arzt die Inhaltsangaben einen wichtigen Hinweis bei Unfällen mit Haushaltschemie liefern. Jemand, der Fensterputzmittel getrunken hat, muß ganz anders behandelt werden, als wenn er einen tiefen Schluck Kloreiniger zu sich genommen hat. Du ahnst gar nicht, was für scheinbar unmögliche Dinge durch Zufall passieren können.

Also lesen wir: Anionische Tenside, Amphotere Tenside, Duftstoffe, Hilfsstoffe, Farbstoffe. So oder ähnlich wird es auch auf deiner Flasche stehen. Das hilft uns ja nicht besonders weiter. Mit einer Formel hätten wir ja jetzt schon fast etwas anfangen können. Duft-, Hilfs- und Farbstoffe sind bestimmt nur dazu da, daß das Mittel hübsch anzusehen ist und gut riecht.

Doch was sind **Tenside**? Zu irgend etwas müssen sie ja nütze sein, sonst würden sie wohl nicht auf dem Etikett stehen. Tenside sind die „waschaktiven Substanzen". Es gibt tausende unterschiedliche Tenside. Normalerweise ist es ein Betriebsgeheimnis, welche Tenside in einem Wasch- oder Spülmittel verwendet werden. Es muß aber eine Gemeinsamkeit geben unter allen Tensiden – sonst wäre ja die Inhaltsangabe ohne jeden Sinn.

Früher wusch man sich mit Kernseife, die du auch heute noch in Drogerien kaufen kannst. Es ist die absolut billigste Seife, riecht fast nicht und erfüllt ihre Aufgabe als Waschmittel tadellos. Billig ist die Seife deshalb, weil sie aus einem ganz einfach zu bekommenden Rohstoff hergestellt wird – aus Fett. Ein in Fett sehr häufig vorkommendes Molekül sieht so aus:

Glyceryltristearat

Erkennst du die extreme Ähnlichkeit mit dem Molekül, das Hauptbestandteil von Speiseöl ist? In keiner der drei Ketten, die sich in der krakenähnlichen Struktur nach unten ziehen, ist die Doppelbindung mehr zu finden – das ist der ganze Unterschied.

Dieses Fettmolekül spalten wir durch eine Reaktion, bei der die drei langen Kohlenwasserstoffketten abknacken. Jede Kette hat einen Kopf, der ein Kohlenstoffatom ist, das mit zwei Sauerstoffen zusammenhängt. An einem Sauerstoff befand sich ein Wasserstoffatom. Tja, dieses ist lieber als Proton verschwunden und hat sein einziges Elektron dem Sauerstoff überlassen, der nun eine negative Ladung besitzt. Damit erscheint der geamte Kopf negativ geladen. Laß einmal dein erfahrenes Auge über das so entstandene Molekül streifen und schätze ab, wie polar die Substanz sein wird.

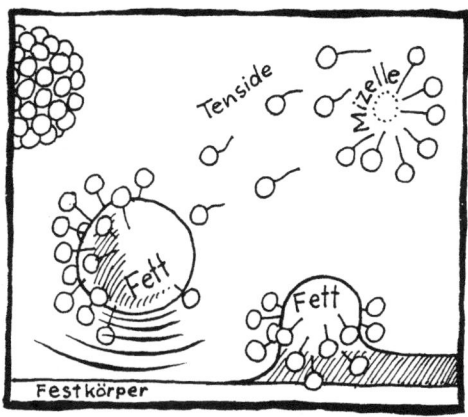

Als Fachmann für Ladungsverteilungen könntest du jetzt murmeln: „Polarer Kopf, unpolarer Schwanz." Und genau damit hast du das Hauptmerkmal aller Tenside getroffen. Tenside stecken nämlich in einer Zwangslage, wenn sie in Wasser gelöst werden sollen. Ihr negativ geladener Kopf hat keinerlei Probleme, sich mit vielen polaren Wassermolekülen zu umgeben. Der lange, unpolare Fettschwanz stößt unterdessen die Wassermoleküle ab, so daß ein Tensid im Wasser regelrecht hin- und hergerissen ist. Ein Fetttröpfchen im Wasser ist die Rettung. Sofort saust das Tensidmolekül herbei und vergräbt seinen langen Schwanz im Fetttropfen, der nichts anderes ist, als mehrere ineinander verknäulte Fettmoleküle.

Es kommt natürlich nicht nur eine einzige Tensidschlange, um ihren unpolaren Teil vor dem Wasser zu verbergen. Es werden sich mehr und mehr Tensidmoleküle einfinden, bis der Fetttropfen wie eine Kugel aussieht, aus deren Oberfläche nur die polaren Köpfe herausgucken. Wir sehen von außen einen stark negativ geladenen Molekülball – wie ein riesiges Ion.

Dieser kann sich vollständig mit Wasser umhüllen – und fängt an zu schwimmen! Genial!

Nichts anderes ist bei deinem Abwasch passiert. Die Tenside haben das Fett auf dem Teller gefunden, es nach und nach abgelöst und von der Telleroberfläche wegtransportiert. Du nimmst den Teller aus dem Wasser, stellst ihn zum Abtropfen hin und ziehst den Stöpsel. Schlurrrrf – Wasser, Waschmittel und Fett sind verschwunden.

Ein sehr wichtiges Tensid, es wird auch liebevoll das „Arbeitspferd der Waschmittelindustrie" genannt, hat folgende Struktur: An einer Kohlenwasserstoffkette mit 12 Kohlenstoffatomen hängt ein Schwefel mit drei Sauerstoffen. Diese Kopfgruppe ist noch polarer als die unseres Seifenmoleküls.

Natriumdodecylsulfonat

Das „Arbeitspferd" heißt SDS (Sodiumdodecylsulphonate). Sodium ist das englische Wort für Natrium. Mit der Namensgebung nehmen es die Hersteller nicht ganz so genau, wer erwartet schon, daß sich wirklich jemand dafür interessiert. Die Verbindung ist fast in jedem Waschmittel enthalten, sogar in Duschbädern und Haarwaschmitteln (das steht drauf!). Wahrscheinlich ist es sogar in mancher Zahnpasta zu finden. Wir müssen also damit rechnen, daß in Europa täglich Milliarden SDS-Moleküle ins Abwasser gelangen.

Dir ist garantiert schon aufgefallen, daß in diesem Kapitel noch kein Wort über Reaktionen gefallen ist. Das ist Absicht, denn dieses Thema ist so wichtig, daß ihm ein Sonderplatz in dem Buch gewidmet werden soll. Wer als neugieriger Anfänger durch ein Labor läuft und wahllos aus einem Regal Flaschen herausgreift und deren Inhalte zusammenschüttet, kann schnell eine schmerzhafte Überraschung erleben. „Ich wollte doch nur mal gucken, ob sich das löst", wird dann beim Arzt gejammert, der einem vorsichtig die Splitter eines explodierten Becherglases aus dem Finger zieht. Damit uns das nicht auch passiert, wollen wir noch etwas mehr von den Dingen erfahren, die sich ohne Reaktionen zwischen den Molekülen ereignen.

Der eigene Salzsee

Eigentlich ein Wunder: Ein so harter Stoff wie Salz fällt ins Wasser und verschwindet buchstäblich vor deinen Augen. Salz wird in großen Mengen in Bergwerken abgebaut, mit Maschinen die kräftig und widerstandsfähig sein müssen, um sich durch die festen Salzschichten hindurchzuarbeiten. Mit einem Salzklumpen könnte man ohne weiteres eine dicke Fensterscheibe einschlagen. Aber kaum kommt Wasser ins Spiel, ist es vorbei mit dem harten Auftreten eines Salzkristalls. Er schmilzt dahin wie ein kantiger, stolzer Cowboy, der nach Monaten zum ersten Mal wieder einer schönen Lady im Saloon begegnet.

Vielleicht hast du noch das Glas bei dir stehen, in dem du vorhin Kochsalz in Wasser gelöst hast. Wenn du es schon ordentlich abgewaschen hast, müßtest du diesen Versuch jetzt wiederholen. Diesmal erweitern wir das Experiment, indem du zu den schon gelösten Krümeln nochmal einen halben Teelöffel voll Salz hinzugibst. Alles wird wieder so lange umgerührt, bis auch diesmal kein Krümchen mehr am Boden liegt. Koste mal vorsichtig einen Tropfen – schmeckt schon ganz schön salzig, oder? Doch das, was eine Hausfrau schon als total versalzen bezeichnen würde, reicht uns noch lange nicht. Du treibst das Löseexperiment voran und gibst wieder einen halben Teelöffel Salz in dein Glas. Umrühren, Lösen, nächste Portion ... und wenn das Kind nicht gestorben ist, so rührt es noch heute.

Meinst du, daß die Geschichte wirklich so langweilig enden wird? „Kind," höre ich deine Mutter schon rufen, „deine Neugier verstehe ich ja, aber das führt zu weit! Mein ganzes Salz hast du mir alle gemacht!" Nein, keine Gefahr: Weder lebenslängliches Rühren, noch Kürzung des Taschengeldes sind zu erwarten. Wenn du mit einem normalen Trinkglas halbvoll Wasser begonnen hast, wird ungefähr nach dem fünften Teelöffel Salz folgendes passieren: Du kannst rühren, rühren, rühren – nichts löst sich mehr auf.

Selbst wenn es Spaghetti mit Tomatensauce gibt, nach vier oder fünf Tellern dieser himmlischen Speise bekommt man keinen Bissen mehr hinunter. Wir sind satt. Das Wasser macht es genauso. Es kann nichts mehr lösen, weil es satt ist – der Chemiker nennt das eine gesättigte Lösung.

Was kann man da machen? Jedenfalls solltest du vorerst deine Lösung durch einen Kaffeefilter gießen, um die übriggebliebenen Kristalle für Kochzwecke zurückzugewinnen. Die aus dem Filter herauslaufende klare Flüssigkeit fängst du vorsorglich auf. Hier ist Salz gelöst, das ja nicht einfach verschwunden ist. Du kannst dir denken, daß die einzelnen Ionen von Hüllen aus Wassermolekülen umgeben sind und so durch die Lösung schweben. Und wenn du statt gelöster Ionen wieder feste Kristalle haben möchtest, brauchst du eigentlich nur eins zu tun: Du nimmst ein paar Millionen Wassermoleküle heraus. Denn dann wird die Lösung plötzlich übersättigt und es scheidet sich soviel Salz auf dem Boden ab, bis wieder die Konzentration erreicht ist, bei der die Lösung „satt" ist.

Nein, selbstverständlich mußt du nicht mit Lupe und Pinzette Wasserteilchen fischen. Du stellst nur dein Glas offen an einen ruhigen Ort und läßt es unbeobachtet stehen. Vielleicht hängst du ein Schild davor:

„Wichtiges Experiment. Nicht berühren!"

Nach und nach wird das Wasser aus der Lösung verdunsten, was mit Chemikeraugen gesehen nichts anderes ist, als daß Wasserteilchen für Wasserteilchen aus der Lösung verschwindet. Fragst du dich gerade, warum das eigentlich passiert? Du bist ein penetrant neugieriger Mensch, und andere werden es sehr schwer mit dir haben, dich übers Ohr zu hauen. Doch wenn ich dir auch noch das Verdunsten richtig erklären würde, käme dieses Kapitel nie zu einem Schluß. Knapp gesagt: Auch Gase können mit Molekülen gesättigt werden. Es passen sogar erstaunlich viele Wasserteilchen in die Luft. Und solange die Luft über einer Wasserfläche noch Wassermoleküle aufnehmen kann, gehen diese nach und nach aus der Lösung heraus. Das nennen wir verdunsten.

Für uns ist der Zeitpunkt gekommen, zu einer Expedition aufzubrechen. Wir wollen sehen, was in der Lösung passiert, während das Wasser weniger wird. Dazu ist es günstig, auf Molekülgröße zu schrumpfen und mit einem stoßsicheren Spezial-U-Boot in dein Versuchsglas zu tauchen. Wir nehmen ein Schrumpfmittel ein, steigen in unser Fahrzeug und lassen uns auf den Grund des Glases sinken. An einem Siliziumion (Silizium ist ein Element, das ein Hauptbestandteil von Glas ist) machen wir unser U-Boot fest und beobachten das Treiben um uns herum. Ständig rammeln Wassermoleküle an die Außenhaut unseres Gefährts, das dabei heftig ins Schwanken gerät. Hoffentlich werden wir nicht seekrank! Da, sieh mal, da kommt ein Natriumion angeschwebt, von Hüllen aus Wasserteilchen umgeben, die sich wie die Schalen

einer Zwiebel um das Ion angeordnet haben. Dahinter steht ein Chloridion, auch mit mehreren Mänteln aus Wasserteilchen eingehüllt. Überall kann man jetzt solche verhüllten Ionen erblicken. Langsam werden die Wassermoleküle, die nicht zu den Ionenhüllen gehören, durch die Verdunstung immer weniger. Jetzt wird es spannend, denn nun sind alle „freien" Wasserteilchen verschwunden. Die Stöße an unser Tauchschiff haben leicht nachgelassen, offenbar ist das Durcheinander nicht mehr ganz so groß. Die Kraft der Salzionen, ihre Wasserhüllen festzuhalten, muß ziemlich klein sein, denn die Verdunstung hat nicht völlig nachgelassen. Es kommt zu einem Gerangel unter den Ionen um die Hüllenmoleküle, jeder scheint jeden zu bestehlen. Doch da, sieh einmal, ein Chloridion läßt sich erschöpft auf den Boden sinken! Raffiniert, es steht wie mit dem Rücken an der Wand, braucht nur die Hälfte der Wassermoleküle, da sein Anziehungsfeld nur noch halbrund nach oben geht. Da, einem Natriumion ergeht es ähnlich, auch es sitzt auf dem Boden auf. Nach und nach werden mehr und mehr Ionen auf den Grund des Glases gedrängt und selbst denen fehlen schon immer mal ein paar Wassermoleküle in der Hülle. Jetzt senkt sich ein Natriumion auf die erste Schicht und eröffnet eine zweite Reihe. Es hat sich genau über einem Chloridion plaziert, sicher weil die positive die negative Ladung anzieht. So geht das Ion für Ion, zwischen den ersten Schichten auf dem Grund sind schon alle Wasserteilchen abgewandert, um weiter oben in der Lösung zur Verfügung zu stehen. Oh, ich glaube es ist höchste

Zeit zum Aufstieg – sonst werden wir eingeschlossen. Die Wirkung unseres Schrumpfmittels läßt auch in fünf Minuten nach!

Popp! Wir haben wieder unsere frühere Gestalt angenommen. Hat sich während unseres Tauchganges etwas in der Lösung verändert? Natürlich, viele kleine Salzkristalle liegen auf dem Grund des Glases! Je weniger Wasser zur Verfügung stand, desto mehr Ionen wurden aus der Lösung gedrängt. Das ist völlig logisch. Denn es können ja nicht mehr Ionen gelöst sein als die Menge, die zu einer Sättigung der Lösung führt. Das heißt, wenn du nur lange genug wartest, bis alles Wasser verdunstet ist, hast du das gesamte Salz zurück! Das ist wunderbar, da mußt du ja nicht einmal ein Krümchen neues Salz kaufen, um für Ersatz zu sorgen!

Eins verrate ich dir noch. Wenn du wirklich geduldig bist, und die Woche wartest, bis nur noch eine kleine Pfütze Wasser in deinem Glas schwimmt, wirst du eine kleine Überraschung erleben. Mehr sage ich aber nicht.

Nicht jede ionische Verbindung löst sich genauso gut in Wasser wie Kochsalz. Neben Natriumchlorid gibt es noch tausende andere Salze, die im Laufe der chemischen Forschung auf ihre Löslichkeit untersucht wurden. Man mußte dabei feststellen: Es gibt keine Methode, die einem im Voraus verrät, ob es sich um ein gut oder schlecht lösliches Salz handelt.

Nur ein kleines Beispiel dazu: Man kann 1,8 Kilogramm Silberfluorid (AgF) in einen Liter Wasser einrühren, ehe die Lösung gesättigt ist. Silberchlorid (AgCl) dagegen ist so schlecht löslich, daß bereits nach Zugabe von 1,4 Milligramm nichts mehr in das Wasser hineingeht. Aha, könnte man vorschnell meinen, das liegt bestimmt am Unterschied zwischen den Fluorid- und Chloridionen. Danebengetippt! Calziumfluorid (CaF_2) ist ähnlich schwer löslich wie Silberchlorid. Calziumchlorid ($CaCl_2$) löst sich aber recht gut. Ist also doch nicht der Unterschied zwischen Fluorid und Chlorid der Auslöser für das Löslichkeitsverhalten? Je mehr man über solche Sachen erfährt, desto rätselhafter will es einem manchmal erscheinen.

Statt Vorhersagen machen zu können, muß sich der Chemiker seinem Schicksal fügen: Ihm bleibt nichts anderes übrig, als es den Zoologen nachzumachen. Wenn sie etwas über ein Tier (und im Falle der Chemiker ist das ein bestimmtes Molekül) wissen wollen, müssen sie es beobachten. Tagelang, wochenlang, jahrelang. Und so machen manche Chemiker in ihren Forschungen nichts anderes als geduldig zu wiegen, zu lösen, zu messen, wieviel sich gelöst hat, zu warten, ob die Zeit oder die Temperatur einen Einfluß auf die Sache hat – häufig ist eher Geduld als ein superkluger Einfall gefragt.

Was soll das alles?, wirst du möglicherweise leicht gereizt fragen. Beim Herstellen von Lösungen kann man sich sehr leicht ein Bild davon machen, wie Moleküle oder Ionen miteinander in Kontakt kommen. Man erfährt, ob sie sich miteinander vertragen oder ob sie sich gegenseitig abstoßen. Die Kräfte, die dabei wirken, ob anziehend oder abstoßend, nennt man der Einfachheit halber **Wechselwirkungskräfte**. Wechselwirkungskräfte wirken immer, egal welche Molekülart oder welche Atome du betrachtest. Um dich neugierig zu machen, zähle ich ein paar Beobachtungen auf, die ausschließlich durch Wechselwirkungskräfte begründet werden:

Gibt man kalte, konzentrierte Schwefelsäure – eine Flüssigkeit – zu kaltem Wasser, erhitzt sich das Gefäß beim Mischen von selbst so sehr, daß man es nicht mehr zwischen den Fingern halten kann.

Ammoniak und Schwefeldioxid sind zwei Gase, die sich bemerkenswert gut in Wasser lösen. Hat man eine Flasche mit einem der Gase gefüllt und hält diese mit der Öffnung nach unten ins Wasser, steigt wie von Geisterhand emporgesogen das Wasser in die Flasche. Das Gas ist so gierig, sich mit Wasser zu mischen, daß es das Lösungsmittel förmlich in die Flasche hineinzerrt.

Perfluordecalin ist eine Flüssigkeit, in der sich Unmengen von Sauerstoff lösen. Taucht man eine lebendige Maus vollständig in die Lösung ein, lebt diese quietschvergnügt weiter, weil keine Kiemen dazu notwendig sind, um darin atmen zu können. Diesen Effekt macht man sich mittlerweile bei der Behandlung schwer lungenerkrankter Menschen zunutze.

Eine Mischung aus Eis, etwas Wasser und Calciumchlorid in einer bestimmten Kristallform kühlt sich von selbst auf −50 °C ab.

Ammoniak wird bei Temperaturen von unter −34 °C flüssig. Diese Flüssigkeit kann leicht in einem Thermosbehälter über mehrere Stunden gehalten werden, bis alles wieder verdunstet ist. Metalle – Achtung, jetzt nicht mit deren Ionen verwechseln! – wie Natrium oder Kalium lösen sich gut darin, es entstehen tiefblaue Lösungen.

Ist das nicht einfach ... also, ich weiß gar nicht, wie man das bezeichnen soll: elefantös, oberarmstark, kaltschnauzenerwärmend. All das passiert letztendlich nur, weil die Verbindungen beim Lösen oder beim Mischen eine neue Ordnung zueinander einnehmen.

‚Ordnung, jetzt fängt er auch noch mit Ordnung an', schießt durch deinen Kopf. ‚Wo ich doch gestern gerade mein Kinderzimmer aufräumen mußte.'

Okay, machen wir gleich Schluß mit dem Kapitel.

Sozusagen zum Abschied von diesem Thema habe ich für dich noch ein paar Strukturformeln von Verbindungen, die allesamt als Flüssigkeiten daherkommen.

Cyclohexan

n-Decan

Octanol

Tetrahydrofuran

Br—Br
Brom

Hexamethylphosphorsäuretriamid

Schwefelsäure

N,N-Dimethylformamid

Die einzige Faustregel, die aus den Bildern abzuleiten ist, kann man so formulieren: Alle kleineren und noch nicht ionischen Verbindungen (das konntest du mit den Elektronegativitäten herausbekommen) bilden häufig Flüssigkeiten. Ganz kleine unpolare Moleküle sind immer Gase.

Und nun hinein ins nächste Kapitel.

Ein Baukasten voller Atome

Nachdem du gesehen hast, wie sich gleiche oder unterschiedliche Atome aneinanderhängen können, wie man die Gebilde, die sie dabei bilden, analysiert und trennt und wie die Eigenschaften von Verbindungen mit ihrer Gestalt zusammenhängen, lade ich dich zur Besichtigung einer Atomsammlung ein.

Was kann man nicht alles sammeln? Briefmarken, Überraschungsei-Inhalte, Schwimmblasen selbstgefangener Fische, Schmetterlinge – nichts ist zu verrückt, als daß man es nicht in Kästchen, Alben, Rahmen, Vitrinen oder Flaschen aufheben könnte, um es sich immer wieder anzusehen und sich an seinem Besitz zu erfreuen.

Keiner weiß, worin der Grund für Sammlerleidenschaft liegt. Auch Psychologen, die sich besonders gern mit den unverständlichen Handlungen des Menschen beschäftigen, sind sich nicht darüber einig. Vielleicht braucht jeder von uns immer einen kleinen Anstoß, um seine Phantasie auf eine Gedankenreise zu schicken. Für den einen ist eine Briefmarke aus Uganda eben ein Grund, an seinen letzten Afrikaurlaub zu denken, oder ein tropischer Falter aus Südamerika ist der Anlaß, dieses Jahr nun endlich einmal in einen Regenwald zu fahren. Sammler sind wohl meistens auch romantische Träumer, die mit dem, was sie aufheben, einordnen und immer wieder neu sortieren und begutachten, ihren Gedanken neuen Schwung geben.

Zugegeben, eine Atomsammlung ist in Anbetracht ihrer Größe nichts Spektakuläres. Jeder Sammler von Atomsorten kommt auf nicht mehr als 109 verschiedene Exemplare. Mehr gibt es nicht. Doch darüber hat sich, soweit ich weiß, noch kein Chemiker ernsthaft beklagt.

Als vor reichlich einhundert Jahren mehr als sechzig Elemente bekannt waren, entbrannte ein hitziger Streit unter den Wissenschaftlern, wie die Elemente zu ordnen seien. Da sprach einer: „Ordnen wir doch die Elemente in der Reihenfolge ihres Atomgewichts!" „Nein, werter Kollege," kam da die Antwort, „das Gewicht spielt doch überhaupt keine Rolle bei chemischen Reaktionen. Ordnen wir die Elemente, die sich chemisch ähnlich verhalten nacheinander in Gruppen!" Ein dritter prustete los: „Leute, seid ihr denn so vergeßlich, daß ihr euch die paar Elemente nicht merken könnt? Wozu sortieren, es genügt doch zu wissen, daß sie sich unterscheiden!"

Na ja, der dritte Beitrag war ungefähr genauso viel wert wie die Behauptung, daß man auch ohne Hausaufgabenheft sämtliche Schularbeiten erledigen könne. Lassen wir das mal ohne weitere Bemerkung im Raume stehen.

Derjenige, der den Vorschlag zur gruppenweisen Anordnung der Elemente gemacht hatte, feierte noch einen großen Triumph seiner Theorie. Als er einmal wieder über seiner Tabelle grübelte, stutzte er. Er hatte eine Spalte aufgestellt, die mit Kohlenstoff und Silizium begann. Dann folgten seiner Meinung nach Zinn und Blei. „Nein," murmelte er in seinen langen, strähnigen Bart, „das geht nicht, daß nach einem Nichtmetall wie Silizium sofort ein Metall wie Zinn kommt. Wenn ich mich nicht total geirrt habe, müßte meinen Vorstellungen entsprechend nach Silizium ein Element kommen, das wie ein Halbmetall den Unterschied zwischen Zinn und Silizium ausgleicht." Weil er aber sonst keinen Fehler in seinen Kalkulationen finden konnte, kam er zu einem klaren Schluß, den er auch mutig bekanntgab: „Es muß ein Element geben, das die Lücke zwischen Silizium und Zinn ausfüllt. Dieses Element ist noch nicht gefunden worden, doch wenn das geschieht, sage ich schon heute: Es wird ein Halbmetall sein. Es wird eine Atommasse von 72 haben. Es wird einen hohen Schmelzpunkt besitzen. Beim Erhitzen wird sich eine Verbindung mit Sauerstoff bilden, die erst bei sehr hohen Temperaturen schmilzt. Die Verbindung des Elements mit Chlor wird eine Flüssigkeit sein, die unter 100 °C kocht."

1886 wurde wirklich ein neues Element entdeckt, das alle diese Eigenschaften besaß. Weil es in Deutschland gefunden wurde, bekam es den Namen Germanium. Der Mann, der die Existenz von Germanium vorhergesagt hatte, hieß Dimitri Iwanowitsch Mendelejev und war Professor für Chemie in Petersburg. Zusätzlich war er noch bester Koffermachermeister dieser Stadt. Vielleicht sind ihm die besten Ideen beim Kofferbauen gekommen? Oder der letzte, zündende Einfall ist ihm im Traum erschienen? Du lachst? Das ist gar nicht so komisch. Viele Geistesblitze berühmter Leute sind in Momenten entstanden, in denen am wenigsten mit ihnen zu rechnen war. Da beschäftigt sich einer wochenlang mit einem Problem, zermartert sein Gehirn am Schreibtisch, hat schon wütend acht Bleistifte zerkaut und dann, auf dem Klo – da trifft ihn der Schlag. Das muß die Lösung sein!

Ein anderer Fall: Ein müder Komponist sitzt im Straßenlokal und wartet auf seinen Kaffee. Drinnen hört er den Wirt mit tiefem Baß seine Köchin schelten, die ihm mit hoher, spitzer Stimme antwortet. Eine Tasse fällt in der Küche zu Boden, eine Untertasse rollt klirrend über die Kacheln und ein Teelöffel beendet mit feinem Klingeln die Geräusche des kleinen Mißgeschicks. Alle Klänge formen sich im Kopf des Komponisten zu einer Melodie, er springt hastig auf, stiefelt mit eiligen Schritten nach Hause und macht aus dem Streit des Wirtes mit der Köchin eine ganze Sinfonie.

Solche Art von Eingebung sollte man nicht achtlos vom Tisch wischen. Gute Ideen lassen sich leider nicht immer erzwingen. Doch wenn sie kommen, muß man etwas mit Ihnen anzufangen wissen, selbst wenn sie geträumt wurden. Vielleicht geschah eines Nachts im russischen Winter des Jahres 1869 im gut geheizten Schlafzimmer Mendelejevs folgendes:

Mendelejevs Traum

*D*imitri Iwanowitsch sah sich in einem prunkvollen Saal, der von Kristalleuchtern erhellt wurde, am Kopfe einer langen Tafel stehen. Am Tisch entlang

saßen etwa 70 Personen, die den Raum mit dem Gewirr ihrer Stimmen erfüllten. Auf der Tafel standen Karaffen mit Wein, Kühler, in denen bereits geöffnete Champagnerflaschen in Eiswasser schwammen und silberne Tabletts mit großen, gläsernen Wasserkrügen darauf.

Vor Mendelejev lag ein Kasten, der einem Setzkasten aus alten Druckereien sehr ähnelte. Dieser war in viele kleine Fächer unterteilt, die alle leer waren. Neben dem Kasten befanden sich Papier und Bleistift. Der Professor griff zum Stift und klingelte damit energisch an sein Glas, bis endlich Ruhe eingetreten war. Nur ein glucksendes Kichern war noch zu vernehmen von jemandem, der bereits jetzt einen vollkommen beschwipsten Eindruck machte.

„Verehrte Elemente!", hörte sich der Gelehrte sprechen. „Seit mehreren hundert Jahren werden Sie von der Menschheit gejagt. Bis zum heutigen Tage hat man 66 von Ihnen aus Ihrem Versteck ziehen können. Nun gibt es bereits seit einiger Zeit einen großen Streit unter uns Forschern, welche Bedeutung jedem einzelnen von Ihnen beizumessen ist. Welchem System beugen Sie sich? Kann man Ihnen eine sinnvolle Reihenfolge geben? Auch ich bin der Auffassung, daß Ihrem Auftreten eine gewisse Regelmäßigkeit beizumessen ist. Jedoch fehlte mir bisher der Schlüssel zu vollständiger Klarheit über Ihre Einteilung. Aus diesem Grunde habe ich Sie in dieser Nacht eingeladen, mir Ihre Meinung zu der Frage darzulegen: Kann man Sie in ein System einordnen?"

Für einen Moment herrschte unsicheres Schweigen unter den Versammelten, dann gackerte es aus sicherer Entfernung vom Ende der Tafel: „Kinder und Gase zuerst." *Es war Wasserstoff, dem bereits ein halbes Glas Sekt zuviel geworden war und der sich nun über alles endlos amüsieren konnte. Jetzt überfiel ihn auch noch ein Schluckauf, und bei jedem ‚Hick' drohte er von seinem Sitz aufzufliegen. Sein Freund Chlor, der neben ihm saß, zog ihn energisch an der Krawatte zurück und band diese am Stuhl fest, um alle weiteren Flugversuche zu unterbinden. „Wie wahr," flötete da Frau Stickstoff „auch ich würde meinen, daß Gase als die edelsten der Elemente an erste Stelle gehören sollten". Sauerstoff und Fluor nickten beifällig, Chlor blickte verlegen zu Boden. Ihm war nicht ganz wohl, durch diese Einteilung für immer alle festen Elemente gegen sich zu haben. „Ha!" sprang da erregt ein silbrig glänzender Herr von seinem Sitz auf. „Wer hat wohl bisher dem Menschen die meisten Erleichterungen gebracht, wenn nicht das Eisen. Alle Maschinen, die heute laufen, enthalten mich, Schiffe werden aus mir gebaut, Eisenbahnen rollen auf meinesgleichen entlang, Seile werden unzerreißbar durch mich ..." „Soviel ich weiß, sind mit deiner Hilfe auch schon einige Köpfe gerollt, von Kanonen mal ganz zu schweigen.", fiel ihm da Kohlenstoff ins Wort. „Ich bin Bestandteil von jedem Lebewesen, jede Pflanze braucht mich zum Wachsen – es gibt keine Zweifel, daß Kohlenstoff als Element die Nummer Eins darstellt."*

Erregtes Diskutieren schwoll an, bis Blei so heftig aufstand, daß sein Stuhl nach hinten umkippte. „Leute, nun hört doch mal mit der Streiterei auf! Uns sollte es doch vollkommen egal sein, welche Reihenfolge uns die Menschen geben wollen. Jeder von uns müßte doch wissen, was er wert ist. Wir sind doch alle wichtig zum Zusammenhalt dieser Welt – völlig unabhängig von der Meinung der Menschen. Ist es nicht das einfachste, wenn man uns in der Reihenfolge unseres Atomgewichtes nennt?" „Das sagst du doch nur, weil du fast der Schwerste von uns bist, alter Fettkloß!", rief giftig Schwefel. Gold erhob sich und blickte würdevoll in die Runde. „Liebe Freunde! Wozu diese Mißgunst? Laßt uns anerkennen, was unser Freund, Professor Dimitri Iwanowitsch Großes geleistet hat. Blickt in euer Inneres! Seht eure Atomkerne! Ist es nicht das, was uns eine Ordnung diktiert, die schon jedes Menschenkind verstehen sollte? Ein jeder von uns hat seine ganz eigene Zahl Protonen im Kern. Entspricht nicht das am meisten unserem chemischen Wesen? Es bestimmt unser Gewicht, die Zahl der Elektronen, die wir halten können, unsere Größe und viele Eigenschaften, von denen die Forscher erst in kommenden Menschengenerationen etwas erfahren werden. Laßt uns in der Reihe unserer Protonenzahl vor unseren Sucher der Erkenntnis treten, damit er uns einordnen möge."

Alles stand vom Tisch auf und bildete eine lange Reihe. Wasserstoff wurde von Lithium gestützt und als erster vor Mendelejev gestellt. „Ich bin die Eins", lallte

Wasserstoff, „hab' ich doch schon immer gesagt." Lithium kam als nächster und sagte: „Nummer drei, Lithium."

„Beryllium, vier Protonen." „Bor, fünf Protonen, fünf Elektronen." Mit vor Erregung fiebrigem Blick saß der Professor über seinen Zettel gebeugt und schrieb hastig die ihm diktierte Reihenfolge mit. Element für Element zog an ihm vorbei, nannte seine Protonenzahl und nahm danach wieder seinen Platz an der Tafel ein. Bei Phosphor trat eine kleine Unterbrechung ein. „Welche Form von mir hätten Sie denn gern, verehrtester Professor, die gelbe, die rote oder die schwarze?" „Schnauze, du Angeber!", raunzte der hinter ihm stehende Schwefel. „Von mir gibts mindestens fünf verschiedene Sorten. Denkst du, das ist der Rede wert? Trotzdem bleibt doch deine Protonenzahl die gleiche." Bedauernd und leicht verstimmt sagte Phosphor nur „Fünfzehn" und schritt wieder zu seinem Glas. Von da an ging es reibungslos, bis auch das letzte Element, es war das Bismut mit der Nummer 83, auf der Liste des Gelehrten stand.

Nun stand der Forscher wieder vor seinen Gästen auf. „Verehrte Freunde, ich bin Ihnen unendlich dankbar für diese Gunst, die Sie mir erwiesen haben. Doch gestatten Sie mir eine letzte Frage. Auf meiner Liste vermisse ich einige Nummern und ich verstehe nicht den Sinn dieser Lücken." Es war wieder Gold, das ihm antwortete: „Eines Tages werden auch diese leeren Plätze gefüllt sein. Niemand würde deinen Worten Glauben schenken, hättest du bereits heute schon alle Vertreter der großen Familie der Elemente gesehen." Gold wandte sich an die Versammlung: „Doch nun, laßt uns aufbrechen und wieder ein jeder an seinen ihm zugestammten Patz zurückkehren." Fast lautlos verschwanden die Elemente von ihren Sitzen und ließen einen tief in Gedanken versunkenen Mann zurück. Sein Blick schweifte vom Zettel auf den Kasten, zurück zum Zettel und auf einmal rückten die Zahlen auf ihn zu, wurden größer und größer und begannen vor seinen Augen einen Reigen zu tanzen.

Damit fuhr der Gelehrte aus seinem Traum auf.

Es war noch dunkel draußen und mit zitternden Fingern zündete Mendelejev eine Petroleumlampe an. Er zog ein Stück Papier in ihren Lichtkegel und begann hastig die Reihe der Elemente, wie sie ihm im Traum erschienen war, niederzuschreiben. Er hatte sich so intensiv und lange mit den Eigenschaften der Elemente beschäftigt, daß er keinen Augenblick über ihre Namen nachdenken mußte. Die Schrift floß aus seiner Hand, als ob ihm eine fremde Stimme diktieren würde. 83 Bismut — erschöpft lehnte er sich zurück. Nein, das konnte doch aber nicht alles sein! Ähnliche Reihen gab es bereits von einigen seiner internationalen Kollegen. Der Kasten, was hatten diese Fächer in seinem Traum zu suchen? Er fuhr nachdenklich mit dem Stift an der Reihe entlang. Und dann traf es ihn wie ein Peitschenhieb aus der Finsternis: Wenn er alle sieben Elemente eine neue Reihe beginnen würde, dann ständen genau die Vertreter in einer Spalte, die er schon immer wegen ihren ähnlichen Eigenschaften in eine Gruppe gesteckt hatte. Sogar die Lücken hatten genau dort ihren Platz, wo er bisher unentdeckte Elemente vermutete. Mit dieser Tabelle wären die Chemiker nun zum ersten Mal in der Lage, hinter dem scheinbaren Durcheinander der Elemente ein System zu sehen.

Diese Tabelle heißt seitdem das **Periodensystem der Elemente**. Periodensystem?

In Sparbüchsen herrschen Perioden gähnender Leere. In Afrika verdursten Rinder in Dürreperioden. In Indonesien werden dagegen jedes Jahr in der Regenperiode Häuser von überschwellenden Flüssen ins Meer gerissen. Perioden sind Ereignisse, die sich nach bestimmten Abständen wiederholen. Die Periode arm – reich, trocken – naß ist oft eine Frage der Zeit.

Die Periode bei den Elementen liegt einfach in ihrer Nummer. Alle acht Elemente gibt es ähnliche Eigenschaften zu beobachten. „Protest, Euer Ehren!",

Periodensystem der Elemente

Gruppe	Hauptgruppen-Elemente		Nebengruppen-Elemente (d-Elemente)										Hauptgruppen-Elemente					Edelgase
	IA	IIA	IIIB	IVB	VB	VIB	VIIB		VIIIB		IB	IIB	IIIA	IVA	VA	VIA	VIIA	VIIIA
	1	2	3	4	5	6	7	8	9	10	11	12	13	14	15	16	17	18
	1 H 1.0079																	2 He 4.0026
	3 Li 6.941	4 Be 9.0122											5 B 10.81	6 C 12.0111	7 N 14.0067	8 O 15.9994	9 F 18.9984	10 Ne 20.179
	11 Na 22.9898	12 Mg 24.305											13 Al 26.9815	14 Si 28.086	15 P 30.9738	16 S 32.06	17 Cl 35.453	18 Ar 39.948
	19 K 39.09	20 Ca 40.08	21 Sc 44.956	22 Ti 47.90	23 V 50.941	24 Cr 51.996	25 Mn 54.9380	26 Fe 55.847	27 Co 58.9332	28 Ni 58.71	29 Cu 63.45	30 Zn 65.37	31 Ga 69.72	32 Ge 75.59	33 As 74.9216	34 Se 78.96	35 Br 79.909	36 Kr 83.80
	37 Rb 85.467	38 Sr 87.62	39 Y 88.906	40 Zr 91.22	41 Nb 92.9064	42 Mo 95.94	43 Tc 98.906	44 Ru 101.07	45 Rh 102.905	46 Pd 106.4	47 Ag 107.868	48 Cd 112.40	49 In 114.82	50 Sn 118.69	51 Sb 121.75	52 Te 127.60	53 I 126.904	54 Xe 131.30
	55 Cs 132.905	56 Ba 137.33	57 La 138.905	72 Hf 178.49	73 Ta 180.947	74 W 183.85	75 Re 186.2	76 Os 190.2	77 Ir 192.2	78 Pt 195.09	79 Au 196.967	80 Hg 200.59	81 Tl 204.37	82 Pb 207.2	83 Bi 208.980	84 Po (209)	85 At (210)	86 Rn (222)
	87 Fr (223)	88 Ra 226.025	89 Ac (227)	104 Rf 261.109	105 Db 262.114	106 Sg 263.118	107 Bh 262.123	108 Hs	109 Mt	110	111	112						

f-Elemente

58 Ce 140.12	59 Pr 140.907	60 Nd 144.24	61 Pm (145)	62 Sm 150.4	63 Eu 151.96	64 Gd 157.25	65 Tb 158.925	66 Dy 162.50	67 Ho 164.930	68 Er 167.26	69 Tm 168.934	70 Yb 173.04	71 Lu 174.97
90 Th 232.038	91 Pa 231.036	92 U 238.029	93 Np 237.05	94 Pu (244)	95 Am (243)	96 Cm (247)	97 Bk (247)	98 Cf (251)	99 Es (254)	100 Fm (257)	101 Md (258)	102 No (259)	103 Lr (260)

wirst du jetzt hoffentlich rufen. „Hatte nicht Mendelejev alle sieben Elemente eine Periode gesehen?" Selbstverständlich hatte er das. Doch am Ende einer jeden Periode fehlte genau noch ein Element. Diese wurden erst nach Mendelejevs erstem Periodensystem entdeckt und dann entsprechend eingeordnet. Es waren allesamt Gase, die ähnlich wie die Edelmetalle sehr selten eine chemische Reaktion eingehen. Deshalb nannte man diese Gruppe die **Edelgase.**

Dem Periodensystem entkommt keiner, der sich näher mit Chemie befaßt. Doch neben den Informationen, die in dem System stecken, dient es wie ein Briefmarkenalbum oder eine Sammlung ausländischer Streichholzschachteln dem chemisch Interessierten als Sprungbrett für die eigene Phantasie. Manche Lehrer oder Professoren benutzen es auch gern als Folterinstrument für ihre Schüler oder Studenten.

Also, laß uns einen kurzen und vorsichtigen Blick darauf werfen. Du findest im hinteren Einband dieses Buches ein Periodensystem abgedruckt, wie es heute am häufigsten von den Chemikern verwendet wird.

Wie die Buchstaben im Setzkasten eines Druckers sind die Elemente in Fächer einsortiert. Lauter Bekannte können wir wiederentdecken: Alle Metalle vom Fußballspiel. Den Schwefel, der aus dem Vulkan kam. Wasserstoff und Sauerstoff sowie Geheimagent Carbon alias Kohlenstoff. Und einen ganzen Haufen Typen mehr, die uns noch nie begegnet sind. Was nicht ist, kann ja noch kommen. Mit neuen Elementen haben wir es nicht ganz so eilig. Wichtiger ist, was man auf einen kurzen Blick aus dem Periodensystem entnehmen kann.

Jedes Element hat eine bestimmte Nummer. Das ist die **Ordnungszahl.**

> **Die Ordnungszahl nennt uns die Zahl der Protonen im Kern und die Zahl der Elektronen in der Hülle eines jeden Atoms, das zu einem Element gehört.**

Agent Carbon hat demzufolge sechs Protonen und sechs Elektronen. Chlor besitzt siebzehn Protonen und ebenso viele Elektronen. Das ist ganz einfach herauszulesen.

Wie wir bereits festgestellt hatten, ist es auch wichtig, die Elektronegativität der einzelnen Elemente zu kennen. Sie hilft uns, eine Entscheidung über die Polarität von Bindungen zu treffen und polare Bereiche in einem Molekül zu erkennen. So ist auf fast allen Periodensystemen die Elektronegativität eines jeden Elements eingetragen.

Welches Bild bekämen Außerirdische von uns, wenn sie nachts auf einer Müllhalde kurz zwischenlanden würden und als einzigen Beweis für intelligente Lebewesen einen Modekatalog für Erwachsene fänden? Sie würden später in ihrem Raumschiff staunend blättern und schließlich in ihren Forschungsbericht eintragen: „Leider hatten wir keine Zeit, einen längeren Halt auf dem Planeten Erde zu machen. Wir konnten aber ein Buch mit einer Vielzahl von Bildern finden. Offensichtlich sind die Bewohner der Erde sehr stolz auf ihre Person. Denn auf fast jeder Seite waren sehr gut gebaute Exemplare dieser Gattung abgebildet. Männliche Lebewesen scheinen eine Größe von etwa 1,85 Metern zu haben, sind schlank, breitschultrig, mit kantigen Gesichtszügen und haben eine braune Hautfärbung. Weibliche Wesen sind etwa 1,75 Meter groß und noch bedeutend schlanker als die männlichen Vertreter der Gattung, haben den gleichen tiefbraunen Hautton und eine auffallend großzügige Kopfbehaarung. Beide Geschlechter zeichnen sich durch bemerkenswerte Schönheit aus."

Wer weiß, vielleicht grübeln die Verfasser dieser Sätze heute noch in ihrer Raumsonde, was die Nummern zu bedeuten haben, die neben jedem Model oder Dressman stehen.

Eins können wir energisch abstreiten: Männer und Frauen sind nicht alle so groß, wie es im Katalog aussieht und auch nicht so schlank. Zum Glück sind wir alle sehr unterschiedlich gebaut. Diese Unterschiede sorgen dafür, daß jeder etwas ganz Besonderes ist, den es nur einmal auf dieser Welt gibt. Größe und Körperbau sind das, was man bei einem Kontakt mit einem fremden Menschen zuerst registriert.

Anhand von Größe und Masse können wir auch die Atome unterscheiden.

Mit der Größe von Atomen ist es allerdings so ein Problem: Könnte man ein Atom von außen betrachten können, würde man zuerst seine Elektronen sehen. Die Elektronen zischen um den Kern und haben Bahnen, die ständig wechseln. So verändert auch die Elektronenhülle andauernd ihre Form. Wir würden ein etwa kugelförmiges Gebilde wahrnehmen mit einer flackernden und wabernden Oberfläche. Kann man da einen Atomdurchmesser bestimmen? Auch unsere Sonne hat eine Oberfläche, aus der tausende Kilometer weit ins Weltall hinein die Flammen schlagen, während gleichzeitig an anderer Stelle tiefe Löcher in ihrer feurigen Oberfläche klaffen. Und doch sehen wir sie aus unserer weiten Entfernung als einen fest abgegrenzten Kreis. Ein ähnlicher Effekt sorgt dafür, daß wir auch bei Atomen einen Durchmesser bestimmen können. Eins sollten wir aber nicht vergessen:

Sobald ein Atom eine Verbindung eingeht, verändert sich auch seine Größe. Besonders auffällig ist das, wenn aus einem Atom ein Ion wird. Werden Elektronen abgegeben, schrumpft das Teilchen. Aufgenommene Elektronen dagegen blähen die Elektronenhülle stark auf, so daß ein solches Ion viel größer erscheint als das ursprüngliche Atom.

Allgemein läßt sich folgendes sagen: Geht man in einer Spalte – genannt eine **Gruppe** – im Periodensystem nach unten, werden die Atome immer größer. Wandert man in einer Periodenzeile von links nach rechts, werden die Atome immer kleiner. Die Atome vom Element Cäsium (Nummer 55) unten links in der Ecke des Periodensystems sind die größten stabilen Atome, die es gibt. Franzium gleich darunter sollte einen noch größeren Atomdurchmesser besitzen. Dieses Element ist aber sehr instabil und zerfällt nach extrem kurzer Zeit. So werden wir es nie in einer dauerhaften Verbindung antreffen können.

Wir müssen außerdem in der Lage sein zu entscheiden, ob Sauerstoffatome kleiner sind als Kohlenstoffatome oder ob Bromteilchen größer sind als die von Fluor. Um zu erfahren, wie sich Calzium und Silizium unterscheiden, die weder gemeinsam in einer Periode (Zeile), noch in einer Gruppe (Spalte) stehen, muß man zusätzlich in Tabellen über Atomgrößen nachsehen. Das läßt sich nicht durch einen Blick aufs Periodensystem klären. Es sei denn, du besitzt ein First-class-fünf-Sterne-de-luxe-Periodensystem, auf dem auch die Atomradien eingetragen sind.

Soweit zur Atomgröße. Der Masse von Atomen soll ein neues Kapitel gewidmet werden. Laß uns mit den Beinen baumeln, vergnügt in die Sonne blinzeln und die freie Zeit genießen. Für den, der hören mag, gibts dazu eine kleine Geschichte.

Die Wucht der großen Zahlen

*I*n einem geschützten Tal der italienischen Alpen stand ein junger Walnuß-
baum. Das milde Mittelmeerklima hatte dafür gesorgt, daß das Bäumchen in wenigen Jahren zu beachtlicher Größe herangewachsen war. Bisher waren die Winter Phasen der Ruhe für den Nußbaum gewesen, in denen er nicht viel auszustehen
hatte. Doch in diesem Jahr brach die kalte Jahreszeit ungewohnt zeitig und mit
ungekannter Heftigkeit herein. Bereits Ende Oktober brachte eine Kältewelle die
Temperaturen nahe an den Gefrierpunkt und mit dem Beginn des Novembers fiel
der erste Schnee. Nur ganz alte Bauern konnten sich daran erinnern, daß es schon
einmal solch einen Winter gegeben hatte.

Für den jungen Nußbaum war Schnee eine neue Erfahrung in seinem Leben.
Als die ersten Flocken auf seine Äste rieselten, blickte er verwundert an sich her-
unter. ‚Was ist das denn für ein weißes Nichts?‘, dachte er für sich und fragte
dann laut: „Hallo, seid ihr Schmetterlinge oder Blätter, die der Wind trägt?“ „Nein“,
wisperten die Schneeflocken „wir sind verzaubertes Wasser, das im Winter die
Erde bedeckt.“ Der Baum lächelte nachsichtig. „Wie wollt ihr die Erde bedecken,
wo ihr doch so winzig seid?“ „Es werden unendlich viele von uns kommen, so viele,
daß eine dicke Schicht über dem Boden liegt, und alles, was du siehst, wird weiß
sein.“ „Nein“, lachte ungläubig der Baum, „so viele von euch kann es doch gar
nicht geben. Dann hätte ich euch schon einmal in meinem Leben sehen müssen,
wenn es euch in so großer Zahl geben soll.“ „Wir dürfen nur kommen, wenn es kalt
genug ist“, raschelten die Flocken leise zur Antwort. „Werdet ihr auch mich zu-
decken?“ fragte der Nußbaum mißtrauisch. Er hielt sich nämlich in den blätterlo-
sen Jahreszeiten für besonders ansehnlich und war stolz auf den Glanz seiner
jungen Rinde und den harmonischen Wuchs der langen, gleichmäßigen Äste. „Wir
fallen auf jedes Ding, das sein Gesicht dem Himmel zustreckt. Auch auf dir werden wir ruhen, bis uns der Frühling wieder vertreibt.“ „Das werde ich nicht zulas-

sen!", rief aufgebracht der eitle Baum. „Du kannst dich nicht wehren, weil du immer still stehst", erhielt er zur Antwort. Grollend versuchte er seine Äste zu schütteln, doch ohne Hilfe des Windes wollte ihm dieses Kunststück nicht so recht gelingen. „Ihr seid nichtsnützige, aufdringliche Geschöpfe! Ich will nichts mit euch zu tun haben!" murrte er aufgebracht.

Was vergab er sich nicht alles mit solch falschem Stolz? In den langen Winternächten hätte er den Erzählungen der Flocken von ihren weiten Wolkenreisen lauschen können. Er hätte unzählige Zuhörer gehabt für die Beschreibung seiner Erlebnisse in dem Tal. Endlich würde es für die Schneeflocken jemanden geben, der ihnen erklären konnte, was Sommer ist. Stattdessen schnappte dieser jemand ein und wurde beleidigend. „Wir werden dich zwingen, noch einmal anders mit uns zu reden", sagten die Flocken und blickten sich dabei bestätigend an. „Wie wollt ihr mir drohen, ihr aufgeblasenen Winzlinge? Nichts könnt ihr mir anhaben!", schnaubte verächtlich der Nußbaum und zog sich in sich selbst zurück.

Es blieb kalt in der Gegend, und es kam auch zu weiteren Schneefällen. Mittlerweile lag überall so viel Weiß, daß die Kinder Schlitten fahren konnten. Alle Bäume trugen glitzernde Flockenpelze und nur noch die Stämme hoben sich als dunkle Striche vom einförmigen Farbton der Gegend ab. Nach Weihnachten stiegen die Temperaturen leicht an, und der Nußbaum sah mit Frohlocken, wie die Hülle seiner Äste tropfend zu schwinden begann. Doch dann kam noch einmal die Kälte zurück in diesen Teil des Landes. Selbst schnell fließende Bäche froren jetzt zu und Zweige ließen sich brechen, als ob sie aus Glas wären. Die Wolken, die vom Meer herantrieben, verfingen sich am Gebirgsrand und luden ihre Schneelast auf dem Umland ab. Über ein Drittel vom Stamm des Nußbaums war nun vollständig begraben.. Seine Äste bogen sich weit zum Boden herab, und er spürte, wie mit jedem Wintertag die Spannung in seinen Fasern zunahm. Er hätte es nicht für möglich gehalten, doch allmählich begann ihn das Gewicht des Schnees zu peinigen. Er versuchte, das Gewisper der Flocken zu ignorieren und pflegte den Anschein, seinem alten Starrsinn treu zu bleiben. Doch um der Wahrheit zu entsprechen, es lag ihm immer öfter auf der Zunge, darum zu bitten, daß ihm etwas von seiner Last abgenommen würde. Dann kniff er verbissen die Lippen zusammen und dachte an sein Urteil über das unerwünschte Gesindel.

Es schneite weiter. Mittlerweilen standen dem Baum buchstäblich die Schweißtropfen auf der Stirn. Er wußte nicht, wie er das Gewicht auf seinen gefrorenen Ästen noch tragen sollte. Sämtliche Stränge in seinem Inneren waren zum Bersten angespannt.

An einem Morgen strahlte endlich wieder freundliches Sonnenlicht von einem klarblauen Himmel. Nur eine kleine, zerzauste Wolke trieb eilig über das Tal hin-

weg und daraus lösten sich einige wenige verspätete Flocken. In Spiralen schwebte ein einzelner Schneekristall herab und glitzerte wie ein Diamant im Sonnenlicht. Das Ende seines Fluges lag auf der äußersten Spitze eines kleinen, schneebemützten Astes des Walnußbaumes. In diesem Moment spürte er, wie die Last einer einzigen Flocke das Maß des Erträglichen übersteigen konnte. Er stöhnte gequält auf und schon brach der Ast in einer Wolke von Schneebrocken niederstürzend ab.

„Oh nein", rief der Baum entsetzt. „Bitte, bitte hört auf damit!"

„Siehst du ein, daß dein stures Schweigen sinnlos war?", fragten ihn seine Gäste. „Ja", preßte er hervor, „doch hört bitte auf, mich so zu drücken!"

Die Flocken sahen einander zustimmend an. Einige von ihnen glitten darauf von den niedergebogenen Ästen zur Erde hinab. Erleichtert seufte der Baum auf und schöpfte neuen Mut. „Das hätte ich nie für möglich gehalten", murmelte er. „Tut mir leid, daß ich so garstig war." Er war noch etwas verlegen, weil er nicht wußte, wie das lange Schweigen am besten zu beenden sei. Doch die Schneeflocken nahmen ihm diese Sorge ab. Denn von Natur aus sind sie eigentlich leichtherzig und sogar ein bißchen schwatzhaft. So kam der Baum schnell in allerfröhlichstes Schnattern hinein und wußte bald selbst nicht mehr, wie er so lange hatte darauf verzichten können.

Als im Frühling der letzte Schnee von ihm abrutschte, blickte er mit Traurigkeit auf seine vielen neuen Freunde herab. Man konnte sich noch ein paar Worte zurufen. Bald war auch das nicht mehr möglich. Fönwinde trieben den Winter aus dem Tal und mit ihm verschwand alles Weiß.

Irgendwann ist jedes Maß einmal voll. Immer gibt es einen letzten Tropfen, der das Faß zum Überlaufen bringt, den letzten Ziegelstein, der den Bau eines Hauses abschließt oder ein letztes Getreidekorn, das in die Mühle rinnt. Manches kann man zählen. Manches muß man zählen. Bei bestimmten Dingen ist die Anzahl unwichtig. Man weiß einfach, daß es sich um viel handelt oder um wenig, das reicht.

Kein Förster käme auf die Idee, alle Blätter in seinem Wald zählen zu wollen. Kein Lastwagenfahrer zählt die Umdrehungen seiner Räder, die nötig sind, um ans Ziel zu kommen. Viele kleine Wirkungen fügen sich zu einem großen Ergebnis zusammen.

Kinder geraten irgendwann in das Zählalter. Wenn sie erst einmal den Trick mitbekommen haben, wie es nach der Hundert weitergeht, gibt es kein Halten mehr. Da werden die verrücktesten Sachen gezählt: Die Wolken am Himmel, die Straßenlaternen, die Knöpfe in Großmutters Nähkasten, die Autos, denen man auf einer Reise begegnet. Die Zahlen werden immer größer, mit denen man umzugehen lernt. Von den Schwierigkeiten, in der Zahlenwelt bis Zehn zu rechnen, ist es nicht weit, bis man mühelos mit Milliarden jongliert. Bedenkenlos werden selbst die größten Zahlen ins Matheheft geschrieben. Die Vorstellungskraft, was hinter einer sehr großen Zahl steckt, hat uns dabei schon lange im Stich gelassen. Würde ein Mensch, der achtzig Jahre lang lebt, von seiner Geburt bis zu seinem Tod ohne zu schlafen tagaus, tagein nur zählen, käme er bis 2,5 Milliarden. Würde er dabei in jeder Sekunde einem Menschen der Weltbevölkerung begegnen, hätte er bis zu seinem Tod nur die Hälfte aller Erdenbürger gesehen.

Um uns das Schreiben sehr großer Zahlen zu erleichtern, haben die Mathematiker die Potenzschreibweise geschaffen. Wollen wir notieren, daß fünf Milliarden Menschen auf der Welt leben, müssen wir nicht unbedingt eine fünf mit neun Nullen zu Papier bringen. Wir können stattdessen mit Schwung $5 \cdot 10^9$ schreiben. Auf diese Weise schrumpft eine fürchterlich große Zahl zu ein paar Zeichen zusammen.

Auf einmal sind wir in der Lage, noch viel viel größere, wahrhaftig unvorstellbare Mengen auszudrücken. Laß uns doch einmal einfach 10^{85} schreiben. Das wäre eine 1 mit 85 Nullen. ,Das nur in Pfennigen in meiner Sparbüchse' geht dir vielleicht gerade durch den Kopf. Unter Garantie läge dein Haus in Trümmern, weil das einfach zu viele Tonnen Geld wären. Ach, was sage ich da, allein die Erde wiegt ja nur $6 \cdot 10^{27}$ Gramm. Dein Sparschwein wäre sogar schwerer als die Sonne!

Trotzdem gibt es Bereiche, in denen selbst solche schwindelerregenden Zahlen zum Alltag gehören. Das ist neben der Physik vor allem in der Chemie der Fall. Schuld daran ist die Winzigkeit der Atome und Moleküle. Würdest du $5 \cdot 10^9$ Atome Kohlenstoff auf ein weißes Blatt Papier kippen, ergäbe dieser Haufen nicht mal einen sichtbaren schwarzen Punkt. Vielleicht könnte man einen winzigen Klecks mit einem sehr guten Mikroskop erkennen. Mehr wäre jedoch von fünf Milliarden Atomen nicht zu sehen.

Als die Chemiker verstanden hatten, mit was für kleinen Gesellen sie es da zu tun hatten, standen sie vor einem Problem. ,Sollen wir denn jedesmal bei einer Reaktion schreiben 10 hoch soundso viele Atome oder Moleküle wurden verwendet?', fragten sie sich. Weil ihnen die Zehnerpotenzen immer noch zu viel Schreiberei war, dachte man sich eine neue Maßeinheit aus: Das **Mol**. Es wurde festgelegt:

Ein Mol sind 6,02 · 10^{23} Elementarteilchen. Auf diese Zahl kam man, weil in 12 Gramm Kohlenstoff gerade so viele Atome enthalten sind.

Egal ob die Elementarteilchen kleine oder große Moleküle sind oder nur Atome – ein Mol sind immer genau diese 6,02 · 10^{23} Stück. Die unterschiedlichen Atommassen führen demzufolge auch zu verschiedenen Massen für ein Mol der entsprechenden Atome. Die Masse eines Mols heißt – wie könnte es auch anders sein – **Molmasse**. Die Molmasse der Elemente ist genauso wichtig wie die Ordnungszahl. Deshalb findest du sie auch im Periodensystem für jedes Element eingetragen.

Ein Blick aufs Periodensystem verrät dir auf der Stelle, wie schwer ein Mol eines Elements ist. Wenn beispielsweise bei Eisen ein Molgewicht von 56 Gramm steht, sagt dir dein Verstand: ‚Aha, 6,02 · 10^{23} Atome Eisen wiegen 56 Gramm.' Es wird wahrscheinlich wenige Lehrer auf dieser Welt geben, die sich nicht verkneifen können, an dieser Stelle gehässig zu fragen: „Und wie groß ist dann das Gewicht eines einzigen Eisenatoms?"

Das läßt uns vollkommen kalt, da erwischt uns keiner auf dem falschen Bein! Selbstverständlich ist uns klar, daß wir einfach nur die 56 Gramm durch 6,02 · 10^{23} zu teilen brauchen. Für so etwas gibt es Taschenrechner und der sagt 9.3 · 10^{-23}. Das ist also null Komma, dann folgen 22 Nullen und dann steht neun und drei. Dieser Wert hat nur noch theoretische Bedeutung, vorstellen kann man sich etwas so winziges kaum. Aber immerhin: Wie Schneeflocken oder Sandkörner – sind nur genügend davon vorhanden, kann man einige Überraschungen erleben.

Mit Molmassen kann man herrlich fiese Rechnereien betreiben. Das macht so richtig den Spaß an der Chemie kaputt, wenn man damit Probleme hat. Du wirst durch dieses Buch kommen, ohne davon gepeinigt zu werden. Nur damit du einen kleinen Eindruck bekommst, was man alles ausrechnen kann, zeige ich dir hier mit der Hilfe von Herrn Division und Frau Multiplikation – zwei gnadenlose Mathematiklehrer – ein einziges Beispiel:

Das Wasserproblem oder
Wieviele Moleküle Wasser stecken in einem Liter Wasser?

(Ein Drehbuch für zwei Personen; Mitwirkende: Herr Division, Frau Multiplikation)

Herr Division
(räuspert sich wichtigtuerisch):

Wir haben uns heute mit einem nicht ganz trivialen Problem aus der angewandten Mathematik zu befassen. Wieviele Wassermoleküle enthält ein Liter Wasser?

Frau Multiplikation
(mit leicht kreischender Stimme):

Also, mal ganz unter uns, werter Kollege, diese Chemiker ziehen aber auch die unmöglichsten Probleme an den Haaren herbei. Sind wir denn für alle Hirngespinste zuständig?

Herr Division:

Ich stimme darin vollkommen mit Ihnen überein, liebe Kollegin. Aber es sind ja nicht nur die Chemiker. Erinnern Sie sich nur an die Berechnung einer Flugparabel für eine Saturnrakete. Ich dachte, unsere Herren Physiker sind komplett übergeschnappt. Wer denkt bei den heutigen Zuständen an einen Saturnflug. Dagegen ist ein Glas Wasser eine regelrecht greifbare Größe.

Frau Multiplikation
(seufzt):

Ja, ja, Sie haben schon recht. Bringen wir es schnell hinter uns.

Herr Division:

An sich können wir noch nicht allzuviel mit der Aufgabe anfangen. Ich verstehe ja, daß ein Liter Wasser von einer endlichen Zahl Wassermolekülen gebildet wird. Jedoch ist mir der Zusammenhang zwischen Molekülgröße und Menge in einem bestimmten Volumen nicht ganz geläufig.

Frau Multiplikation:

Ich könnte mir einen eleganten Ansatz über das Gewicht vorstellen. Wir wissen doch, wieviel ein Liter Wasser wiegt – nämlich zufälligerweise genau ein Kilo. Wenn man dann mit der Molekülmasse von Wasser arbeitet, würde ich rein vom Gefühl her eine Lösung für möglich halten.

Herr Division
(kramt ein Periodensystem
hervor und schaut mit einem
verblödeten Grinsen darauf):

Da war ich wohl gerade Kreide holen, als das in der Schule dran war. Wie soll ich denn wissen, was ein Mol Wasser wiegt?

Frau Multiplikation:

Aber, aber, das werden Sie doch wohl noch behalten haben – Wasser: Haaa zwei Oooh. Das heißt doch nichts anderes als daß zwei Mol Wasserstoff und ein Mol Sauerstoff ihre Massen zu einem Mol Wasser zusammenlegen. Lassen Sie mich doch einmal sehen! Richtig, Wasserstoff hat die Molmasse 1 und Sauerstoff die 16. Zwei mal eins plus sechzehn macht achtzehn. Achtzehn Gramm würde ein Mol Wasser wiegen.

Herr Division:

Hut ab, was Ihnen noch alles einfällt! Nun ist der Fall fast klar. Lassen Sie mich ein Kilo Wasser durch achtzehn Gramm teilen – Momentchen, tausend Gramm durch achtzehn Gramm ... mmh, tausend durch zwanzig sind fünfzig ...

Frau Multiplikation
(eifrig auf ein Blatt kritzelnd):

... macht etwa 55,5 Periode. Warten Sie mal, fünfundfünzig Mol ist ein Liter – ein Mol, das hatte doch immer so eine ganz bestimmte Teilchenzahl. Agave ... neeh, Avogadrokonstante hieß die doch.

Herr Division:

Halten Sie sich fest, ich sag' Ihnen sogar aus dem Stand, wie groß die ist. Das war das einzige, was ich für meine mündliche Prüfung in der Zehnten gewußt habe. Ich sehe heute noch meinen alten Chemielehrer vor uns stehen, wie er sagte: ‚Meine Herrschaften, Sie können Ihre eigene Telefonnummer vergessen. Aber wenn einem von Ihnen bei meinem Begräbnis nicht die Avogadrokonstante einfällt – den nehme ich höchstpersönlich mit in die Hölle!'

Frau Multiplikation:

Sind Sie denn damit zur Prüfung drangekommen?

Herr Division:

Worauf Sie Gift nehmen können. Sechs Komma null zwei mal zehn hoch dreiundzwanzig – die Zahl werde ich wohl selbst noch bei meinem eigenen Begräbnis kennen (seufzt theatralisch).

Frau Multiplikation:

Na, na, so weit sind wir ja noch lange nicht. Doch jetzt ist ja die Aufgabe fast erledigt. Multiplizieren wir die 55,5 Mol mit der Avogadrokonstante und dann wären wir bei des Rätsels Lösung. Sekunde ... ja das macht dann drei Komma drei vier mal zehn hoch fünfundzwanzig. Heidewitzka, wer hätte das gedacht

(Während der Vorhang fällt) – nahezu kosmische Dimensionen!

Herr Division: Weil Sie da gerade Dimensionen sagen. Ich arbeite eben an einem äußerst anspruchsvollen Optimierungsproblem im hyperbolischen Tangentenraum der fünften Dimension und da wollte ich mal Ihre Meinung hören, ob Sie auch einer Eulerschen Linear-

(Stimmen ausblenden; kombination einer nichtlinearen Näherung den Vor-

Schluß) zug geben ...

Lehrer unter sich – was soll man dem noch hinzufügen? Bist du auch einer von denen, die manchmal gern wissen wollen, was in den Pausen im Lehrerzimmer hinter verschlossenen Türen passiert? Ob Triumphe gefeiert werden über Schüler, die in einer Klassenarbeit beim Spicken erwischt wurden? Oder ob eine arme, kleine Lehrerpraktikantin, die von einer besonders hartgesottenen Klasse zum Heulen gebracht wurde, getröstet wird?

Wahrscheinlich wird nicht viel Spektakuläres in den zehn Minuten Pause geschehen. Zeit für eine Zigarette oder eine Tasse Kaffee, nochmal schnell die Vorbereitungen für die nächste Stunde durchgeblättert und dann geht es schon wieder zurück zu den wissensdurstigen und ungezähmten Monstern in den Klassenräumen.

Da war es eigentlich nett, daß sich Frau Multiplikation und Herr Division die Zeit für uns genommen haben, das Wasserproblem zu lösen. Auch wenn du vielleicht nicht sofort jeden Gedankengang der beiden nachvollziehen konntest – es war ein klassisches Beispiel für chemisches Rechnen. Besonders bei der Planung von Reaktionen ist das Beherrschen dieser Kunst ungeheuer wichtig.

Hochzeit der Verbindungen

Kaum hat man sich mühsam ein paar Namen von Atomen oder Molekülen eingehämmert, kommt jemand daher, klatscht dreimal laut in die Hände, und husch sind alle diese Verbindungen verschwunden. An ihrer Stelle stehen plötzlich andere, die man noch nie gesehen hat.

Ein schrecklicher Alptraum? Rief nicht der Sultan mit seinem Händeklatschen die Diener herbei? Oder der böse Zauberer seine ihm untergebenen Geister?

Wärest du nicht auch ein bißchen verblüfft, wenn jemand vor deinen Augen zwei vollkommen durchsichtige Flüssigkeiten zusammengießt und es entsteht eine dunkelrote Brühe? Oder jemand löscht eine in einem Glas brennende Kerze, indem er aus einem leeren Eimer „Das erstickende Nichts" über die Kerze gießt?

Hättest du vor dreihundert Jahren als König gelebt und dieser Jemand hätte dir im Anschluß an solch eine Vorstellung versprochen, aus Erde Gold zu machen: wärest du ihm auf den Leim gegangen?

Feuerwerke, Lichterglanz, Explosionen und Farbenspiele sind heutige Schaueffekte. Neben diesen durchaus spektakulären Erscheinungen steht aber eine Unmenge von Reaktionen, die leise, langsam und ätzend langweilig vonstatten gehen. Mit denen läßt sich kein Zuschauer hinter dem Ofen vorlocken.

> **Verbindungen oder Elemente können sich beim Zusammenbringen in neue Verbindungen umwandeln. Das bezeichnen wir als *chemische Reaktion*.**

Neue Verbindungen bedeuten aber nicht neue Atome! Die Anzahl und die Art der Atome ist vor und nach einer Reaktion genau die gleiche! Sonst hätte man eine Kernspaltung oder Kernfusion durchgeführt.

Es reicht also nicht, daß sich Moleküle beim Aufeinandertreffen damit zufriedengeben, sich anzuziehen oder abzustoßen. Sobald sie nur die allerkleinste Chance dazu bekommen, benehmen sie sich regelrecht menschlich: Da wird getauscht, gestohlen, geschenkt, geheiratet und geschieden, daß es einem beim Zusehen schwindelig werden kann.

Das Aufeinanderprallen von Molekülen mag uns ja noch einigermaßen begreiflich sein. Selbst, daß beim Aufprall mehr passiert, als nur ein einfaches kurzes Berühren, könnten wir noch verstehen. Doch woher sehe ich, WAS bei einer Reaktion abläuft und vor allem WARUM es so und nicht anders stattfindet??? Hinter diese Frage gehören einfach mehrere Fragezeichen.

Es gibt bereits eine Flut von Antworten. Es sind so viele und doch sind sie oft unverständlich. Möglicherweise kannst gerade DU wenig damit anfangen. Einen klitzekleinen Einblick gebe ich dir aber, das ist unumgänglich.

Ich koche mir mal einen Tee. Wie ist es mit dir, magst du auch einen? Milch, Zucker – bediene dich einfach selbst. Wenn wir beide mit unserer Kanne Tee an einem Strand säßen, an dem nur nackte Leute baden – könntest du mir auf Anhieb zeigen, wer von ihnen arm oder reich, zufrieden oder unzufrieden ist?

Über Zufriedenheit ließe sich noch am ehesten ein Tip abgeben, wenn man den Strandbesuchern ins Gesicht blickt. Doch die Höhe des Bankkontos – meinst du wirklich, daß die unbedingt im Gesicht ablesbar ist? Ist ein Reicher immer zufrieden? Müssen Leute mit weniger Geld zwangsläufig unzufrieden sein?

Am sichersten wäre, wir würden jeden einzeln fragen. Was kämen da nicht alles für Antworten: Der Arme, der vollkommen mit sich und der Welt in Harmonie lebt. Der Mittelmäßige, der Angst hat zu verarmen. Der Reiche, der noch lange nicht reich genug ist. Die vielen, die gut über den Monat kommen und relativ wenig zu jammern haben.

Reichtum und Zufriedenheit sind menschliche Zustände, die gewissermaßen auf chemische Verbindungen übertragbar sind. Diese beiden Größen haben komische Namen, die du bestimmt noch nie gehört hast. Sie heißen **Enthalpie** und **Entropie**. Selbst die Übersetzung der aus dem Griechischen stammenden Wörter sagt uns sehr wenig: Enthalpie ist „Wärme" und Entropie „Verwandlung".

Diese beiden Zustände sind in zwei Lehrsätze gepreßt worden, die uns das Zustandekommen von Reaktionen erklären sollen. Die Sätze lauten sinngemäß:

1. Eine Reaktion findet nur statt, wenn sich die Entropie vergrößert.
2. Die an der Reaktion beteiligten Verbindungen streben einen Minimalwert der Enthalpie an.

Nummer eins klingt eindeutig, auch wenn wir die Bedeutung noch nicht verstehen. Doch was will uns Nummer zwei sagen? Ersetzen wir einmal Entropie mit Zufriedenheit und Enthalpie mit Reichtum:

1. Eine Reaktion findet nur statt, wenn hinterher alles zufriedener ist.

Dazu können wir uneingeschränkt ‚Ja' sagen. Ist die Zufriedenheit der Produkte einer Reaktion größer als die der Ausgangsstoffe, kommt es bei einem Zusammenstoß zur Reaktion.

2. Die an der Reaktion beteiligten Verbindungen streben den geringst möglichen Reichtum an.

Wer hat das schon erlebt? Da will jemand um alles in der Welt arm werden! Allerdings sagt der Satz nicht, ob die Reaktionsprodukte unbedingt ärmer sein müssen (= weniger Enthalpie) als alle Ausgangsstoffe. Sie sollen nur so arm (an Enthalpie) wie möglich werden. Man könnte also beide Forderungen in unserer Übersetzung kurz und knapp so ausdrücken:

> **Höchste Zufriedenheit bei geringstem Reichtum!**

Ein edles Ziel. Da haben wir noch einiges zu lernen von den Molekülen. Wie Reichtum und Zufriedenheit sind Entropie und Enthalphie Größen, die nur im Vergleich aussagekräftig sind: Es mußten bestimmte Fixpunkte festgelegt werden. Im Anschluß daran konnten für viele Verbindungen die Werte von Entropie und Enthalpie gemessen werden. Die Meßwerte wurden in riesigen Tabellen gesammelt und werden zur Vorhersage von Reaktionen benutzt, die noch nicht im Labor durchgeführt wurden.

Das klingt fast wie ein Sieg über die Reaktionstheorie. Trotzdem gibt es in der Praxis des täglichen Köchelns, Kühlens, Rührens und Starrens in trübe Reaktionskolben so viele Unwägbarkeiten, daß sich mancher verflucht, nicht technischer Zeichner geworden zu sein. Schließlich ist bei diesem Geschäft ein Zentimeter ein Zentimeter und das ist jeden Tag die gleiche, feste Größe.

Um sich einen gewissen Überblick über eine geplante Reaktion zu verschaffen, wird der Vorgang, der zwischen den Stoffen stattfinden soll, in einer

Reaktionsgleichung zu Papier gebracht. Am einfachsten verständlich wird die Gleichung, wenn man sich die Reaktion als eine Begegnung einzelner Verbindungen vorstellt.

Ohne unseren Tee wäre das bisher eine verdammt trockene Angelegenheit gewesen. Jetzt male ich dir aber mal lieber noch zwei Beispiele in den Sand. Sonst könnte in dir der Verdacht aufsteigen, ich erfinde das alles nur.

$$Fe + 2 H_2O \rightarrow Fe^{2+} + H_2 + 2 OH^-$$

$$2 K + 2 H_2O \rightarrow 2 K^+ + H_2 + 2 OH^-$$

Irgend jemand hat mir mal gesagt, Wasserstoff wäre ganz einfach herzustellen, indem man bestimmte Metalle nur mit Wasser reagieren läßt. Na fein, da habe ich doch noch ein Glas mit etwas Kalium und eine Dose voller Eisenfeilspäne. Sicherheitshalber habe ich mir die Reaktionsgleichungen aufgeschrieben und sogar in Tabellen für Enthalpie und Entropie herausgefunden, daß die Reaktionen stattfinden sollten.

Bevor wir mit dem Experiment starten, überlegen wir uns kurz, was passieren soll: Zwei Wassermolekülen knallen mit einem Atom Eisen auf der Oberfläche eines Feilspans zusammen. Der Stoß kommt mit der entsprechenden Energie, alle anderen Bedingungen stimmen auch – also werden vom Metallatom zwei Elektronen abgegeben. Dabei entstehen ein Molekül Wasserstoff und noch dazu zwei Hydroxidionen (das sind die Überreste von den beiden Wassermolekülen).

Kannst du dem folgen? Woher ich weiß, das nicht ein Molekül Wasser ausreicht und stattdessen H_2 und O entsteht? Das hat mir die Enthalpietabelle verraten. Aber du hast gut aufgepaßt, so etwas sollte man nicht gleich ausschließen.

Bei der zweiten Reaktion ist es ähnlich. Zwei Kaliumatome reagieren mit zwei Wassermolekülen zu zwei Kaliumionen, zwei Hydroxidionen und Wasserstoff. Die Zwei taucht deshalb überall in der Gleichung auf, weil sich zwei Wasserstoffatome zu einem Wasserstoffmolekül vereinen müssen. Na wunderbar, das wollen wir doch mal ausprobieren.

Bei jeder Reaktion ist Regel Nr. 1: Schutzbrille auf! Ein Chemiker im Labor ohne Schutzbrille ist genauso verloren wie ein Bergsteiger ohne Seil. So, nimm dir mal noch den alten Kittel und zieh ihn dir über. Damit es nicht irgendwelchen Ärger wegen Löchern in den Sachen gibt. Jetzt werde ich mal ganz vorsichtig ein paar Eisenfeilspäne ins Wasser rieseln lassen. Da, schon gehen sie unter. Nur, was ist denn das für eine langweilige Angelegenheit? Es passiert doch überhaupt nichts! Na, lassen wir das Glas mal stehen.

Sieh mal, hier unser Kalium, das ist in einer öligen Flüssigkeit eingelegt. Das macht man oft bei Stoffen, die leicht mit Luft oder Feuchtigkeit reagieren. Da schneide ich nur mal ein winziges Eckchen ab – das Metall ist weich wie Butter – und das lassen wir gleich ins Wasser plumsen. Oh verflixt, hast du das gesehen! Zisch und Knall, und gleich hat es gebrannt! Da hätten wir aber ziemlich dumm geguckt, wenn wir ein größeres Stück Kalium genommen hätten.

Wieso hat uns nicht davor unsere Reaktionsgleichung gewarnt? Wozu schreibt man dann überhaupt so etwas erst auf? Mit dem Eisen ist auch nichts weiter passiert. Es liegt träge und ohne einen Mucks von sich zu geben, auf dem Gefäßboden herum. Das steht auch nicht in der Gleichung!

Wenn dir jemand weismachen möchte, daß alles, was als Reaktion zu Papier zu bringen ist, auch wirklich passieren muß, darfst du ihn einfach mal auslachen. Eine Reaktionsgleichung gibt uns Auskunft über die Ausgangsstoffe und die möglicherweise zu erwartenden Produkte. Mit Tabellen für Enthalpiewerte kann man ungefähr bestimmen, ob bei der Reaktion viel Wärme entsteht oder ob man vielleicht sogar noch für hohe Temperaturen sorgen muß, damit überhaupt etwas passiert.

Eine Reaktionsgleichung verrät uns aber überhaupt nicht, was wirklich im Kolben passiert! Welche Zwischenprodukte entstehen, wer mit wem zuerst zusammenstoßen muß, welche Nebenreaktionen ablaufen – all das ist ein Gebiet von extrem kniffligen und langwierigen Untersuchungen. Zum Beispiel müssen dabei Moleküle analysiert werden, die nur für ein paar Millisekunden während der Reaktion existieren!

Außerdem erfahren wir von einer Reaktionsgleichung niemals, wie schnell eine Reaktion verläuft. Da sprechen Entropie und Enthalpie für einen wunderbaren Erfolg – und dann passiert nichts, aber auch gar nichts, wenn man die Ausgangsstoffe zusammengibt. Es gibt theoretische Chemikern, die sich hauptamtlich tagaus, tagein nur mit der Geschwindigkeit von Reaktionen beschäftigen.

Das sollen jetzt keine Argumente dafür sein, arrogant die Nase über einer Reaktionsgleichung zu rümpfen (nur weil man sie vielleicht nicht ausgleichen kann). Trotz allem ist sie von ähnlichem Wert wie die Zeichnung eines Architekten für einen Maurer. Ohne Zeichnung – kein ordentliches Haus. Ohne Reaktionsgleichung – Chaos in der Retorte.

Wenn jemand eine lange, schöne Urrlaubsreise gemacht hat, hält er danach für seine Freunde zu Hause einen Diavortrag. Um richtig professionell zu wirken, erscheint auf einem der ersten Dias eine Landkarte, auf der die Reiserou-

te eingetragen ist. So können sich die Zuhörer einen guten Überblick verschaffen und auch der Vortragende sieht noch einmal klar vor sich, in welcher Reihenfolge die Begebenheiten seiner Reise zu erscheinen haben.

Wir beide haben uns auf unserer Expedition schon ziemlich tief in den Dschungel der Chemie hineingewagt. Laß auch uns eine kurze Pause machen und noch einmal unsere bisherigen Erlebnisse zusammentragen. So behalten wir besser unseren „roten Faden" im Auge. Und wir können dann leichter entscheiden, in welche Richtung wir uns zunächst bewegen wollen. Alles hatte damit begonnen, daß wir Atome kennenlernten. Wir erfuhren etwas über Atomsorten und Elemente.

Atome bestehen aus Elektronen, Protonen und Neutronen. Protonen und Neutronen bilden den Atomkern. Protonen und Elektronen tragen elektrische Ladungen. Das war wichtig zu wissen, um die Kräfte zwischen den Atomen verstehen zu lernen.

Atome können sich zu Verbindungen zusammenfügen. Je nach Art der verbindenden Kraft zwischen den Atomen müssen wir zwischen Atombindung oder Ionenbeziehung unterscheiden.

Drei ganz unterschiedliche Chemiker haben uns mit drei großen Themenbereichen der Chemie bekanntgemacht: Der Synthese von Molekülen, der Analyse von Verbindungen und den theoretischen Grundlagen der allgemeinen Chemie. So haben wir schon einmal kurz gehört, daß man Moleküle nach Rezepten „kochen" kann. Ob dabei das richtige Molekül entstanden ist, verrät uns der Analytiker. Er trennt Molekülgemische und sieht dann an bestimmten Absorptionen von elektromagnetischen Wellen, wie die Moleküle aufgebaut sind.

Dann ist uns klar geworden, daß in allem, was uns umgibt und sei es selbst so klar und dünn wie Luft, unzählige Mengen der verschiedensten Moleküle zusammentreffen. Dabei handelt es sich nicht nur um ein einfaches Aneinanderstoßen der Teilchen, sondern es gibt auch Kräfte zwischen den einzelnen Molekülen. Um das besser zu verstehen, hattest du ein paar Experimente gemacht. Mittlerweile hast du schon ein so schar-

fes Auge, daß du nur noch auf eine Molekülstruktur zu blicken brauchst, um entscheiden zu können, wie die Wechselwirkungen mit anderen Molekülen ausfallen sollten.

Die Elektronegativität der Atome ist die Grundlage für diese Entscheidung.

Danach kam die Entdeckung, daß Atome eine bestimmte Größe und ein bestimmtes Gewicht haben.

Haben wir einmal das Gewicht oder die Elektronenzahl eines Atoms vergessen, hilft uns das Periodensystem wieder aus der Patsche. Dort sind alle bisher entdeckten Elemente nach der Protonenzahl ihrer Atome und nach dem chemischen Verhalten sortiert aufgelistet.

Schließlich half uns der Begriff des Mols, das extrem niedrige Gewicht und die geringe Größe von Atomen oder Molekülen in Bereiche zu rücken, die vom menschlichen Gehirn zu fassen sind. Die Avogadrokonstante, diese riesige Zahl, ist für uns das notwendige Werkzeug, um von einem Mol zurück zum einzelnen Teilchen zu gelangen.

Sobald Atome oder Moleküle zusammenprallen, können sie unter günstigen Umständen miteinander reagieren. Bei einer Reaktion verändern sich die Ausgangsstoffe und verwandeln sich in Reaktionsprodukte. Reaktionen finden überhaupt nur dann statt, wenn bestimmte Bedingungen für die Werte von Entropie und Enthalpie eingehalten werden. Mit Hilfe von Reaktionen können Verbindungen hergestellt werden, für die wir uns besonders interessieren.

So weit sind wir nun schon vorgedrungen. Um den Wert dessen noch einmal besser testen zu können, würde ich dir empfehlen, dir ein nichtsahnendes älteres Opfer zu suchen. Die Großeltern wären dafür optimal, es könnte aber auch schon bei den eigenen Eltern klappen. Zwinge sie vor dich auf einen Stuhl, damit sie dir konzentriert zuhören können. Dann schlage das Buch an dieser Stelle auf und lese langsam und deutlich die Zusammenfassung unserer bisherigen Expedition ins Reich der Chemie vor, beginnend bei: „Alles hatte damit begonnen …“.

„Oh, mein Gott", wird deine Oma sicher seufzen, "was die Lümmel heute für ein Zeug lernen müssen! Wo soll das noch hinführen?" Oder dein Vater wird dich mit einem leichten Kopfschütteln lächelnd ansehen und bei sich denken: ,Was das Kind jetzt schon alles kann. Das habe ich in meiner ganzen Schulzeit nicht verstanden.'

Dann darfst du schon etwas stolz sein und das mit Recht. Denn spätestens an dieser Stelle sind mindestens fünfzehn Fremdwörter über deine Lippen gekommen, von denen du vor dem Beginn der Reise in die Chemie nicht die blasseste Ahnung gehabt hast. Sicherlich ist dir der gedankliche Umgang damit noch nicht so leicht gefallen, wie es beim lauten Vorlesen geklungen haben mag. Aber, laß dich davon nicht beirren: Jeder Musiker probt ein Stück mehr als hundert Mal, bis es perfekt ist. Je öfter wir die Fachausdrücke der Chemie benutzen werden, desto geläufiger wird dir auch der Umgang damit sein. Alles reine Übungssache.

Aber: Grau ist alle Theorie! Laß uns also aufbrechen und danach suchen, wo denn nun rings um uns oder vielleicht sogar in uns selbst dieser ganze Kram von Elementen, Bindungen und Wechselwirkungen tatsächlich eine Rolle spielt. Wie wäre es mit einer Molekülsafari?

Das Viel, das uns umgibt

Eigentlich ist „Safari" nur das Suaheliwort für „Reise". Doch wenn einer früher verkündete „ich gehe auf Safari" war damit gemeint, daß er an einer Großwildjagd teilnehmen wollte. Solche Safaris wurden von erfahrenen Jägern gut vorbereitet. Dem Kunden, der meistens eine lange Reise nach Afrika hinter sich hatte, sollte der Schuß auf einen Löwen, ein Nashorn oder einen Elefanten garantiert sein.

Heute denken wir über eine solche Art von „Sport" zum Glück etwas anders. Damals fand man jedoch nichts dabei. Schließlich schien die Zahl der großen Tiere unendlich zu sein. Das Herzklopfen und der Schauer, der einen beim Treffen mit einer wilden Bestie überlief, war der Lohn für die Safariteilnehmer, für den der eine oder andere sogar sein Leben ließ. Je größer und gefährlicher desto besser! Um so länger konnte man dann zu Hause von seinen Heldentaten schwärmen.

Das Staunen vor Größe steckt in jedem Menschen. Irgendwann ist jedem von uns schon einmal der Mund trocken geworden beim Anblick eines gewaltigen Schauspiels. Seien es die Pyramiden von Gizeh, die Niagarafälle, ein Sturm an der Ostsee oder das Skelett eines Brontosauriers. An solchen Stellen erschrickt man regelrecht, wie klein und zerbrechlich der Mensch eigentlich ist.

Auch unter den Molekülen gibt es Giganten, die sämtliche Größenvorstellungen sprengen. Zum Glück kann deren Größe nicht gefährlich für uns werden. Wir müssen sie auch nicht extra in Afrika suchen. Sanft und unaufdringlich umgeben sie uns Tag und Nacht unser ganzes Leben lang.

Du und ich und wir alle, die in Europa leben, schlüpfen morgens nach dem Aufstehen in unsere Kleidung. Das ist für uns normal und selbstverständlich. Wir ziehen uns an, weil wir nicht frieren wollen. Daran hat sich nichts geändert seit den Zeiten, als unsere Neandertalerurgroßeltern noch am Mammutknochen nagten. Doch hast du in den letzten Tagen einen Polizisten gesehen, der eine Jacke aus Bärenfell trug? Oder eine Verkäuferin, die um ihre Hüften eine Hirschhaut geschlungen hatte? Solch ein Anblick hätte sicher einiges Aufsehen erregt. Denn so etwas trägt heutzutage niemand mehr!

Irgend so ein kleiner Unruhegeist scheint in der Menschheit zu stecken. Ein kleines Männlein, das in den Gehirnen sitzt und ständig flüstert: ‚Geht das nicht noch besser zu machen?' Die Autos müssen immer schneller fahren können, Farbfilme immer buntere Bilder geben, Kinder müssen immer mehr wissen, Schokolade immer süßer schmecken – ständig wird alles verbessert.

Noch vor 10 000 Jahren wärest du früh in deine Fellhose gestiegen, deine Mutter hätte dir eine Lederjacke übergeworfen, und dann ging es raus zum Spielen. Solche Sachen sind zwar bestens geeignet, um beim Schulfasching einen Preis zu gewinnen. Aber als kleiner Steinzeitmensch hättest du sicher ab und zu sehnsüchtig nach etwas anderem zum Anziehen geseufzt. Denn einmal richtig naß geworden, brauchen solche Pelzklamotten ewig zum Trocknen, und ohne Unterhemd und -hose haben sie sicher ekelhaft auf der Haut gescheuert. Außerdem ist Lederkleidung schwer und zerrt an warmen Tagen an einem herum wie ein vollgelaufener Taucheranzug.

‚Geht das nicht noch besser zu machen?' Na klar, denn wenn der Mensch nun mal keine Haare mehr am Körper hat, kann man ja Haare einfach bei Tieren stehlen. ‚Wolle' war das Zauberwort, das das Zeitalter der Ledermode beendete. Nebenbei entdeckte man, daß nicht nur Schafe oder andere Tiere als Haarlieferanten in Frage kamen sondern auch Pflanzen. Nur spricht man bei Pflanzen nicht von Haaren sondern von Fasern. Flachs, Leinen oder Hanf, alle diese Gewächse waren bestens geeignet, um Material für Kleidung zu liefern. Könige ließen sich ihre Gewänder daraus anfertigen. Der Wind blies in die aus Flachs und Hanf gewebten Segel der Schiffe von Entdeckern neuer Kontinente.

‚Geht das nicht noch besser zu machen?' Was sollte eigentlich noch verbessert werden? Motten fraßen Löcher in Wollpullover. Hanfseile sogen sich mit Wasser voll und wurden schwer und unhandlich. Leinene Tischtücher stockten und begannen zu schimmeln, sobald sie in klammen Schlafzimmern in den Wäscheschränken gelagert wurden. Wie sehr sich der Mensch auch in der Natur umsah: Es gab keine Faser oder kein spezielles Haar, das allen Ansprüchen gerecht werden konnte. Sollte der Mensch vielleicht selbst ...? Was macht diese Stränge so fest?

*T*ecumseh, der berühmte Häuptling der Shawano, bediente sich eines Vergleichs, als er alle Indianerstämme zu einem Krieg gegen die Weißen zusammen-

führen wollte. Er hielt einen Pfeil empor und sprach: „Das ist ein einzelner Stamm, der leicht vom weißen Mann besiegt werden kann." Mit diesen Worten knickte er den Pfeil zwischen seinen Fingern. Nun nahm er ein Bündel Pfeile und packte dessen Enden mit beiden Händen. „Das sind alle roten Brüder zusammen. Niemand wird ihnen gefährlich sein können." Selbst unter Aufbietung aller seiner enormen Kräfte gelang es ihm nicht, das Bündel vor den versammelten Häuptlingen zu zerbrechen.

Es waren Naturwissenschaftler, die erkannten, daß alles, was in der Natur eine bestimmte Belastung auszuhalten hat, genau nach dem gleichen Prinzip aufgebaut ist. In der Mikrowelt der chemischen Strukturen fanden die Analytiker lange, dünne und fadenförmige Verbindungen. Sie fanden sie – wie konnte es anders sein – in Tierhaaren, in den Fasern der Seidenraupe, in Spinnenfäden, in allen Pflanzenfasern aber auch in den Fasern der Muskeln und Gewebe von Mensch und Tier. Diese zum Teil sehr unterschiedlichen Moleküle haben eine Gemeinsamkeit: Sie sind aus vielen, sich ständig wiederholenden Molekülgruppen zusammengesetzt. Wie ein endloser Güterzug, bei dem viele, viele Waggons aneinanderhängen. *Viel* heißt auf griechisch *poly*. So nannte man dann diese großen Verbindungen *Polymere*.

Keine Angst vor großen Tieren

Polymere sind die Wale oder Saurier der Molekülwelt. Sie haben eine gigantische Größe, verglichen mit einem kleinen, zarten Wassermolekül. Wir greifen uns zwei Polymerarten aus der Wundertüte der Natur heraus und beleuchten sie etwas näher. An ihnen läßt sich alles erklären, was für die anderen Polymere dann gleichermaßen gilt.

Könnte ich jetzt auf deinen Unterarm tippen, würde ich deine Muskeln spüren, diese Stränge, die sich von der Armbeuge zur Hand hin ziehen. Das Grundmaterial von Muskelfasern ist Eiweiß. Da man bei „Eiweiß" automatisch nur an diese weiße Schlabbermasse denken muß, die man als Frühstücksei löffelt, sagen wir lieber statt Eiweiß **Protein**. Das klingt auch gleich richtig fachmännisch und wissenschaftlich. Proteine sind für jeden Bodybuilder das, was für die Biene der Blütennektar ist. Sie sind gierig danach. Denn damit müssen sie ihren Körper im Übermaß versorgen, damit ihre Muskeln diese furchteinflößende Größe erreichen. Proteine sind überall in der Natur zu finden, auch in Pflanzen. Deshalb können wir dieses Polymer auf keinen Fall bei unserer Betrachtung vernachlässigen.

Ein Baum hat keine Muskeln. Aber irgend etwas muß in ihm sein, das ihm diese unheimliche Stärke verleiht, sich selbst im stärksten Sturm aufrecht zu halten. Die Holzfasern enthalten ein Polymer, das sowohl die ungeheure Last des Baumes abfängt als auch dem ständigen Ziehen der Äste standhalten kann. Es ist die **Cellulose**, die ohne zu jammern tagaus, tagein und ohne Geld oder ein freunliches Dankeschön zu erwarten, diesen Streß erträgt.

Womit wollen wir beginnen? C kommt vor P im Alphabet – also Cellulose zuerst.

Es vergeht kein Tag, an dem man nicht irgend eine schlechte Nachricht vom Sterben großer Wälder auf unserem Planeten hört. Mal sind es neue Goldfunde, für die Bäume einfach umgehauen werden, dann wieder unersättliche Papierfabriken, die Cellulose für ihre Produktion benötigen – es sieht nicht sonderlich rosig für die Zukunft unserer grünen Freunde aus. Dabei brauchen wir die Bäume dringend! Nicht nur wegen ihres schönen Holzes. Bäume und alle grünen Pflanzen können nämlich etwas, das bisher noch kein Mensch geschafft hat: Aus Kohlendioxid und Wasser stellen sie Zucker und Sauerstoff her. Auf dem Papier sieht die Reaktion völlig einfach aus:

$$6\,CO_2 + 6\,H_2O \rightarrow C_6H_{12}O_6 + 6\,O_2$$

Der Zucker, der dabei entsteht, ist das, was du als Traubenzucker kennst. Im Chemikalienkatalog müßtest du ihn unter **Glucose** suchen. Das Glucosemolekül hat eine bemerkenswerte Eigenschaft: Wie ein ans Licht gezogener Regenwurm windet es sich hin und her, dreht und krümmt es sich. Berühren sich dabei der Anfang und ein Teil des Molekülendes, kommt es zu einer Reaktion: Der Wurm beißt sich in den Schwanz und läßt nicht mehr los. So existiert Glucose als Ring oder als Kette.

Für den Aufbau von Cellulose wird in den Pflanzen immer nur die Ringform verwendet. Der Glucosering ist die Untereinheit, aus der Cellulose gebildet wird, man sagt dazu auch **Monomer** (*mono* ist das griechische Wort für
eins). Nun braucht nur noch Glucosemolekül für Glucosemolekül aneinandergehängt zu werden und fertig ist das Polymer Cellulose. Im Durchschnitt enthält ein Molekül Cellulose 20 000 Glucoseringe. Es können aber auch leicht
tausend mehr oder weniger sein. Bei Polymeren ist das nicht so entscheidend,
sie werden auch nicht mehr in ihrer ganzen Größe gezeichnet. Man zeigt meistens nur, wie drei Monomere aneinanderhängen und deutet dann durch eine
Klammer oder durch Punkte an, daß das Molekül rechts und links weitergeht.
Cellulose würde in dieser Weise so gezeichnet werden:

Cellulose

Nun hätten wir also unser erstes faserförmiges Riesenmolekül. Eine Riesen-
zuckerschlange. „Darf ich da mal reinbeißen?", fragt neugierig das Chemiker-
töchterlein. „Aber sicher", antwortet lächelnd der Chemikerpapa. „Ihhh, das
schmeckt ja gar nicht süß, ich denke, das ist alles Traubenzucker!", ruft enttäuscht das Töchterlein. „Das kommt, weil alle Zuckerringe noch aneinanderhängen. Erst wenn jedes Glucosemolekül allein auf deiner Zunge liegt, würde
es süß schmecken.", beschwichtigt der Papa.

Ist es nicht wirklich jammerschade, daß wir Cellulose nicht als Süßspeise
nutzen können? Nicht einmal unser Magen weiß damit etwas anzufangen. Die
Bindungen in dem Polymer lassen sich durch unsere Verdauung einfach nicht
knacken. Auch eine Kuh muß einen Trick anwenden, um die Cellulose, die
sie kiloweise mit dem Gras zu sich nimmt, kleinzuschneiden: In ihrem Pansen
leben Bakterien, die diesen Job übernehmen. Die durch das Spalten der
Celluloseketten freigesetzten Glucosemoleküle rutschen durch die Darmwand

der Kuh und gelangen so in ihr Blut. Da ist so ein Rindvieh einfach besser dran als wir.

Sieh dir doch bitte noch einmal die Reaktion zur Bildung von Traubenzucker in grünen Pflanzen an. Eigentlich müßte man über dem Pfeil, der zwischen den Ausgangsstoffen und den Reaktionprodukten steht, ein dickes schwarzes Fragezeichen malen. Denn bis heute hat es noch niemand geschafft, diese Reaktion so wie sie uns einfach und simpel vom Papier her angrinst, wirklich im Labor durchzuführen. Mit ein wenig Phantasie könntest du Vermutungen anstellen, welche Atome wohin zu wandern haben, damit am Schluß die entsprechenden Produkte entstehen. Man hat auch bereits herausgefunden, daß der Sauerstoff im Wassermolekül immer freigesetzt und niemals in das Zuckermolekül mit eingebaut wird.

Eine ganz wichtige Entdeckung war, daß Pflanzen für diese Reaktion Licht brauchen. Diese Beobachtung war der Grund, die Reaktion **Photosynthese** zu nennen. Licht, das waren die elektromagnetischen Wellen, mit denen man Moleküle und Elektronen zum Schwingen bringen konnte. Doch du kannst jahrhundertelang Kohlendioxid durch eine Badewanne voll Wasser perlen lassen und dabei heftig mit einem Fotoblitzlicht hineinleuchten: Das Wasser wird davon nicht süßer schmecken. Pflanzen besitzen eine so komplizierte Synthesewerkstatt in ihren Blätter, daß man als Mensch nur andächtig den Hut davor ziehen kann. Auch wenn viele Teilschritte der Reaktion schon lange erforscht sind, das machen wir der Natur nicht so leicht nach.

Gut, jetzt haben wir also eine kleine Vorstellung, wie ein Cellulosemolekül aussieht und wie es entsteht. Um hinter das Geheimnis der beeindruckenden Festigkeit dieses Polymers zu kommen, müssen wir aber wieder auf eine Horde dieser Moleküle blicken. Du weißt doch, Moleküle sind nicht gerne einsam! Spielen wir Tecumseh und nehmen einen Haufen dieser Verbindungen zusammen. Wahrscheinlich werden sich die nebeneinanderliegenden Moleküle gegenseitig anziehen, wenn es stimmt, was wir im „Großen Molekülleben" erfahren haben. Läßt man aber dem Molekülbündel freies Spiel, passiert etwas Bemerkenswertes: Die Polymerketten schmiegen sich ordentlich und ohne irgendeine Lücke zu lassen eng aneinander. Wieso passiert denn so etwas?

Wenn man tauchen lernt, so richtig mit Atemgerät und allem drumherum, ist eine der ersten Lektionen, wie zwei Taucher aus einer Sauerstoffflasche abwechselnd atmen können. Das ist überlebenswichtig. Denn sollte wirklich mal ein Gerät ausfallen, kann man so zu zweit noch sehr gut und ganz ohne Panik wieder auftauchen.

Was für die beiden Taucher die einzelne Flasche darstellt, ist bei Sauerstoffatomen der Wasserstoff. Ein Wasserstoffatom kann zwischen zwei Sauerstoffatomen eine Beziehung herstellen, so daß diese nicht mehr ohne weiteres voneinander loskommen können. Diese Art von Beziehung nennt man **Wasserstoffbrückenbindung**. Sie kommt folgendermaßen zustande: Die Bindung
zwischen Wasserstoff und Sauerstoff ist sehr polar. Sie ist so polar, daß man
fast von einer Ionenbeziehung sprechen kann. Das gemeinsame Bindungs-
elektronenpaar zwischen Sauerstoff und Wasserstoff ist stark vom Sauerstoff
herübergezogen worden. So benimmt sich das Wasserstoffatom fast wie ein Ion!
Gelangt ein fremder Sauerstoff in die Nähe dieses Wasserstoffs, wird er sofort
von ihm angelockt. Nun schwebt der Wasserstoff in der Mitte zwischen beiden Sauerstoffen und man kann gar nicht mehr genau sagen, wo er eigentlich
hingehört.

Nicht nur von OH-Gruppen sondern auch von FH- und NH-Molekülteilen
gehen diese Bindungskräfte aus. Das ist einfach zu erklären: Sowohl Fluor als
auch Stickstoff haben eine so hohe Elektronegativität, daß deren Bindung zu
Wasserstoff ähnlich polar ist wie eine OH-Bindung. Eine Wasserstoffbrückenbindung ist verglichen mit einer richtigen Atombindung recht schwach. Sie
hat aber eine enorme Bedeutung, wenn es darum geht, in der Molekülwelt
Ordnung zu schaffen: Wo immer auch nur eine Wasserstoffbrückenbindung
entstehen kann, wird sie meistens auch gebildet. Das sorgt für einen festeren
Zusammenhalt der Moleküle untereinander. Cellulose ist dafür fast ein extre-
mes Beispiel: Es gibt unzählige OH-Gruppen in einem einzigen Polymermolekül, die in der Lage sind, einen weiteren Polymerstrang an sich zu ziehen.
Dieser wiederum bindet den nächsten auf gleiche Weise an sich und so geht
das weiter, bis alle Cellulosemoleküle ordentlich auf ihren Platz gerückt sind.
Lassen wir den Abschnitten von zwei Cellulosemolekülen freien Willen und
erlauben wir ihnen, sich mit Hilfe von Wasserstoffbrücken übereinanderzu-
stapeln, könnte sich folgendes Bild ergeben:

Huch, was ist denn das?

Es ist gar nicht so einfach, eine einigermaßen deutliche Zeichnung von dem Molekülstapel abzuliefern. Um das Durcheinander an Atomen so klein wie möglich zu halten, sind alle Wasserstoffatome, die keine Rolle in Wassserstoffbrücken spielen, weggelassen worden. Die Kohlenstoffatome sind zwar noch alle vorhanden, sie werden aber nicht mehr unter ihrem Symbol C geführt sondern haben einfach keine Bezeichnung mehr. Jede Ecke in einem Molekül, die nicht mit einem Buchstaben bezeichnet ist, steht also für ein Kohlenstoffatom. Außerdem sind die Kettenabschnitte nicht mehr von oben wie in der vorherigen Zeichnung, sondern schräg von der Seite betrachtet dargestellt. Die dick gezeichneten Molekülteile ragen nach vorn aus dem Papier heraus, die keilförmig gestrichelten Bindungen nach hinten. So ergibt sich ein räumlicher Eindruck von den übereinandergelegten Molekülteilen. Die Wasserstoffbrücken zwischen den Celluloseketten werden durch die gestrichelten Linien dargestellt.

Das Stapeln der Ketten könnte jetzt beliebig oft nach oben oder unten wiederholt werden. So bilden sich aus vielen Polymerketten die ersten faserförmigen Gebilde, die Fibrillen. Diese kann man bereits unter dem Mikroskop erkennen. Damit noch stabilere Flechtwerke entstehen, sind die Fibrillen miteinander verklebt. Wir begegnen immer wieder von neuem dem Tecumseh-Prinzip: Viele kleine Untereinheiten ergeben einen starken, gemeinsamen Verband. So sind die vielen Wasserstoffbrücken letzten Endes das Geheimnis für die hohe Stabilität von Cellulose. Sie sorgen dafür, daß Bäume einen Sturm überstehen, Getreidehalme nicht umknicken und daß manches Klopapier beim Benutzen kratzt.

Mit Cellulose hat die Natur ein einzigartiges Baumaterial geschaffen. Die gesamte Pflanzenwelt, so wie wir sie kennen, wäre undenkbar ohne dieses Polymer. Aber auch die Krabben und Krebse sowie alle Insekten profitieren von dieser Erfindung. Deren Zangen, Flügel und Schalen bestehen aus Verbindungen, die große Ähnlichkeit mit Cellulose haben. Dieser Stoff heißt Chitin. Der einzige Unterschied zu Cellulose besteht darin, daß an jedem Zuckermonomer eine OH-Gruppe durch eine stickstoffhaltige Gruppe ersetzt wurde. Da auch zum Stickstoff Wasserstoffbrücken ausgebildet werden können, steht Chitin in seiner Festigkeit der Cellulose in nichts nach.

Jetzt kennen wir die erste große Verbindung, die zum Teil riesige Lasten für lange Zeit stabil an einem Platz halten kann. Es ist durch seinen inneren Zusammenhalt ein relativ steifes Material. Den Pflanzen, die ein Leben lang fest auf einer Stelle stehen, kann das völlig recht sein. Doch für Lebewesen, die sich bewegen, ständig ihre Form verändern und Kräften aus den verschiedensten Richtungen ausgesetzt sind, ist Cellulose offensichtlich nicht ausreichend. Ein elastischeres und leichter verformbares Material wäre für diese Zwecke besser geeignet. Werfen wir also einen Blick auf die Proteine.

Würden die Proteine erfahren, daß ihnen hier in diesem Buch nur die Rolle eines Baumaterials auf der großen Bühne des Lebens gegeben wird, würden sie entrüstet aufschreien: „Halt, wir sind doch viel mehr als bloß ein Stoff, der Dinge fest zusammenhält. Wir sind Nahrung, wir sind Werkzeug, wir sind Signalüberbringer, Transportarbeiter ..."

„Ja, ja, ich weiß, immer fühlt ihr euch ungerecht behandelt. Doch wie soll euch jemand verstehen, wenn ihr gleich so viele Rollen für euch beansprucht? Das ist doch wie in einem Krimi, wo der Mörder, der Kriminalkommissar, das Opfer und die Zeugen alle von dem gleichen Schauspieler gespielt werden. Wer soll da noch durchsehen? Also bitte, quengelt jetzt hier nicht rein!"

Es sollte vor allem erst einmal beruhigend sein, daß für Proteine die gleiche Regel gilt wie für alle Polymere: Ein Polymerstrang setzt sich aus vielen aneinandergeketteten Monomermolekülen zusammen. Bei Cellulose war es besonders einfach: Jedes Monomer war ein Glucosemolekül. So leicht ist es leider nicht mehr mehr bei den Proteinen: Hier können bis zu 20 unterschiedliche Monomere am Aufbau der Polymerkette beteiligt sein.

Die 26 Buchstaben unseres Alphabets sorgen dafür, daß wir nur sehr selten richtig sprachlos sind. Wir greifen uns Buchstaben aus dem ABC heraus und hängen sie aneinander. Jeder Buchstabe hat seinen festen Platz, wenn er in einem Wort benutzt wird. Manche Buchstaben werden selten benutzt. Andere kommen sehr oft vor. Es gibt sehr kurze Wörter und extrem lange. Aber alle haben sie die eine gemeinsame Eigenschaft: 26 verschiedene Buchstaben reichen zu ihrer Bildung aus.

Nach diesem Prinzip erfolgt auch der Zusammenbau der Proteine. Was auf deutsch ein Buchstabe ist, ist auf „proteinisch" eine **Aminosäure**. Sehen wir uns mal ein Bild einer Aminosäure an:

Als extrem geübter Betrachter von Molekülabbildungen stechen dir sicher gleich folgende Merkmale ins Auge: Eine Aminosäure sieht vollkommen anders aus als Traubenzucker. Sie setzt sich aus Sauerstoff, Wasserstoff, Kohlenstoff und Stickstoff zusammen. Und aus R.

Was ist R? Gibt es irgendwo im Periodensystem ein Element mit dem Symbol R? Oder ein Druckfehler? Nein. R ist schlicht und einfach nur eine Abkürzung für das Wort „Rest". Vom Grundkörper, so wie du ihn hier gezeichnet siehst, gleichen sich alle Aminosäuren. Es gibt bei 20 unterschiedlichen Aminosäuren 20 verschiedene Reste. Abhängig davon, welchen Rest sie trägt, hat jede Aminosäure einen speziellen Namen. Ein Proteinchemiker könnte dir selbst nachts 3.00 Uhr und sturzbetrunken diese 20 Namen noch lückenlos daherlallen. Für dich würden diese vielen neuen Wörter nur heillose Verwirrung stiften.

Nur damit du einmal zwei komplette Aminosäuren gesehen hast, stehen hier die Bilder von Valin und Cystein. Bei Valin steht R für eine Gruppe CH_3-CH-CH_3, der Rest bei Cystein ist eine CH_2-SH-Gruppe, wobei S für Schwefel steht.

Valin   Cystein

Nun müssen die Monomere noch zu einem Polymer zusammengefügt werden. Das geschieht immer in der gleichen Weise: Die COOH-Gruppe am Kopf der Aminosäure ist die Säuregruppe, die NH_2-Gruppe am Ende der Aminosäure ist die Aminogruppe – jetzt wird auch sonnenklar, wie die Aminosäuren zu ihrem Namen gekommen sind. Verbinden sich zwei Aminosäuren miteinander, beißt immer der Säurekopf des einen Moleküls in den Aminoschwanz des nächsten. Solange noch weniger als 100 Aminosäuren eine Kette bilden, nennt man dieses Molekül ein **Peptid**. Erst über diese Länge hinaus spricht man von Proteinen. Diese können dann schnell einmal aus mehr als 1000 Aminosäuren bestehen.

Mancher von uns, der gerne mal kleinere Details für unwichtig hält, wird es nicht gerne einsehen, aber: Für jedes Protein gibt es nur eine einzige genau festgelegte Reihenfolge der aneinandergefügten Aminosäuren. So wie manches Wort seine Bedeutung verliert oder einen vollkommen anderen Sinn bekommt, wenn sich ein falscher Buchstabe einschleicht, gibt es auch für ein bestimmtes Protein nur eine zulässige „Schreibweise".

Heutzutage arbeiten Analysenroboter an der Entschlüsselung der Peptide und Proteine. Sie schneiden vom Ende einer Proteinschlange Aminosäure für Aminosäure ab und ermitteln ihren Namen. So wird die Zusammensetzung von Proteinen eindeutig bestimmt. Wozu eigentlich dieser ganze Aufwand?

Jedes Protein hat entsprechend seiner Zusammensetzung eine festgelegte Aufgabe zu erfüllen. Man könnte sagen, es hat regelrecht einen Beruf. Proteine in deiner Haut enthalten Aminosäuren in einer ganz anderen Anordnung als die Proteine, die dein Haar bilden. Muskelgewebe wird durch Proteine gestützt, die überhaupt nicht mit denen vergleichbar sind, die sich in einem Hühnerei befinden. Das ist aber eigentlich nur eine Beobachtung, noch keine richtige Erklärung. Immerhin haben Chemiker etwa 130 Jahre gebraucht, um zu dieser Erkenntnis zu kommen. Was die Sprache der Proteine aber eigentlich aussagt, begann man erst um 1950 zu verstehen. Da stellten zwei berühmte Forscher, Herr Pauling und Herr Corey, folgende Behauptung auf: ‚Die Reihenfolge der Aminosäuren in einem Proteinmolekül bestimmt, welche Form das Molekül annimmt.'

Damit wollten sie sagen: So ein Protein ist nicht einfach nur eine lange Schlange, der es egal ist, wie sie in der Gegend herumliegt. Stattdessen möchte sie immer eine Lieblingsstellung einnehmen. Mal möchte sie sich ringeln wie eine Spirale. Oder sich zu einem einzigen großen Kreis zusammenlegen. Oder flach auf den Boden gepreßt wie ein gezackter Blitz aussehen. Ob Blitz, Kreis oder Spirale entstehen, das bestimmt die Reihenfolge der Aminosäuren: Sie drängt das Proteinmolekül in die entsprechende Form.

Es dauerte gar nicht lange, da gab es Analysenmethoden, mit denen bewiesen werden konnte, daß es sich tatsächlich so verhielt. Plötzlich war man in der Lage, Bilder vom Proteinknäuel anzufertigen, nachdem die Aminosäurenreihenfolge – genannt **Aminosäurensequenz** – bestimmt worden war. Und wer sorgt für Ordnung in diesem heillosen Durcheinander? Die Wasserstoffbrückenbindungen natürlich.

Du könntest folgendes Experiment machen: Greife dir 50 Aminosäuren, schreibe ihre Reihenfolge auf und setze sie im Labor zu einem Protein zusammen. Einen Tag später baust du noch einmal genau das gleiche Protein. Würdest du nach etwa einer Stunde beide Polymermoleküle vergleichen, wäre ihre äußere Form absolut deckungsgleich. Ein Stück Spirale, dann ein Knick, ein Bogen und noch eine Spirale am Molekülende – welche Form auch immer, du würdest keinen Unterschied feststellen können. Hättest du aber stattdessen bei der zweiten Proteinsynthese nur eine einzige Aminosäure vertauscht, würden sich deine Moleküle möglicherweise vollkommen unterscheiden!

Da die Verwendung eines Moleküls ganz stark von seiner äußeren Form abhängt, kannst du dir vorstellen, daß ein Fehler im Zusammenbau eines Proteins fatale Auswirkungen haben kann. Heutzutage berechnet man das Aussehen eines Proteins am Computer. Das ist von enormer Bedeutung, wenn man die Funktionsweise dieses Proteins beispielsweise bei der Entstehung einer Krankheit kennenlernen will.

Zum Abschluß dieses Kapitels möchte ich dir noch einen absoluten Meister in der Herstellung von Proteinfasern vorstellen – die Spinne. Der Spinnenfaden ist so fest, daß er das achtzigfache des Gewichtes der Spinne aushalten kann. Damit ist er ungefähr zwanzigmal stärker als ein Stahlseil der gleichen Dicke. Je nach dem Verwendungszweck ihres Seiles ist die Spinne in der Lage, die Zusammensetzung des Fadens einzustellen. Für ein Netz stellt sie einen besonders reißfesten, dehnungsarmen Faden her. Der Faden, den sie zum Abseilen benutzt, ist dagegen elastischer. Außerdem kann er von der Spinne wieder recycelt werden, während sie an ihm hochklettert. Zebraspinnen schießt der Faden mit einer derartigen Geschwindigkeit aus dem Leib, daß sie gesichert wie ein Bergsteiger breite Klüfte überspringen können. Und im Altweibersommer können manche Spinnenarten einen ganz besonders langen und dünnen Faden ausscheiden, der so leicht ist, daß er beim leisesten Luftzug die Spinne emporzieht und sie eine herbstliche Luftfahrt unternehmen läßt.

Natürlich haben neugierige Forscher seit langem versucht, das Geheimnis der Spinnenfäden zu lüften. Eigentlich ist es auch schon gar kein richtiges Geheimnis mehr. Man kennt ziemlich gut die Reihenfolge der Aminosäuren in den Fadenproteinen. Aber eine entsprechend große Menge an Proteinen mit genau dieser Zusammensetzung herzustellen, ist immer noch so teuer, daß ein solches Seil mehr kosten würde als eines aus reinem Gold. So mußte sich der Mensch nach anderen Materialien umsehen. Weil man nun mittlerweile genug über natürliche Polymere Bescheid wußte, begann man darüber nachzudenken, ob man nicht Polymere auch in einer Fabrik herstellen könnte.

Die hohe Kunst der Kunststoffe

Solange noch relativ wenige Menschen auf dieser Erde lebten, schaffte es die Natur, alle mit den entsprechenden Rohstoffen zu versorgen. Doch mit der Zeit begann der Platz enger zu werden. Manche Länder haben schlechte Böden oder ein ungünstiges Klima. Pflanzen, die zur Gewinnung von Polymerfasern dienen, wachsen dort sehr schlecht. Man war leider schon so weit gekommen, daß Kriege geführt wurden, um an neue Rohstoffquellen zu gelangen. Irgendwie mußte eine Lösung für dieses Problem gefunden werden.

So wurde nach Polymerisationsreaktionen gesucht, die sich leicht und mit großen Ausbeuten durchführen ließen. Viele Wissenschaftler lieferten sich einen friedlichen Wettkampf, wer als erster einen einfach zu verarbeitenden Polymerwerkstoff liefern könne. Um 1930 herum kam es zu einer regelrechten Explosion an Erfindungen. Es ließen sich unzählige Namen von Chemikern nennen, die dazu einen bemerkenswerten Beitrag geliefert hatten. Von dieser Zeit an gab es kein Halten mehr in der Entwicklung künstlicher Polymere. Jahr für Jahr kamen neue Produkte auf den Markt. Zusammengefaßt wurden alle diese Verbindungen unter dem Namen **Kunststoff**.

Würde jetzt ein Zauberer auftreten und mit einem wüsten Spruch sämtliche Kunststoffe von dieser Welt verbannen, käme es zu einer Katastrophe. Fast deine gesamte Kleidung wäre verschwunden. Der Fußball und die Kuscheltiere hätten sich in Luft aufgelöst. Der Ranzen und die Federmappe würden nur noch einen wüsten Haufen Schulbücher und Stifte hinterlassen. Fernseher, Stereoanlage, Kühlschrank, Kamera – alles nur noch nackte Blechgerippe mit ein paar blanken Drähten dazwischen. Das Auto ohne Lenkrad und Reifen. Ganze Büros würden in leere Räume durch eine solche Verwünschung verwandelt werden. Das Kühlregal im Supermarkt wäre nicht mehr wiederzuerkennen: Davongelaufener Joghurt, tropfender Frischkäse und außer Rand und Band geratene saure Sahne, verziert mit Margarineklumpen. Es würde das totale Chaos herrschen. Von 1930 an haben sich Kunststoffe dermaßen in unser Leben eingeschlichen, daß ein Alltag ohne sie gar nicht mehr denkbar wäre.

Wie hat alles angefangen? **Celluloid** hieß die erste Masse, die Eigenschaften eines Polymers besaß und in einer Chemiefabrik hergestellt wurde. Allerdings benötigte man als Ausgangsstoff das Naturprodukt Cellulose. So wurde eigentlich ein wenig gemogelt, wenn man von Celluloid als einem echten Kunststoff sprach. Celluloid war für viele Dinge brauchbar. Man konnte bereits Folien daraus pressen, Kämme und Knöpfe aus Celluloidplatten schneiden und Behälter daraus formen. Am meisten fand es aber Verwendung in der Filmherstellung. Das Band, auf dem man die dünne, lichtempfindliche Schicht auftrug, wurde aus Celluloid hergestellt.

Das Material hatte nur einen riesengroßen Nachteil: Es war extrem feuergefährlich. Mancher Puppenkopf war am Weihnachtsabend Grund für Schrekken und grenzenlose Traurigkeit, wenn er einer Kerze zu nahe kam. Viele Filme gingen in harmlos beginnenden Bränden verloren, weil sie das Feuer erst richtig in Gang gebracht hatten. Celluloid war nur eine Notlösung.

Wahrscheinlich waren es die Proteine, die das Vorbild für einen viel interessanteren Kunststoff lieferten – das **Polyamid**. Wie wir gehört haben, wird eine Proteinkette dadurch länger, daß der Säurekopf der Proteinschlange in den Aminoschwanz einer noch freien Aminosäure beißt. Die Bindung, die dabei zwischen Kopf und Schwanz entsteht, nennt der Fachmann **Amidbindung**. Statt Aminosäuren künstlich herzustellen, bediente man sich eines raffinierten Tricks: Man nahm Moleküle, die zwei Aminoschwänze hatten und sperrte sie mit Molekülen zusammen, die zwei Säureköpfe trugen.

Was passierte nun? Das erste zweiköpfige Säuremolekül biß in einen Aminoschwanz, der ihm gerade vor der Nase lag. Happ! Das andere, noch freie Schwanzende wurde von einem Zweiköpfler geschnappt, der bisher keine Beute gefunden hatte. Nun waren schon drei Monomere miteinander verbunden. Und so ging das wilde Fangspiel so lange weiter, bis weder freie Köpfe noch Schwänze übriggeblieben waren.

Nach einer solchen atemberaubenden Freßorgie, bei der glücklicherweise niemand ernstlich verletzt wurde, müßte bei gleicher Anzahl von Doppelschwänzlern und Zweiköpflern eigentlich nur ein einziges, riesengroßes

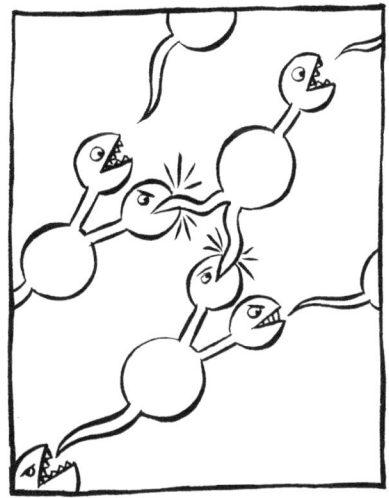

Polymermolekül entstanden sein. Da aber bei fortschreitender Reaktion die Beweglichkeit der kleineren Polymerstücke immer geringer wird, finden häufig die Ketten nicht mehr zueinander. So besteht dann ein auf diese Art hergestelltes Polymer aus einigen sehr langen Ketten, bei denen dann noch der eine Kopf oder Schwanz freigeblieben ist. Es ist ein Polymer entstanden, daß durch unzählige Amidbindungen zusammengehalten wird. *Viel* heißt *poly* und Viel-Amid wird zu **Polyamid.**

Die Polymerisationsreaktion findet bei über 200 °C statt. Unter 200 °C erstarrt das flüssige Polyamid zu einer manchmal milchigen, manchmal klaren, festen Masse. Viele Kleidungsstücke sind aus Polyamid gewebt. Etwas muß also vorher mit diesem Polyamidklumpen passiert sein. Man wird doch einen weichen Pullover nicht mit Hammer und Stechbeitel aus einem Brocken Kunststoff herausgemeißelt haben!

Der Trick ist, man läßt das Polyamid gar nicht fest werden! Es wird in einem ganz dünnen Strahl aus einer Düse gedrückt. Der feine Kunststoffstrahl fällt durch ein Rohr, bis er auf eine Rolle gelangt. Kaum dort angekommen, beginnt sich die Rolle rasend schnell zu drehen und dabei den Kunststoffaden aufzuwickeln. Ganz wichtig ist, daß der Faden schneller aufgewickelt wird, als er aus der Düse rinnt. So wird er in die Länge gezogen, bevor er endgültig erstarren kann. Er wird gereckt. Dieses Recken führt dazu, daß die Polymermoleküle im Faden in eine gestreckte Lage gezwungen werden. Dadurch wird der Faden sehr reißfest und elastisch. Hastdunichtgesehen ist aus einer Polymerpampe ein hauchdünner Faden entstanden. Jede Spinne macht es ganz genauso.

Mit dem aufgespulten Faden läßt sich nun alles machen, was man früher sonst mit Tierhaaren oder Pflanzenfasern anstellte. Man kann ihn färben, verspinnen, man kann ihn kräuseln, daß er wie echte Wolle aussieht – kurzum ist er nach diesen Behandlungen zum Verstricken oder Verweben bestens geeignet. Jede Frau hat mindestens schon einmal in ihrem Leben Polyamid auf ihrer Haut getragen: Alle Feinstrumpfhosen, die aus dem sogenannten Nylon gewebt sind, bestehen aus Polyamid. „Na klar, Nylon", wird deine Mutti rufen, „Nylon kenne ich gut." Und du weißt, wie es entsteht. Da seid ihr doch ein Team!

Natürlich kann man mit der flüssigen Polyamidmasse noch viel mehr machen als nur Fäden daraus ziehen. Man kann sie in Formen für Rohre, Zahnräder, Gehäuseteile oder Kunststoffschrauben gießen. Man kann sie zu Folien auswalzen. Oder man läßt Polyamid zu Blöcken erstarren, die danach gefräst und gebohrt werden, um Teil einer Maschine zu werden. Schon allein dieses eine Polymer kann man zu so vielen Dingen verarbeiten. ‚Geht es nicht noch ein bißchen besser?'

Polyamid ist nicht gleich Polyamid. Es gibt massenhaft viele Arten dieses Polymers. Es ist fast wie bei den Proteinen. Welche Eigenschaften das Polyamid als Kunststoff hat, ist in seinen Ausgangstoffen begründet. So kann man eine Mischung aus langen Zweischwänzlern – den **Diaminen** – mit ganz kurzen Doppelköpflern reagieren lassen. Oder lange Zweischwänzler mit langen Doppelköpflern. Oder man mischt beide Varianten in einem Topf. Oder man jagt ein paar Dreiköpfler mit in die Reaktion. Oder, oder, oder ... es kreist einem der Hut, will man alle Möglichkeiten überdenken.

Wenn ich jetzt aufzählen würde, welche Polymerarten es außer Polyamid noch gibt, würdest du das Buch wütend in die Ecke pfeffern. Selbst heute, über sechzig Jahre nach dem ersten Kunststoffrausch, entstehen ständig neue Polymermaterialien. Wozu denn überhaupt noch, ist nicht längst alles erfunden worden?

Es ging immer noch ein bißchen besser. Eines der großen ungelösten Probleme war, daß alle Kunststoffe gegenüber bestimmten Chemikalien und hohen Temperaturen empfindlich waren. Doch auch dagegen fand man ein Mittel. Es wurde ein Material ersonnen, daß den Namen Teflon erhielt. Ein Chemiker mit Vorliebe für exakte Ausdrücke sagt Polytetrafluorethen dazu.

Was poly bedeutet, wissen wir schon lange. *Tetra* ist das griechische Zahlwort für *vier*. Und *Ethen* ist ein kleines Molekül aus zwei Kohlenstoffatomen, die durch eine Doppelbindung miteinander verbunden sind. Die übrigen noch freien Hände der beiden Kohlenstoffatome haben sich vier Wasserstoffatome gegriffen. Bei Tetrafluorethen sind die Wasserstoff- durch Fluoratome ersetzt.

Wie soll aus so einem kleinen Monomer wie Tetrafluorethen ein Polymer wachsen? Es ist ein ganz einfaches Prinzip: Jede Doppelbindung zwischen zwei Kohlenstoffen ist wie eine hochgezogene Zugbrücke auf einer Ritterburg. Das ist wirklich nur ein Gedankenspiel und entspricht nicht dem, was wirklich an Doppelbindungen passiert. Es läßt sich aber eins nicht wegdiskutieren: Viele Moleküle mit Doppelbindungen zwischen Kohlenstoffatomen beginnen genau an dieser Stelle, Kontakte zu anderen Verbindungen herzustellen.

Kommt nun ein fremdes Molekül mit einer eigenen Doppelbindung in die Nähe dieser Brücke, wird sie freudig herabgelassen, um eine neue Verbindung zum fremden Molekül herzustellen. Nun ist das gerade angekoppelte Molekül an der Reihe, seine Brücke auszuklappen (es dürfen ja nur vier Bindungen an

einem Kohlenstoff sein!!!). Es sucht sich einen neuen Partner, zu dem es seine Brücke herüberlegen kann. So geht das weiter und weiter, bis keine einzige hochgezogene Doppelbindungszugbrücke mehr zu finden ist. Fertig ist das Polymer.

Polytetrafluorethen

Polyterafluorethen war genau das, wonach man noch gesucht hatte. Es ist so beständig gegen Chemikalien, daß man daraus Spezialbehälter für gefährliche Stoffe herstellen kann. Die Wände von Reaktionsgefäßen werden damit ausgekleidet, und es hält so hohe Temperaturen aus, daß man das Innere von Bratpfannen damit beschichten kann. So spart man beim Braten das Bratfett. War das die Krone der Kunststofforschung?

Wann habe ich dir das letzte Mal eine Geschichte erzählt? Was, so lange ist das schon her? Eine Schande! Das will ich schnell wieder gutmachen. Also, hier eine (wahre) Geschichte:

A̶ustralien wurde als letzter Kontinent unserer Erde vor ungefähr 350 Jahren von den Europäern entdeckt. Die ersten Seefahrer, die das Land betreten hatten, beschrieben es als heiß, unfruchtbar und zum Bewohnen völlig ungeeignet. So geriet Australien wieder für weitere 100 Jahre in Vergessenheit, bis 1770 Kapitän Cook, der berühmteste Entdecker seiner Zeit, an der Stelle des heutigen Sydneys ankerte. Er schwärmte in seinem Reisebericht von grünen, üppigen Ebenen, schwarzen, fettigen Böden und reichen Wäldern. Das war Musik in den Ohren der englischen Herrscher, denn nun konnten sie eine neue Kolonie errichten, die ihnen weiteren Reichtum verschaffen sollte.

Zu dieser Zeit regierte in England eine grausame und gnadenlose Justiz, um die stark verbreitete Kriminalität zu unterdrücken. Schon für einen kleinen Ladendiebstahl wanderte man sofort ins Gefängnis. Das führte zu einem Überquellen der Haftanstalten und zu hohen Kosten für den Staat, der die Häftlinge mit dem Nötigsten zu versorgen hatte. Da kam die Entdeckung fruchtbarer Gegenden in

Australien gerade recht: Zu Tausenden wurden englische Gefängnisinsassen auf Segler geladen und in das ferne Land verschifft. Dort sollten sie ihre Haftzeit abarbeiten unter der Versicherung, nach Ablauf ihrer Strafe ein neues Leben als freie Bürger beginnen zu können.

So wie du dein Kuscheltier auf jede Reise mitnimmst, damit du überall beruhigt einschlafen kannst, gibt es ein Haustier, das jeder Engländer braucht, um kein zu großes Heimweh zu bekommen – das Schaf. Schafe ließen sich gut auf den Steppenweiden Australiens züchten. Bald konnten Jahr für Jahr Tonnen feinster Wolle nach England geliefert werden. ‚Wenn das so gut mit den Schafen klappt, können wir sicher auch Rinderherden halten‘, sagten sich die Farmer und begannen Kühe ins Land zu holen. Anfänglich war diese Idee ein voller Erfolg. Doch dann begann ein Problem buchstäblich zum Himmel zu stinken: Wie wir wissen, geben Rinder nicht nur Fleisch und Milch sondern auch jede Menge Kuhfladen. Diese düngen unsere Wiesen, werden von vielen Krabbeltieren bewohnt und führen zu einer reichen Ernte an Wiesenchampignons.

Anders in Australien: Dort hatte sich in Millionen von Jahren eine Tierwelt entwickelt, die es nirgendwo sonst gab. Fast alle Landbewohner waren an extreme Trockenheit gewöhnt. Känguruhs, Koalas, Schnabeligel, Mäuse – alle tragen einen Beutel, in dem ihre Babys sitzen. So etwas hatte die Welt noch nicht gesehen!

Diese Tiere hatten noch eine weitere Besonderheit: Sie kannten keine Kuhfladen! So blieb liegen, was jede Kuh tagaus tagein in dicken, saftigen Haufen hinter sich läßt. Nur ein einziges Wesen geriet vor Begeisterung außer sich über solch ein

einladendes Angebot: Die Fliege. Sie stürzte sich eifrig summend auf die grünen Hügel und legte ihre Eier in ihnen ab. Und bald war die Luft erfüllt vom Gesumm der Fliegenwolken, die vom Kuhfladen zu des Farmers Mittagstisch flogen, um sich eine Nachspeise abzuholen. Ihre Aufdringlichkeit trieb alle Menschen zur Verzweiflung. Eine Fliegenpest plagte das Land.

Was sollte man tun? Die Kühe wieder abschaffen? Nein, das war ein zu großer Verlust für die Viehzüchter. Gab es denn nicht ein Mittel gegen die Fliegen? Oder gegen die Kuhfladen? Ha, das war ein guter Gedanke. Wer erledigt normalerweise die größte Dreckarbeit beim Verarbeiten von Kuhmist? Der Mistkäfer. Er gräbt die Dunghaufen regelrecht in die Erde ein. Dort schmaust er im Finstern und bietet seinen Kinderchen Nahrung, Platz und Wärme.

Iiihh, magst du jetzt sagen, das ist ja total eklig! Aber eigentlich sollten wir wenigstens für einen Moment dankbar sein, daß es solch einen fleißigen und nützlichen Burschen gibt.

Diese Käfer wurden nun nach Australien bestellt. Kaum sahen sie den ersten Fladen auf der Wiese liegen, machten sie sich ans Werk, wie sie es zu Hause gelernt hatten. Haufen für Haufen verschwand im Steppenboden, ließ neue Mistkäfergenerationen gedeihen und war als Fliegenbrutstätte nicht mehr zu gebrauchen. Mit der Zahl an Rindern regelte sich die Größe des Mistkäfervolkes und die Fliegen hatten kaum noch eine Chance. Erleichtert atmeten die Australier auf und konnten wieder im Freien frühstücken. Glück gehabt!

Als Kind habe ich einmal einen wunderbaren Zeichentrickfilm gesehen. Er handelte von einem Coyoten, durch dessen Wüste eine Autobahn gebaut wird. Der Straßenlärm stört den Coyoten sehr und er versucht, den Verkehr zu bekämpfen. Nach vielen vergeblichen Anläufen baut er sich eine riesige Steinschleuder, um damit die Autobahn zu bombardieren. Doch als die Schleuder dann fertig ist, geht alles schief. Er bekommt das Ding einfach nicht so zum laufen, daß er damit irgendwie sein Ziel trifft.

Was er auch anstellt, alles verkehrt sich ins Gegenteil. Am Ende wird er selbst, als er die verklemmte Schleuder reparieren will, im hohen Bogen über die Wüste katapultiert und knallt durch einen Berg. Armer, armer Wüstenfuchs! Ich habe geschrien, als ich das sah. Ich mußte mich auf dem Fußboden wälzen. Ich konnte minutenlang nicht richtig atmen, so weh tat mir der Bauch vom Lachen.

Wie oft unternehmen wir etwas in guter Absicht und dann stellt sich heraus, daß es Blödsinn war, was wir angestellt haben? Passieren tut das wohl jedem einmal. Auch Erwachsensein schützt nicht davor. War das wirklich so eine tolle Idee mit den Kunststoffen? Was passiert, wenn du einen Ledersattel im Freien liegen läßt, einen abgebrochenen Ast in ein Gebüsch wirfst oder eine Bananenschale im Auto vergißt? Der erste Regen macht den Sattel fleckig. Nässe kriecht von unten ins Leder und bald hat sich der erste Schimmelpilz auf dem teuren Stück niedergelassen. Ohne einen Rettungsversuch würde der Sattel im Laufe der Monate in sich zusammensinken und sich in einen stinkenden Haufen vergammelnden Leders verwandeln. Nach etwa zwei bis drei Jahren wären nur noch die Metallteile als letzte Überreste des Reitsitzes im wuchernden Unkraut zu finden.

Einen ähnlichen Weg nehmen Ast und Bananenschale. Wahrscheinlich wird kein Schimmelpilz auf dem Rücksitz des Autos Herr über die gesamte Bananenschale werden. Sie wird eher, von einem milden Donnerwetter über den Benutzer des Rücksitzes begleitet, ihren Weg auf den Kompost finden. Dort darf sie dann, inmitten von Küchenabfällen, Blättern, kleinen Holzstücken und den Grasresten vom Rasenmähen zu gutem Kompost heranreifen.

Das Proteingerüst des Sattelleders, die Cellulose des Holzstückes und der Obstschale sind Nahrung für eine ganze Bande mikroskopisch kleiner Wegelagerer. Sie lauern überall auf unserer Welt, ob nicht irgend etwas daherkommt, was sie anknabbern können. Gibst du ihnen nur die kleinste Chance, wird sie skrupellos auf der Stelle genutzt. Für sie ist so ein vergessener Sattel ein Ort zum Schmausen, zum Leben und natürlich um viele, viele kleine Kinderchen zu bekommen. So führen sie ein Leben in Saus und Braus, bis vom Sattel nichts mehr übrig ist. Das heißt, vom „Nichts" zu sprechen, ist eigentlich verkehrt. Denn die Pilze und Bakterien haben ja bei ihrem Werk eigentlich eher eine Umwandlung betrieben: Sie haben die Proteinmoleküle des Leders Stück für Stück auseinandergeschnitten und die Aminosäuren in Pilz- oder Bakterienproteinen verbaut. Manche Aminosäuren haben sie aber einfach nur gefressen – von irgend etwas muß ja so eine Mikrobe schließlich leben. Doch Fressen bedeutet, mit den Augen eines Chemikers gesehen, wieder nichts anderes als Verwandlung. Große Moleküle werden auseinandergerissen und die Energie die bei der Umwandlung der Moleküle entsteht, wird zum Leben gebraucht.

Kein Atom kann plötzlich verschwunden sein. Aber viele lösen sich buchstäblich in Luft auf. Beim Leben der Mikroben entsteht viel Kohlendioxid, Ammoniak und Methan. Der Kohlenstoff des Kohlendioxids und des Methans steckte vorher in der Cellulose oder in den Aminosäuren. Der Stickstoff des Ammoniaks stammt aus den Proteinen. Man könnte jedes Atom des Sattels wiederfinden, würden die Gasmoleküle nicht schnell vom Wind weggetragen.

Doch Halt! Ein paar Kohlendioxidmoleküle kommen gar nicht weit. Ein Grashalm, der neben dem verfaulenden Sattel wächst, hat sie aus der Luft gesogen. Im Grashalm läuft gerade die Photosynthese auf Hochtouren, weil die Sonne scheint. Im Nu ist das Kohlendioxidteilchen in ein Traubenzuckermolekül eingebaut und an eine Cellulosekette weitergereicht. Doch in genau dem Moment langt die Zunge einer Kuh nach dem Grashalm und reißt ihn ab. Den traurigen Rest, bis wieder ein Sattel aus Rindsleder auf der Wiese vergessen wird, kannst du dir selbst ausmalen. Alles findet in der Natur wieder einen Verwendungszweck. Nichts bleibt übrig. Nichts geht verloren.

Doch was geschieht mit dem Kartoffelschäler, der verschwand, weil er zwischen den Schalen irrtümlich mit auf den Komposthaufen gewandert ist? Nach zwei Jahren, beim Sieben des fertig gereiften Komposts hängt er in den Maschen des Gitters. Sein blauer Griff aus Polypropylen, einem Kunststoff, sieht aus wie neu. Die Schneide aus Edelstahl glänzt ohne jeden Fehler. Ein kurzes Abwaschen und der alte Schäler kann wieder seinen Dienst antreten.

Was war passiert? Wieso ist aus dem Schäler nicht Humus geworden? War die Zeit zu kurz, die er im Haufen verbrachte? Die Vermutung ist nicht schlecht. Aber Zeit spielt bei der Kompostierung von Kartoffelschälern keine Rolle. Auch nach hundert Jahren käme er noch unversehrt ans Tageslicht zurück.

Polypropylen (und auch Edelstahl) kann von Mikroben nicht angegriffen werden. Sie haben keine Chance, irgendwo an den künstlichen Polymerketten eine Bindung zu finden, die sie knacken könnten. Edelstahl ist kein Polymer – den heben wir uns für ein anderes Kapitel auf.

Was sich dem Angriff von Mikroben widersetzt, ist „nicht biologisch abbaubar". Es gibt keinen Mistkäfer oder ein ähnliches Tier, das man einfach von irgendwoher einführen kann, welches dann die Schmutzarbeit für uns erledigt. Solche Geschichten funktionieren leider ganz selten. Kunststoffe kehren auf normalem Wege nicht mehr in die Kreisläufe der Natur zurück. Im Falle von verlorengegangenen Küchenwerkzeugen ist das sicher eine lobenswerte Eigenschaft. Bei vielen Kunststoffartikeln wäre es von Vorteil, sie würden sich anders verhalten.

Jeder Joghurtbecher, jede Plastiktüte, alles was für den einmaligen Gebrauch bestimmt ist – weshalb muß es unendlich haltbar sein? Statt in den Kompost wandert es auf den Müll. Dort liegt es dann und freut sich an seiner Unsterblichkeit. Würde es so weitergehen, hätten wir in der Zukunft einige neue Müllgebirge zu bestaunen. Länder ohne große Berge könnten günstig den Müll der Welt erwerben. Dann müßten deren Bewohner nicht mehr im Winter weit fahren, um Skilaufen zu können. Offensichtlich gefällt diese Idee nicht jedem. Wer hat auch gern eine stinkige, von Krähen und Ratten geplünderte Müllhalde vor seiner Haustür?

Was kann man mit Kunststoff anfangen, wenn er nicht mehr gebraucht wird? Künstliche Polymere, die sich einschmelzen lassen, sind am leichtesten wiederzuverwenden. Nach dem Schmelzen kann man sie leicht zu neuen Produkten formen. Zwei Dinge sind dabei unumgänglich: Die Kunststoffe müssen sauber sein. Es dürfen nicht verschiedene Kunststoffsorten vermischt werden.

Es gibt hunderte von Patenten zum Sortieren von Kunststoffen. Trotzdem sind viele davon teuer und funktionieren nicht bei allen Materialien. Vielleicht bist du es, der eines Tages eine Lösung dafür liefert. Es gibt aber auch genügend Kunststoffarten, die nach der ersten Verarbeitung durch Wärme nicht mehr aus ihrer Form zu bringen sind. Eine Methode, dem Kunststoffproblem Herr zu werden ist, sie zu verbrennen. Man könnte behaupten, Verbrennen sei auch nur eine Art von Abbau. Der Kunststoff wird umgewandelt in Kohlendioxid und einige andere Gase. Dabei gewinnt man Wärmeenergie, mit der man Strom erzeugen kann.

Zum Verbrennen sind viele Kunststoffarten eigentlich viel zu schade. Es stecken so viele Veredelungsschritte in ihnen, daß sie ein würdigeres Ende verdient hätten, als in einer Müllverbrennungsanlage zu sterben. Andere Kunststoffsorten bilden beim Verbrennen sehr giftige Verbindungen. Was jedoch am meisten gegen einen Flammentod von Kunststoffen spricht, ist das Kohlendioxid, das dabei entsteht. So viel von diesem Gas, das zur Zeit auf der Welt erzeugt wird, kann gar nicht von Pflanzen und Algen in neue Grünmasse

umgewandelt werden. So steigt es in die Atmosphäre und bildet dort eine
Gasschicht, die wie eine Fensterscheibe über unserem Planeten ruht. Wie hinter einer Gewächshausscheibe staut sich dann die Wärme, die die Erde eigentlich ins Weltall abstrahlen möchte. Der berüchtigte Treibhauseffekt beginnt
zu wirken.

,Geht es nicht noch ein bißchen besser?'

Was würdest du noch verbessern wollen? Stell dir vor, du wärst nur einen
Tag lang König über die ganze Welt. Kunststoffe ganz abschaffen? Das wäre
sicher ein ganz gewaltiges Eigentor. Wir haben uns wohl schon zu sehr an die
sehr guten Eigenschaften von künstlichen Polymeren gewöhnt, als daß wir ganz
und gar auf sie verzichten könnten. Weniger davon herstellen und weniger in
den Abfall werfen? Hmm, das wäre schon eine ganz gute Idee. Doch sieh mal:
Jede Banane zum Beispiel hat ihre eigene natürliche Verpackung. Hast du schon
jemals Beschwerden gehört, daß jede Banane einzeln verpackt ist? Warum sind
nicht schon Urwälder unter einer dicken Schicht von Bananenschalen begraben worden? Die unbeschreiblich schlampigen Affen lassen doch jeden Dreck
liegen, ohne ein einziges Mal nach einem Mülleimer Ausschau zu halten.

Klar, das Problem wurde durch die Mikrobenfirma „Biologischer Abbau"
gelöst. Bei Kunststoff – warte mal – ja, und wenn man nun künstliche Polymere herstellt mit Bindungen, die von Pilzen oder Bakterien geknackt werden
können? Wäre das nicht des Rätsels Lösung? Darf ich dein Großwesir sein,
wenn du König bist? Dann bitte ich dich, ein Gesetz zu erlassen: Es soll so viel
wie möglich biologisch abbaubarer Kunststoff hergestellt werden!

Das wäre doch toll, könnte man Joghurtbecher einfach auf den Kompost
werfen. Nach einem Jahr wäre daraus Humus entstanden. Und wir hätten viel
weniger Probleme mit Abfall und Treibhauseffekt.

Es ließen sich noch so viel interessante und spannende Dinge über Polyme-
re erzählen. Polymere gehören zwar zur Chemie, doch Chemie ist mehr als nur
Geschichten von Polymeren. Also laß uns dem Volk der Molekülriesen den
Rücken kehren. Du kannst es später jederzeit wieder besuchen.

Ein paar Bekannte, die wir ganz am Anfang unserer Reise in die Welt der
Atome kennengelernt hatten, wären sicher sehr ungehalten, wenn wir sie noch
länger vernachlässigen würden. Man kann zwar nicht davon sprechen, daß sie
große Moleküle bilden, doch sind sie in einer überwältigenden Vielzahl auf
den Landmassen und im Inneren der Erde anzutreffen. Ich meine die Metalle.

Der Klang von Epochen

Erinnerst du dich noch an unser Fußballspiel mit den Metallen? Diese meist harten, glänzenden Kerle mit den manchmal ungewohnten Namen. Wo kommen die eigentlich her? Wieso gibt es sie auf der Erde? Kennst du nicht König Urknall, den Herrscher über das große Universum?

König Urknall und seine Ritter

*E*s war einmal ein Land mit dem Namen Universum. Universum war so groß, daß kein Menschenhirn sich seine Größe nur im entferntesten vorstellen könnte. Das Land wurde regiert von einem mächtigen Herrscher, König Urknall. Niemand wagte sich seiner Kraft zu widersetzen. König Urknall war gewaltig, seine Stärke war entsetzlich und seine Stimme war ein donnerndes Brüllen. Fast jeder floh aus Angst vor ihm. Nur seine Leibgarde, bestehend aus 86 der tapfersten Untertanen von Universum, hielt seinem täglichen Toben stand. Er nannte sie seine Glänzenden Ritter. Denn alle seine Leibwächter waren so hart und gefühllos, daß ihr Körper von einem kalten Glitzern umflossen war.

Eines Tages kam die Nachricht an des Königs Ohren, daß eine geheimnisvolle Zauberin mit dem Namen Licht in sein Reich eingedrungen wäre. Sie würde einen Platz zwischen den Orten Ohnezeit und Nirgendwo bewohnen. Es gäbe nichts, was ihrer Schönheit gleichen würde. Jeder, den sie mit ihre warmen Strahlen berühren würde, wäre für immer verändert und ohne Furcht vor König Urknall. Noch nie hatte der König etwas derartiges vernommen. Es war ihm unvorstellbar, daß eine Macht in Universum wohnen könnte, die sich nicht seinem Willen beugen würde. Er rief seine Glänzenden Ritter zusammen und machte sich mit ihnen auf, die Zauberin zu fangen.

Sie ritten auf der Straße Endlos, die in jenen Zeiten der kürzeste Weg nach Ohnezeit war. Das krachende Trommeln der Hufe eilte der Reiterschar wie ein schwarzer, schwerer Schatten voraus. Es vertrieb alles, was im Wege stand. Die Glänzenden Ritter und ihr König trafen niemanden mehr auf ihrer Reise. So konnten sie nicht erfahren, daß die Zauberin Licht statt zu fliehen, ihnen entgegenkam. Sie hörten auch nichts von den Schwebenden Begleiterinnen der Zauberin. Weiter, weiter, Ohnezeit ist weit, nur diese Gedanken kreisten in ihren Hirnen während des atemlosen Rittes. Als sie einmal eine Pause einlegen mußten, damit sich die Pferde erholen konnten, ging einer der Ritter ein paar Schritte, um sich seine steifen Beine zu vertreten.

Da sah er in der Ferne einen schwachen Schimmer, den die anderen von der Straße aus nicht sehen konnten. Er schlich näher an den Schein heran und traf so auf das Lager der Königin Licht. Der Ritter mit dem Namen Ferrum war geblendet, sowohl von dem hellen Glanz, der von der Zauberin ausging als auch von der Schönheit ihrer Begleiterinnen. Auf der Stelle verliebte er sich in eine Gefährtin von Licht mit dem Namen Oxygenia.

Er beschloß, König Urknall nichts von seiner Entdeckung zu berichten. Statt dessen grub er auf dem Weg, auf dem der Trupp weiterziehen wollte, ein großes schwarzes Loch. Dann kehrte er zu seiner Gruppe zurück. Keiner hatte sein Fernbleiben bemerkt und so ritt der Trupp bald mit neuem Ungestüm auf der Straße entlang. Urknall, der an der Spitze dahinjagte, stürzte als erster in das schwarze Loch, das Ferrum angelegt hatte. Nachdrängende Ritter konnten in der Dunkelheit nicht verhindern, daß ihre Pferde auf den liegenden König traten. Urknall erlitt mehrere böse Schrammen und konnte in diesem Zustand nicht weiterreiten. So schlug die Gruppe erneut ein Lager auf, damit sich der Verletzte von seinem Unfall erholen konnte. Als der König vor Erschöpfung eingeschlafen war, erzählte Ferrum flüsternd seinen Kameraden von der Entdeckung, die er gemacht hatte.

Neugierig geworden, beschlossen alle Glänzenden Ritter, den Schwebenden Frauen einen Besuch abzustatten. Nur zwei von ihnen, Aurum und Argentum, sollten beim König als Wache zurückbleiben. Bei der Zauberin Licht und ihren Freundinnen angekommen, konnten die Ritter sehen, daß Ferrum nicht übertrieben hatte, als er von der Schönheit der Frauen sprach. Solche Wesen waren ihnen noch nie im Leben begegnet. Nichts Herrlicheres konnten sie sich vorstellen, als für immer mit diesen Frauen zusammenzubleiben.

Auch die Damen waren vom Auftreten der Ritter nicht unberührt geblieben. Hinter dem kalten Äußeren der Männer konnten sie Charakter, Festigkeit und dauerhafte Zuneigung entdecken. So bestürmten sowohl die Frauen als auch die Ritter die große Zauberin Licht, ihnen mit einem machtvollen Spruch zur Hoch-

zeit zu verhelfen. Aber um an dieses Ziel zu gelangen, mußten die Ritter zwei Dinge opfern, damit der Zauber wirksam werden konnte: ihre Herzen und ihren kalten Glanz. Nachdem sie beides von sich gegeben hatten, fielen die Männer in einen todesähnlichen Schlaf.

Auch die Frauen mußten sich von etwas trennen, damit der Zauber bei ihnen wirken konnte: Ihre Fähigkeit zu fliegen. So sanken denn Oxygenia, Nitrogenia, Sulfoxenia und wie sie noch alle hießen zu Boden und setzten sich neben den Mann ihrer Wahl. Die Zauberin legte jeder Frau das Herz ihres Ritters in den Schoß. Dann vereinigte Licht den Glanz aller Ritter zu einem einzigen gleißenden Strahl. Damit berührte sie die Paare und unter dessen Hitze und Zauberkraft verschmolzen Mann und Frau miteinander.

Es entstand ein gewaltiger Feuerball bei dieser ungewöhnlichen Hochzeit. Alle Dinge in der Umgebung wurden davon erhellt, auch Urknall und seine Wächter. Der König schreckte aus seinem Schlaf auf. Während er sich verwirrt die Augen rieb, fiel sein Blick auf die Zauberin, deren Gestalt deutlich vom Feuerschein beleuchtet wurde. Und wie alles, das der Wirkung von Licht unterlag, wurde auch er sofort in ihren Bann gezogen. Er verlor sein aufbrausendes, mürrisches Wesen. Alle Gewalt war von ihm gewichen. Und so kam es im Moment der Vereinigung der Glänzenden Ritter mit den schwebenden Frauen noch zu einer weiteren Hochzeit, der Heirat von Licht und Urknall. Nur Aurum und Argentum, die treuen Bewacher des Königs, fanden in der Nacht keine eigene Frau. Sie zogen gemeinsam weiter, auf der Suche nach einem Platz, wo auch sie glücklich werden konnten. Urknall und Licht ließen ihre Reisegefährten zurück und flogen von nun an vereint durch alle Winkel von Universum. Weil Universum so unermeßlich groß war, sind sie sicherlich noch heute unterwegs.

Wieso hören Geschichten oft an Stellen auf, wo es gerade interessant wird? Es könnte doch noch weitergehen. Haben die Glänzenden Ritter ihre Hochzeit bereut? Sein Herz gibt man nicht so ohne weiteres weg.

Oder wenn du fliegen könntest – würdest du diese Fähigkeit jemals aufgeben? Nur um mit jemandem ein ganzes Leben lang zusammen zu bleiben?

Übrigens gibt es 86 metallische Elemente im Periodensystem, fällt mir gerade ein. Da ist dieses Kapitel wohl eine Art Fortsetzung vom Märchen von den Glänzenden Rittern!

Was geht dir eigentlich durch den Kopf, wenn du das Wort „Metall" hörst? Woran denkst du im ersten Moment? An das Edelstahlgeschirr in der Küche? An die Goldkette deiner Mutter? An die Blechkarosserie eines Autos? An die Ritterrüstung im Museum? Mit ein wenig Nachdenken würdest du bestimmt eine Seite mit Dingen füllen können, die aus Metall gefertigt sind. Hättest du etwas mehr Zeit und könntest dabei noch in einem Lexikon blättern, wäre ein einzelnes Blatt bald nicht mehr ausreichend. Es lassen sich scheinbar unendlich viele Namen von Teilen, die aus Metall gefertigt sind, aneinanderreihen.

Was macht einen Stoff zum Metall? Muß er silbrig glänzen, besonders widerstandsfähig sein oder erst bei hohen Temperaturen schmelzen? Gibt es nur Metalle und Nichtmetalle oder existieren auch Halbmetalle unter den Elementen?

So primitiv es möglicherweise klingen mag: Der silberne Glanz ist eines der offensichtlichsten Merkmale von Metallen. Keine anderen Elemente besitzen diese Eigenschaft. Zwei weitere sehr wichtige, aber weniger ins Auge springende Eigenschaften sind die Fähigkeit, den elektrischen Strom und Wärme gut leiten zu können. Auch die gute Formbarkeit im festen Zustand und die leichte Mischbarkeit mit anderen Metallen in der Schmelze gehören zu den bemerkenswerten metallischen Eigenarten.

Mit diesem Steckbrief im Kopf wärest du nun in der Lage, fast alle Elemente im Periodensystem nach Metall und Nichtmetall einzuordnen. Einige wenige Elemente glänzen zwar metallisch, leiten aber den Strom sehr schlecht; andere sind gute elektrische Leiter aber extrem spröde bei Verformung – machen wir es uns nicht zu kompliziert, sondern nennen sie einfach **Halbmetalle**.

Mit der Langform des Periodensystems vor Augen gibt es etwas Verblüffendes festzustellen: Alle Elemente links der Diagonale Bor-Silicium-Arsen-Tellur-Astat sind Metalle. Wasserstoff ist die einzige Ausnahme in diesem Gebiet. So einfach ist das!

Bei all diesen Überlegungen und Einteilungen haben wir aber immer noch nicht das wahre Geheimnis der Metalle durchschaut, ihren inneren Zusammenhalt. Weder Atombindung noch Ionenbeziehung, ganz zu schweigen von Wasserstoffbrückenbindungen sind geeignet, die einzigartigen Eigenschaften von Metallen zu erklären. So wurde schließlich nach langen Diskussionen der Begriff **Metallbindung** eingeführt. Man sagte:

Bei der Metallbindung sind die Metallatome als positive Ionen anzusehen. Die Atomrümpfe werden durch den Strom der abgelösten Elektronen zusammengehalten, der gleichmäßig um die Metallteilchen herumfließt.

Das Wort **Elektronengas** beschreibt sehr gut das freie Fließen der Elektronen zwischen den Metallatomen. Mit anderen Worten: Egoismus ist ein Fremdwort für Metallatome. Solange Metalle unter sich sind, gibt es keine Zänkereien um Außenelektronen. Jedes Metallatom stellt seine leicht entfernbaren Elektronen der Allgemeinheit zur Verfügung. Jedes Metall ist dem nächsten ein großzügiger Kamerad. Auf diese Weise halten sie zusammen wie Pech und Schwefel, einer für alle, alle für einen. Erst wenn sich ein Nichtmetall an ein Metall heranmacht, geht es anders zu. Dann weiß jedes Metallatom genau, wieviele Elektronen es zur Verfügung hat.

Ob Atombindung oder Ionenbeziehung, darüber entscheidet dann wieder ausschließlich die Elektronegativität der Bindungspartner. Diese ist für Metalle, wie uns der Blick ins Periodensystem zeigt, im Durchschnitt relativ niedrig. Als Richtwert könntest du annehmen, daß ein Metall immer eine niedrigere Elektronegativität hat als Wasserstoff.

So sind bis heute drei Bindungsmodelle nötig, um zu erklären, warum Stoffe zusammenhalten. Allein das kann so verwirrend sein, daß die meisten schon auf der Stelle kapitulieren. Fügt man noch die Wasserstoffbrückenbindungen und die Anziehungskräfte zwischen verschiedenen Molekülen hinzu, ist das scheinbare Chaos komplett. Wir haben uns mühsam durch dieses ganze Gestrüpp hindurchgearbeitet. Gratulation! Die Metallbindung war eine der letzten Dornenhecken auf dem Weg zur schlafenden Chemieprinzessin.

Die Unbekümmertheit, mit der sich Metallatome gegenseitig ihre Elektronen anbieten, um freundschaftlich miteinander leben zu können, führt zu den zwei Merkmalen, die die Metalle als Werkstoffe so interessant machen: Ihre Verformbarkeit und die Fähigkeit, sich zu mischen, also **Legierungen** miteinander zu bilden.

Ein Hammerschlag auf einen Silberdraht führt zu einem Platzwechsel von einer Unzahl von Silberatomen. Da aber jedes Atom weiß: ‚Egal welchen Platz ich nachher besetze, Elektronen finde ich überall' gleiten sie willig und ohne Proteste aneinander vorbei auf ihre neue Position. Nach der Verformung ist ihr Zusammenhalt genauso stark wie vorher. Manchen Metallen muß man allerdings mit Wärme erst auf die Sprünge helfen. Im kalten Zustand rutschen die Metallatome nur sehr widerwillig an eine andere Stelle. Im Schmiedefeuer auf entsprechende Temperatur gebracht, ergeben sie sich fast willenlos jedem Druck von außen.

So wie sich viele Flüssigkeiten miteinander vermischen lassen *(Similia similibus solvuntur)* lassen sich natürlich auch Metalle zusammenbringen, sobald sie geschmolzen sind. Manche Metalle haben Schmelztemperaturen von über 1000 °C. Andere wie Kalium werden schon bei 64 °C flüssig. Hat man zwei geschmolzene Metalle, kann man sie zusammengießen und miteinander verrühren. Bronze – eine Legierungen aus Kupfer und Zinn – hat eine ganze Epoche der Menschheitsentwicklung geprägt: die Bronzezeit.

Der Fachmann oder die Fachfrau, die über das Gebiet von Metallgewinnung und Legierungen einen Überblick haben, nennt sich Metallurge. Man könnte sie auch „chemisch gebildetes Personal für metallische Werkstoffe" nennen.

Die Effekte, die beim Legieren hervorgerufen werden, sind überraschend und schwer vorhersagbar. Oft verändern sich die Eigenschaften eines Metalls durch Hinzufügen von Spuren eines anderen derartig, daß es kaum noch wiederzuerkennen ist. So wird Aluminium durch Zusätze von Magnesium und Mangan härter, und Kupfer in Verbindung mit Beryllium ist nahezu unbegrenzt abriebfest.

Ein besonders attraktiver Effekt läßt sich mit dem Woodschen Metall erzielen. Das ist eine Legierung aus Zinn, Cadmium, Blei und Bismut. Die einzelnen reinen Metalle schmelzen oberhalb von 230 °C, die Legierung jedoch schon bei 60 °C. Ein aus Woodschem Metall gegossener Teelöffel „verschwindet" beim Umrühren einer Tasse frisch gebrühten Kaffees. Vor den verblüfften Zuschauern könntest du dann mit dem Rest vom Löffelstiel in der Hand eine lange Rede über die Gefährlichkeit des Kaffeetrinkens halten.

Später nach der Vorstellung ließe sich aus dem abgekühlten Getränk der erstarrte Metalltropfen herausnehmen und erneut in Löffelform gießen. Leider ist Blei und Cadmium sehr giftig, wenn es in den Körper gelangt. Aus diesem Grund würde ich dir raten, einen Auftritt solange aufzuschieben, bis du ein Geselle der chemischen Zauberkunst geworden bist.

Wie die Steinzeit von der Bronzezeit abgelöst wurde, mußte auch die Bronzezeit den Staffelstab im Laufe der Geschichte an die Eisenzeit übergeben. Wahrscheinlich fiel das erste Wissen über Eisen buchstäblich vom Himmel. Meteoriten, die ihren Weg durch die Atmosphäre bis auf die Erdoberfläche finden, ohne vollständig zu verglühen, bestehen oft zu hohen Anteilen aus Eisen und Nickel. Wir können heute nur vermuten, daß ein neugieriger Bronzezeitmetallurge diese schwärzlichen Klumpen in seinen Schmelzofen gelegt hat und so erstes Eisen gewann. Als sicher gilt dagegen, daß dieses Metall erst seit ungefähr 3500 Jahren in solchen Mengen aus Eisenerz hergestellt wurde, daß man darüber berichtete. Mit kritischen Augen betrachtet, gibt es kein anderes Element, das einen ähnlich einschneidenden Einfluß auf die Geschichte der Menschen ausgeübt hat.

Als die Spanier im 16. Jahrhundert nach Mittel- und Südamerika segelten, und dort von den Völkern der Azteken und Inkas begrüßt wurden, kam es zum

Zusammentreffen der Stein- mit der Eisenzeit. Das einzige Metall, das von den Indios zur damaligen Zeit gekannt und genutzt wurde, war das Gold. Gold kommt häufig in reiner Form vor. Oft liegt es in Körnern – den berühmten Nuggets aus dem Western – knapp unter der Grasnarbe. Manchmal glänzt es sogar freigespült in den Kurven eines Bachbetts. Als Material für Werkzeuge ist es zu weich. So fanden die Indios keine andere Verwendung für dieses Metall als für Schmuckstücke und Opfergaben für ihre Götter.

Wegen solcher Schätze waren die Spanier nach Amerika gekommen. Sie träumten von Städten, deren Straßen und Dächer mit Gold gepflastert waren. Obwohl diese Träume Wunschträume blieben, sahen sie genug Gold, um offensichtlich völlig den Verstand zu verlieren. Die Besitzer des Eisens wurden zu brutalen Vernichtern. Kanonen, Schwerter, Hellebarden und Panzerungen waren so sehr den Obsidianmessern und hölzernen Schwertern und Keulen der Indios überlegen, daß indianische Königreiche und deren gesamtes Wissen in wenigen Jahren untergegangen sind ...

Aus Eisen schweißt man die Rümpfe gigantischer Schiffe. Eisen macht den Bau von Gebäuden und Brücken möglich, die ohne metallene Stützen zusammenbrechen würden. Maschinen, Werkzeuge, landwirtschaftliche Geräte, Motoren, Präzisionsinstrumente, es gibt kaum etwas, bei dem Eisen nicht die Hauptrolle spielt. Aber Eisen liegt nicht einfach so wie Gold in der Gegend herum.

Eisen – welchen chemischen Namen hat dieses Element? Fe – wo kommt denn das her? *Fe* wie *Ferrum*? Ferrum – ein Bekannter!

Ritter Ferrum und seine Liebste, Frau Oxygenia. Sind sie sich noch treu geblieben? Selbstverständlich, Oxygenia hätte keinen treueren Mann finden können als Ritter Ferrum. Bis zum heutigen Tage ist das so geblieben. Die Ehe, die sie miteinander führen, hat die chemische Bezeichnung Fe_2O_3 oder Fe_3O_4. Der Doppelname für Eisenoxid soll dich nicht verwirren, es sind einfach zwei unterschiedliche ionische Verbindungen, wobei das Verhältnis von Eisenionen zu Sauerstoff (Oxygenium der lateinische Name) im Ionengitter entweder 2 : 3 oder 3 : 4 beträgt. Es hat wenig Nutzen, über den Sinn dieser Verhältnisse zu grübeln. Wichtig für uns ist in erster Linie: Eisen findet man in der Natur meist in Gegenwart von Sauerstoff. Um von diesen Verbindungen zum reinen Metall zu gelangen, kann man nur einen einzigen Weg einschlagen: Die Ehe zwischen Ferrum und Oxygenia muß geschieden werden!

Ein grausamer Beschluß. Wer soll diese schmutzige Aufgabe übernehmen? Ist es nicht erstaunlich, daß tatsächlich das dunkelste Element, der finstere Geheimagent Kohlenstoff dafür herhalten muß? Kohlenstoff, der bisher in Polymeren eine so positive Rolle gespielt hat! Bei der Eisenherstellung ist er der schamlose Nebenbuhler von Ferrum um Oxygenia. Sicher geht so eine Trennung nicht kampflos und leise über die Bühne.

Beim Herstellen von Roheisen verrichten heutzutage riesige Anlagen stöhnend und krachend Tag und Nacht ihren Dienst. Es ist ein feuriger Krieg zwischen den einzelnen Elementen, bei dem die Funken nur so fliegen. Du und ich vor so einem Betrieb kämen uns furchtbar klein und zerbrechlich vor. Doch jeder Drachen hat bisher seinen Bezwinger gefunden.

,Es ist alles nur Chemie!', flüstert uns beruhigend eine gute Fee vor dem Werktor zu, ehe sie in einer Wolke aus aufwirbelndem Kohlestaub verschwindet. Chemie, deswegen sind wir doch hier. Wollen wir uns jetzt etwa noch bange machen lassen? Los, wenn Eisen so bedeutend für uns Menschen gewesen sein soll, dann wollen wir auch seine Entstehung kennenlernen:

„He, was machen Sie denn hier? Für Betriebsfremde und ganz besonders für Kinder ist der Zutritt strengstens verboten!"

„Oh, Entschuldigung, wir sind auf der Suche nach einem Fachmann, der uns etwas über die Eisenherstellung erzählen kann."

„Na, also eigentlich ... ja, da kommen Sie doch mal hier rüber, da muß ich nicht so schreien. Ich müßte Sie normalerweise rausschmeißen, aber Sie haben Glück, daß ich hier der Schichtleiter bin."

„Da sind Sie doch genau der richtige Mann für uns. Hätten Sie vielleicht ein paar Minuten Zeit ..."

„Wir müssen jetzt sowieso eine Weile warten, bis der Ofen hier fertig beschickt ist. Da kann ich Ihnen das schnell mal erklären. Also, dieser dicke runde Turm hier vor uns ist ein Hochofen. Eigentlich nichts anderes als ein leeres Rohr, das innen mit feuerfesten Ziegeln ausgemauert ist. Dahinein kommt zuerst Koks, eine besondere Form von Steinkohle. Auf die erste Koksschicht fällt dann ein Gemisch aus Koks, angereichertem Eisenerz und ein paar speziellen Zuschlägen."

„Was ist angereichertes Eisenerz?"

„Wenn das Erz aus der Erde gefördert wird, enthält es nur wenig Eisenoxid. Durch bestimmte Verfahren kann man die nichteisenhaltigen Bestandteile sozusagen aussortieren. Übrig bleibt ein Gemisch mit einem hohen Anteil an Eisenoxid."

„Und das wird dann in den Hochofen gegeben?"

„Genau. Wenn der Ofen gefüllt ist, wird von unten heiße Luft eingeblasen. Die Luft ist so heiß, daß sich das Koksbett entzündet und zu glühen beginnt. Die heißen Gase strömen durch die Füllung nach oben und trocknen im Zeitraum des Anheizens erst einmal das Beschickungsgut. Etwas später ist dann alles schön trocken und dann sorgt die Hitze von unten für ein Zerstören der Carbonate im Erz."

„Und dann fängt wohl das Eisen an zu schmelzen und läuft aus dem Erz heraus?"

„Ach ja, nee, nee, so einfach ist das alles nicht. Das ist nämlich ein ganzer Haufen Chemie, was da in so einem Hochofen passiert. Das hat nicht mal mein Ältester so richtig in der Schule kapiert. Aber eigentlich gibts da gar nichts, was man nicht verstehen kann, wenn man nur erstmal gesehen hat, wie es geht. Also, ich schreib das mal lieber auf. Los ging alles mit dem Anzünden. Da verbrennt der Kohlenstoff zu Kohlendioxid.

$$C + O_2 \rightarrow CO_2$$

Das Kohlendioxid reagiert aber, bevor es abziehen kann, fast im gleichen Augenblick mit dem noch nicht verbrannten Kohlenstoff zu Kohlenmonoxid.

$$CO_2 + C \rightarrow 2\,CO$$

Das darf nun endlich als Gas im Hochofen aufsteigen. Doch kaum trifft es auf das erste Eisenerz, muß es schon wieder reagieren:

$$3\,Fe_2O_3 + CO \rightarrow 2\,Fe_3O_4 + CO_2$$

$$2\,Fe_3O_4 + 2\,CO \rightarrow 6\,FeO + 2\,CO_2$$

Es entsteht aus Kohlenmonoxid wieder Kohlendioxid, indem Eisenoxid etwas Sauerstoff entzogen wird."

„Aber dieses FeO, das sie da hingeschrieben haben, da ist doch immer noch Sauerstoff am Eisen."

„Gut mitgedacht! Für diese Form von Eisenoxid gibt es zwei Möglichkeiten, endgültig zu Eisen abzureagieren. Zum einen in einer Reaktion mit Kohlenmonoxid.

$$FeO + CO \rightarrow Fe + CO_2$$

Das geschieht allerdings nur in geringem Maße. Viel wichtiger ist dagegen die Umsetzung mit reinem Kohlenstoff. Deswegen wird Eisenerz auch mit Koks vermischt.

$$FeO + C \rightarrow Fe + CO$$

Jetzt erst ist das Eisen metallisches Eisen, das in der Reaktionswärme schmilzt und im Hochofen nach unten sinkt."

„Und der Sand oder das, was noch im Eisenerz mit drin ist, was passiert damit?"

„Das reagiert bei den Temperaturen natürlich auch mit Kohlenmonoxid und Kohlenstoff, das läßt sich nicht verhindern. So haben wir, je nach der Zusammensetzung des Erzgesteins immer Silizium, Phosphor und Mangan als Spuren mit im Eisen. Durch Kalk als Zusatz wird aber das meiste davon in einer Schlacke gebunden, die auf dem flüssigen Roheisen schwimmt."

„Und wie kommt man dann an das Eisen heran?"

„Das ist eigentlich das einfachste an der ganzen Geschichte. Das Roheisen fließt, wie ich schon gesagt hatte, im Anschluß an die vielen chemischen Reaktionen nach unten. Es fließt abwärts, weil es von allen Bestandteilen im Hochofen am schwersten ist. Es läuft durch die ganzen Reaktionszonen hindurch, durch das noch nicht abreagierte Erz, durch das fast abgebrannte Koksbett und gelangt dann über die sogenannte Rast, auf der der Koks lag, in den untersten Teil des Ofens, das Gestell. Dort sammelt sich die Schmelze. Nach einer bestimmten Zeit, hier bei unserem Ofen etwa dreieinhalb Stunden, machen wir den Abstich. Dabei wird ein kleines Loch am Gestell, das mit Schamottemörtel zugeschmiert ist, mit einer Brechstange aufgestoßen, und dann fließt das Roheisen heraus."

„Ist das das Eisen, woraus die ganzen Dinge gemacht sind, mit denen wir täglich umgehen?"

„Sie meinen den Hammer oder das Blech vom Auto oder so etwas? Weit gefehlt, ha, das dauert noch ewig, bis man so weit ist. Das hier ist doch erst Roheisen, spröde wie Glas, daraus kann man nur bestimmte Gußteile anfertigen. Normalerweise geht das Roheisen in die Stahlerzeugung und dann zur Schmiede oder ins Walzwerk – aber das ist nicht mehr mein Problem. So, ich denke, das müßte reichen. Und nun raus hier, nach Hause, sonst gibts Ärger mit der Mutter!"

„Danke für die ganzen Erklärungen."

„Da gibts nicht viel zu danken. Ist ja schließlich das, was ich täglich vor mir sehe. Ich kapiere bloß nicht, wieso das so schwer zu verstehen ist. Was lernen die eigentlich heute, wenn die nur noch den ganzen Tag vorm Computer hokken? Ich muß los! Seht mal zu, daß Ihr hier schnell verschwindet!"

„O.K., O.K., sind schon weg!"

Du, sieh mal, ich hab uns sicherheitshalber den Zettel mitgenommen, auf den uns der Schichtleiter die ganzen Formeln geschrieben hat. Ein bißchen seltsam ist es schon, solchen Leuten zu begegnen. Wenn die den Mund aufmachen, klingt es immer so ein wenig nach Seeräuber gemischt mit Schuldirektor. Aber das ist vielleicht normal, wenn man in solchen gewaltigen Anlagen arbeitet.

Wirst du auch manchmal nachdenklich, wenn du so einen Betrieb erleben kannst? Was für eine gigantische Arbeit steckt hinter so vielen Sachen, die für uns völlig normal sind! Zum Beispiel nur eine kleine, ganz gewöhnliche, langweilige Schraube an deinem Fahrrad. Auch sie hat ihren Anfang irgendwann in einem Hochofen gehabt. Du hältst sie vielleicht in deiner Hand und ärgerst dich, daß dieses dumme Ding nicht stark genug war, das Gewicht deines Freundes auf dem Gepäckträger auszuhalten. Kein einziger Gedanke mehr an Ferrum, Oxygenia oder den heißen Kampf mit Kohlenstoff.

Armer Ferrum! Nun ist er wieder ein Glänzender Ritter, ein reines, hartes und kaltes Metall. Ein Metall, das sich mit anderen Metallen zu Legierungen vermischen läßt, um noch härter, noch zäher oder leichter bearbeitbar zu sein. Aber, so schnell gibt sich ein Ritter nicht geschlagen. Am allerwenigsten, wenn es um seine Liebste geht. Sobald Ferrum nur irgendwie die kleinste Möglichkeit dazu bekommt, holt es sich den Sauerstoff zurück, den er im Hochofen an Kohlenstoff abgeben mußte. Es ist kein Kampf vor großem Publikum, mit Siegerehrung oder rasantem Beifall. Es ist ein zähes, langandauerndes Ringen, bei dem Ferrum Stück für Stück sich wieder mit Oxygenia verbindet. Es ist nichts anderes, als was wir unter dem Begriff **Rosten** jeden Tag erleben können.

Sehen wir uns noch einmal in der Formelschreibweise an, was im Hochofen passierte. Dabei sollen die Übergänge zwischen Kohlenmonoxid und Kohlendioxid vernachlässigt werden, weil sie das Geschehen unnötig komplizieren. Die Geschichte, in ganz knappen Worten zusammengefaßt, lautet so:

Eisenoxid reagiert bei hohen Temperaturen mit Kohlenstoff zu Eisen und Kohlendioxid (Ferrum verliert in heißem Kampf sein Weib Oxygenia an Kohlenstoff).

Der Chemiker schreibt: $Fe_2O_3 + C \rightarrow Fe + CO_2$

Ein durchdringender Blick auf die Reaktionsgleichung stößt uns auf eine Ungereimtheit: Wenn auf der linken Seite der Gleichung im Eisenoxid drei Sauerstoffatome stecken, auf der rechten Seite aber nur noch zwei im Kohlendioxid auftauchen – wohin ist das dritte Sauerstoffatom verschwunden? Entsteht etwa Sauerstoff bei der Reaktion?

Nein, es wird wirklich nur das gebildet, was hier auf dem Papier steht. Niemand verbietet uns, etwas an den Verhältnissen zu ändern, in denen die Stoffe miteinander reagieren. Wir könnten also beispielsweise dreimal Eisenoxid mit zweimal Kohlenstoff zusammenbringen. Oder fünfmal Eisenoxid mit achtmal Kohlenstoff.

Du kannst auch versuchen, Plätzchen zu backen mit einem Teig aus einem Kilo Mehl und einem Kilo Butter. Oder aus zwei Kilo Mehl und fünf Kilo Butter. Nur eine Mischung ist ideal. Das gilt für den Plätzchenteig wie für eine chemische Reaktion. Bei der Reaktion ist das Verhältnis dann ideal, wenn die Zahlen für die einzelnen Atome auf der rechten und linken Seite der Gleichung übereinstimmen. Kein Atom darf übrigbleiben oder von irgendwoher herbeigezaubert werden. Auch halbe Atome sind verboten!

Was können wir nun mit unserer Formel anfangen? Am meisten stört doch, daß von drei Sauerstoffatomen im Eisenoxid nur noch zwei im Kohlendioxid auftauchen. Was passiert, wenn wir zweimal Eisenoxid reagieren lassen? Schreiben wir es mal hin:

$$2\ Fe_2O_3 + C \rightarrow Fe + CO_2$$

Zweimal Fe_2O_3, das sind insgesamt sechs Atome Sauerstoff. Wenn die auf der rechten Seite der Gleichung alle wieder auftauchen sollen, müssen – Moment, zwei Sauerstoffe pro Kohlendioxid, und zwei mal drei gleich sechs – demnach drei Moleküle Kohlendioxid entstehen, damit die Formel für Sauerstoff stimmt:

$$2\ Fe_2O_3 + C \rightarrow Fe + 3\ CO_2$$

Gut. Aber, nun fehlen uns ja deutlich auf der linken Seite Kohlenstoffatome. Aus eins wird drei – dafür würdest du einen Nobelpreis bekommen, wenn du so eine Reaktion tatsächlich entwickelt hättest. Solange du das noch nicht beweisen kannst, machen wir es nach der guten, alten Methode: Aus drei wird drei.

$$2\ Fe_2O_3 + 3\ C \rightarrow Fe + 3\ CO_2$$

Stimmt jetzt schon alles? Halt, unsere Hauptrolle bei der Vorstellung, Ferrum, da gibt es doch noch Unstimmigkeiten. Zwei Fe_2O_3 enthalten insgesamt vier Eisenatome. Die sollten doch auch auf der rechten Seite der Gleichung erscheinen. Schreiben wir eine Vier vor das reine Eisen:

$$2\ Fe_2O_3 + 3\ C \rightarrow 4\ Fe + 3\ CO_2$$

Haben wir auch nichts übersehen? Es sieht gut aus, alle Zahlen stimmen. Was wir gerade unternommen haben, nennt sich **Ausgleichen** von chemischen Formeln. Für die Lehre vom Ausgleichen gibt es das Fremdwort **Stöchiometrie**.

Diese Tätigkeit ist das Zwiebelschneiden im Chemikerdasein: Es kann einen zu Tränen reizen. Stimmt die eine Zahl, verändert sich die andere. Doch wer aus dem Matheunterricht das kleinste gemeinsame Vielfache nicht vergessen hat, sollte wenig Schwierigkeiten haben. Wichtig ist vor allem, daß man vorher genau weiß, was bei der Reaktion passiert.

Wir wissen, daß Ferrum seine Oxygenia fürchterlich vermißt. Eisen möchte sich mit Sauerstoff verbinden. Dabei entsteht Rost. Natürlich ist auch das wieder ein langwieriger Vorgang, der über verschiedene Zwischenstufen verläuft. Anfang und Ende der Reaktion sind uns aber gut bekannt. Es läßt sich schreiben:

$$Fe + O_2 \rightarrow Fe_2O_3$$

Sauerstoff in der Luft kommt nie als einzelnes Atom sondern als Molekül O_2 vor. Das muß in der Formel berücksichtigt werden. Nach dem Ausgleichen müßte dann auf dem Papier erscheinen:

$$4\,Fe + 3\,O_2 \rightarrow 2\,Fe_2O_3$$

Wenn jetzt nicht wieder ein Kohlenstoff in die Quere kommt, kann sich das erneut vereinte Paar aus Eisen und Sauerstoff einer ewigen Verbindung erfreuen. Eigentlich könnte man den Zerfall von Eisen zu Rost mit dem Abbau von natürlichen Polymeren vergleichen. Bei Metall sind es jedoch nicht Bakterien oder Pilze, die an der Oberfläche herumnagen. Es kommt zu chemischen Reaktionen mit der Umgebung, weshalb dieser Vorgang als chemischer Abbau bezeichnet werden kann.

Wie das Wasser an einer kunstvoll errichteten Sandburg nagt, greifen Sauerstoff und Feuchtigkeit jede Stahlkonstruktion an. Berechnungen sagen, daß jährlich soundsoviel tausend Tonnen an Eisen durch Rost auf unserer Erde „verschwinden".

Das ist natürlich nicht im Sinne des Erfinders. So wird fleißig und ohne Unterlaß überall auf dieser Welt, wo eiserne Teile der Luft oder dem Wasser ausgesetzt sind, gekratzt, gespachtelt, verschliffen und lackiert. Denn Lack ist eine gute Bremse für Rost. Egal ob er auf dem Eiffelturm, der Golden-Gate-Brücke oder einem namenlosen Mast für eine Hochspannungsleitung klebt.

„Stop, stop, stop, jetzt ist hier aber mal Schluß mit dem Eisen. Wie lange soll denn das so weitergehen, schließlich gibt es doch noch über 80 andere Metalle. Sind wir etwa zu gar nichts nütze?"

Doch, ich hatte schon vor, euch noch zu erwähnen.

„Pah, erwähnen! Eisen, das ist doch schon fast Schnee von gestern. Wo bleiben die Metalle der Zukunft, Aluminium oder Titan?"

Gut, wenn euch damit ein Gefallen getan wird und ihr in dieses Buch wollt, was soll ich über euch schreiben?

„Vor allem, daß wir unwahrscheinlich leicht sind. Ohne uns hätte es nie eine so schnelle Entwicklung im Flugzeugbau oder in der Raumfahrt gegeben."

War das alles?

„Probleme mit Rost gibt es nicht bei uns. Wir nehmen zwar an der Oberfläche Sauerstoff auf, doch dadurch bilden wir eine Schutzschicht für unser Inneres."

Einverstanden, das ist ein unbestrittener Vorteil gegenüber Eisen. Gibt es noch irgendwelche Einwände?

„Du hast überhaupt noch nichts über die Edelmetalle gesagt, Silber, Gold und Platin!"

Gut, ihr seid zwar in vielen Schmuckgeschäften zu sehen. Oder als Barren gestapelt in Banktresoren. Aber bildet euch mal nicht zu viel darauf ein, nur weil ihr so selten seid.

„Das ist wieder mal typisch die Sicht eines Chemikers. Schließlich sind wir seit Tausenden von Jahren in der Kunst verwendet worden. Wir haben die Köpfe von Königinnen und Landesfürsten verziert."

Das will ja auch gar niemand wegdiskutieren. Aber wenn ich jetzt nun jedes Metall einzeln würdigen würde, müßte ich ein ganzes Buch über euch schreiben. Dem stimmt ihr doch zu?

„Ja klar, wir sind für mindestens ein Buch gut!"

Das war aber nicht meine Absicht. Das hier soll eine Übersicht werden über die gesamte Chemie, nicht bloß die Chemie der Metalle. Ich sehe ein, ihr seid sehr wichtig. Darf ich einen Kompromiß vorschlagen? Wenn ihr mal ganz ehrlich zu euch selbst seid – wer von euch ist als richtiges, glänzendes Metall in der Natur zu finden?

„Eigentlich nur die Edelmetalle und Kupfer."

Der große Rest von euch läßt sich nur in Verbindungen finden. Seid ihr zufrieden, wenn ich zu den Verbindungen noch kurz etwas sage und dann das Kapitel beende?

„Wenn es nur nicht zu kurz wird. Wir warnen dich, du wärest nicht der erste, der an einer Metallvergiftung gestorben ist!"

Hast du so etwas schon gehört? Elemente, die einem drohen! Bevor wir jetzt wie versprochen zu den Metallverbindungen kommen können, eine kleine

Vorbemerkung: Von nun an reden wir nur noch über *Metallionen*! Als Ionen haben Metalle sämtliche metallischen Eigenschaften verloren! Weder glänzen sie, noch sind sie hart oder leiten als fester Stoff den elektrischen Strom – das ist vorbei. Es gibt einen einfachen Grund dafür: Als Ionen haben die einzelnen Metallatome ihre äußeren Elektronen abgegeben. Kein Elektronengas wabert mehr um die Atomrümpfe. Von nun an gelten nur die Regeln der Ionenbeziehung.

Jede Bank und jeder Betrieb muß in seiner Buchführung nachweisen können, welche Wege das verdiente und wieder ausgegebene Geld genommen hat. Besonders Steuerprüfer können unausstehlich werden, wenn sie einen Posten bei der Buchprüfung entdecken, der sich plötzlich in Luft aufgelöst hat. Da wird bis in die späte Nacht hinein gebohrt und nachgerechnet, bis der letzte Pfennig auf dem Papier wiedergefunden worden ist. Auch für alle Vorgänge in der Chemie gilt das eiserne Prinzip der absolut lupenreinen Buchführung. Kein Gramm eines Stoffes, kein Molekül, kein Atom, nicht einmal ein klitzekleines Elektron kann sich in Nichts auflösen. Jedes Teilchen muß einen genau nachvollziehbaren Weg im Laufe einer chemischen Umwandlung genommen haben.

Ein Metallatom hat, um sich in ein Metallion zu verwandeln, ein kleines Problem. Es muß an irgend jemanden seine Elektronen loswerden. Es kann sie nicht einfach mit spitzen Fingern angeekelt wegschnipsen wie ein Stück Vogeldreck von einem weißen Hemd. Höflich und ohne zu drängeln hat es sich nach einem Partner umzuschauen, der so nett ist, ihm seine Elektronen abzunehmen. Wir kennen mindestens schon ein Element, das in ionischen Verbindungen gerne diesen Gefallen tut, Sauerstoff. Deshalb findet man nicht nur Eisen sehr häufig in Verbindungen mit Sauerstoff. Von fast jedem Metall sind solche Beziehungen mit dem Namen **Oxide** bekannt.

Es gibt jedoch noch ein anderes Teilchen, das sehr, sehr gerne Elektronen bei sich aufnimmt und das ist das Wasserstoffion, genannt das Proton. Darf ich dich noch einmal an die Geschichte von dem kleinen Mädchen, das seinen Vater im Labor besuchte, erinnern? Dort hatten die Protonen ihre Elektronen von Zink erhalten. Wenn ich nun gern ein Metall in seine ionische Form verwandeln möchte, tue ich gut daran, es in eine Lösung zu tauchen, in der sich Protonen aufhalten. Meistens wirkt dieser Versuch Wunder. Die Flüssigkeit, in der ein Metall seinen Glanz verliert, schrumpft und schließlich völlig verschwindet, ist dir unter dem Namen Säure schon oft im Leben begegnet.

Sauer macht Salzig

Säure – was für schauerliche Bilder verbinden sich mit diesem Wort? Die vom sauren Regen hinweggerafften Wälder. Das Zeichen mit der von Säure angefressenen Hand an Gefahrguttransportern. Die in Säure aufgelöste Leiche im Krimi. Jedoch wird im Film meistens fürchterlich übertrieben. Jede Säure braucht ihre Zeit, um eine zerstörende Wirkung voll zu entfalten. Es gibt kaum etwas, das tatsächlich in Sekundenschnelle auf Nimmerwiedersehen in Säure verschwindet. Sonst wären die meisten Chemiker nur noch wandelnde Siebe mit zerfressenen Händen, denn im Labor kommt man ständig mit Säure in Kontakt. Abspülen mit viel Wasser bereitet dem ätzenden Angriff ein schnelles Ende.

Eine Säure ist im chemischen Sinne häufig nichts anderes als ein Protonenlieferant. Doch wie sehen diese Gesellen nun wirklich aus? Es sind meist relativ kleine Moleküle, die oft Sauerstoff enthalten. Hier siehst du die Strukturformeln einiger häufig vorkommender Säuren.

| Schwefelsäure | Salpetersäure | Phosphorsäure | Kohlensäure | Salzsäure |

Alle Moleküle tragen mindestens ein Wasserstoffatom, das sie als Ion abgeben können. Denn, das ist ja nun sozusagen schon kalter Kaffee für dich: Die Bindung zwischen Sauerstoff und Wasserstoff (genau wie zwischen Chlor und Wasserstoff) ist so polar, daß es sich fast um eine Ionenbeziehung handelt. Die Polarität der Bindung erhöht sich noch durch die vielen zusätzlich im Molekül vorhandenen Sauerstoffatome! Die OH-Bindung in Säuren wird durch diesen Effekt viel polarer als beispielsweise die OH-Bindung in Traubenzukker.

Normalerweise werden die Säuren nur sehr selten in ihrer konzentrierten Form verwendet. Eine hundertprozentige Schwefelsäure ist eine schwere, ölige, klare Flüssigkeit. Hundertprozentige Phosphorsäure ist ein fester, kristalliner Stoff und hundertprozentige Salpeter-, Kohlen- und Salzsäure gibt es überhaupt nicht im Labor. Stattdessen werden meistens die Säuren mit Wasser verdünnt, damit sie ihre Wirkung als Protonenlieferant richtig entfalten können.

Was passiert in der Welt der Elementarteilchen, wenn ein Molekül Säure mit vielen Wassermolekülen in Berührung kommt? Die Wasserteilchen erkennen die Polarität der Bindung zwischen Wasserstoff und dem sogenannten Säurerest. Sie scharen sich sowohl um das Proton als auch um den Säurerest und drücken beide Teile sanft, aber unnachgiebig auseinander. Schon nach sehr kurzer Zeit schwimmen Säurerest und Proton weit voneinander entfernt im Wasser herum. Das Elektronenpaar, das die Verbindung zwischen dem Wasserstoffatom mit dem Säurerest herstellte, bleibt am Rest zurück und sorgt dafür, daß dieser eine negative Ladung erhält. Der Vorgang des Zerfalls einer Säure in Wasser in Protonen und Säurerest wird als **Dissoziation** bezeichnet. Auch hier hat man wohl nur den alten Römern das lateinische Wort für „trennen, auseinandergehen" gestohlen, um ganz besonders gelehrt klingen zu können. Trotzdem, Dissoziation und **dissoziieren** sind zwei Vokabeln, um die man nicht herumkommt. Sie gehören zur Chemie wie das Skalpell zum Chirugen.

Bei Salpeter- oder Salzsäure kann nur ein Proton pro Säuremolekül dissoziieren – weil diese Säuren nur ein Wasserstoffatom tragen. Bei den anderen Säuren können dagegen mehrere Protonen abgespalten werden. Je nach der Anzahl der abgetrennten Wasserstoffionen erhöht sich zwangsläufig auch die negative Ladung des Säurerestes. Am deutlichsten wird dieser Vorgang in der Formelschreibweise, wobei hier nur die Summenformeln für die Säuren geschrieben werden:

$$HCl + H_2O \rightarrow H^+ + Cl^- + H_2O$$

$$HNO_3 + H_2O \rightarrow H^+ + NO_3^- + H_2O$$

$$H_2SO_4 + H_2O \rightarrow 2\,H^+ + SO_4^{2-} + H_2O$$

$$H_2CO_3 + H_2O \rightarrow 2\,H^+ + CO_3^{2-} + H_2O$$

$$H_3PO_4 + H_2O \rightarrow 3\,H^+ + PO_4^{3-} + H_2O$$

Da es auch Dissoziationen von Molekülen in anderen Flüssigkeiten gibt, ist es notwendig, das Wasser mit in die Reaktionsgleichung hineinzuschreiben. Woher, wirst du dich vielleicht zweifelnd fragen, weiß ich denn nun, daß eine Säure in Wasser immer gerade in Proton und Säurerest zerbricht? Kann denn nicht Schwefelsäure beispielsweise in SO_3 und H_2O zerfallen? Oder in SO, O_2, O^{2-} und $2\,H^+$?

Oh verflixt, ich hätte nicht gedacht, daß du diese Frage schon stellen würdest. Nun, ich hätte es ahnen müssen. Also, zum einen: Da war doch dieses

Kapitel mit den Beobachtungen in der Molekülwelt. Jahrzehntelang haben Chemiker zum Teil nichts anderes gemacht, als Fakten aus dem Leben der Moleküle zusammenzutragen. Wie Pinguine Fische fressen und sich nichts aus Honigbrötchen machen, dissoziieren Säuren in Protonen und Säurerest. Das haben vor allem die Analytiker herausgefunden. Später konnten dann die Theoretiker die Bindungsverhältnisse in Säuremolekülen erklären. Da wurde klar, daß die schwächste Bindung in einer Säure diejenige zwischen Proton und Säurerest ist. Genau diese Bindung wird durch den Angriff der Wassermoleküle auseinandergerissen. Das ist also der zweite Grund: Das Säurerestion ist in Wasser so stabil, daß keine andere Bindung gelöst werden kann. Erst wenn konzentrierte Säuren, also unverdünnte Säuren – halt, das gehört nicht mehr hierhin.

Wir haben jetzt Protonen und diese Säurereste im Wasser schwimmen, die wie hungrige Piranhas auf ein ahnungsloses Opfer lauern. Hilfe, da stolpert schon ein Stückchen Magnesium am Beckenrand und glitscht hinein in die Säure. Magnesium, ein hoffnungsloser Nichtschwimmer, versinkt ohne Zeit für einen letzten Schrei im tödlichen Gewässer. Da hat schon das erste Proton die Beute gewittert und reißt aus der Metalloberfläche ein Elektron heraus. Das nächste Proton ist da und rafft ein weiteres Elektron an sich. So geht es Schlag auf Schlag, Proton für Proton jagt aus der Lösung heran und entflieht wieder mit seiner Elektronenbeute. Nun ist ein Proton mit einem Elektron zwar ein vollständiges Wasserstoffatom. Freie Wasserstoffatome jedoch fühlen sich zu einsam, um länger als nur Teile einer Sekunde allein bleiben zu können. Was gibt es einfacheres für die Wasserstoffatome, als sich die Elektronenhände zu reichen, um als ein komplettes Wasserstoffmolekül H_2 und so als Gas aus der Säure zu steigen?

Ganz offensichtlich verarmt die Lösung an Protonen während dieses Vorgangs. Magnesium verliert währenddessen Elektron um Elektron. Ein Magnesiumatom kann aber nicht mehr als zwei Elektronen abgeben, denn mehr befinden sich nicht in seiner äußeren Elektronenhülle. So entstehen Stück für Stück an der Oberfläche des einstmals blinkenden Metalls Magnesiumionen, die zweifach positiv geladen sind. Ionen werden gut von Wassermolekülen eingehüllt, so daß die Metallionen in die Lösung hineinwandern. Das geht so lange, bis alle Protonen in der Lösung aufgebraucht sind, dann kommt die Reaktion zum Stillstand. Man kann ganz genau ausrechnen, wieviele Säure man braucht, um ein Gramm eines Metalls aufzulösen. Dazu muß man nur wissen, wieviele Außenelektronen das Metall pro Atom zur Verfügung stellen kann und wieviel Protonen ein Säuremolekül besitzt. Der Rest ist reine Zahlenspielerei.

Nehmen wir an, das Verhältnis zwischen Säure und Metall war ideal ausbalanciert. Wen finden wir am Ende der Reaktion noch in der Lösung? Zum einen die Säurerestionen, die bei dem Geschehen eine passive Rolle gespielt haben. Und natürlich die frisch entstandenen Metallionen. Alles fein ummantelt von vielen Schichten aus Wassermolekülen. Die Säure zu Beginn der Reaktion war klar und farblos. Die Lösung nach der Reaktion bietet das gleiche Bild. Wie um alles in der Welt kann ich jemals prüfen, ob tatsächlich Metallionen im Wasser schwimmen?

Das geht so: Man läßt das Wasser einfach verdampfen. Mit viel Zeit würde das die Sonne für uns erledigen. Mit etwas mehr Termindruck macht man der Lösung Feuer unter dem Hintern und stellt sie auf eine heiße Herdplatte. Nach und nach verköchelt das Wasser bis gegen Ende ein zischender und knackender weißer Bodensatz zurückbleibt, der nach vollständiger Austrocknung kein Tönchen mehr von sich gibt. Ein Analytiker würde uns schon Minuten später mitteilen können, daß es sich bei dem Rückstand um ein Gemisch aus Magnesiumionen und Säurerestionen handelt. Hättest du etwas anderes erwartet?

War es beispielsweise Salpetersäure, in der das Metall aufgelöst wurde, würde uns auf den Analysenzettel geschrieben: Mg^{2+} und NO_3^-. Dieses NO_3^--Ion nennt sich „Nitrat-Ion". Jedes Säurerestion hat seinen eigenen Namen, der leider wieder gelernt werden muß.

Komm, zum Maulen ist es jetzt viel zu spät! Schwefelsäure liefert das Sulfation und Salzsäure das Chloridion. Kohlensäure hat das Carbonation und Phosphorsäure das Phosphation als Säurerestion.

Wenn alles Wasser aus unserer Lösung verdampft ist, bleibt ein Gemisch aus Magnesium- und Nitrationen, auch kurz Magnesiumnitrat.

Ein Molekül Salpetersäure besitzt nur ein Proton, Magnesium hat aber zwei Außenelektronen. So sind pro Metallatom zwei Moleküle Säure notwendig, damit alle Elektronen vom Metall abgeführt werden können. Zurück bleiben Magnesium- und Nitrationen im Verhältnis 1 : 2. Die Summenformel von Magnesiumnitrat lautet also $Mg(NO_3)_2$. Magnesiumnitrat gehört als Verbindung zur riesengroßen Gruppe der Metallsalze oder auch nur **Salze**. Ufffff!

Salze sind die Hauptbestandteile der Landmasse unserer Erde. Calciumsulfat $(CaSO_4)$ ist nichts anderes als Gips. Calciumcarbonat $(CaCO_3)$ kennst du unter den Namen Kalkstein, Kreide und Marmor. Ein Gemisch aus Magnesium- und Calciumcarbonat bildet den Fels der Dolomiten. Ihre Eigenschaft, als reine Salze oder auch als Gemische in Gestein vorzukommen, führte zu dem zusätzlichen Namen Mineralsalze. Wasser, was durch solches Gestein fließt, ist reich an gelösten Mineralsalzen und nennt sich deshalb Mineralwasser – schau mal auf den Analysenbericht auf einer Mineralwasserflasche.

Vom Begriff Löslichkeit ist in diesem Buch schon einmal die Rede gewesen. Viele Mineralsalze sind sehr schlecht wasserlöslich. Sonst würden wir sie ja heutzutage nach den Regengüssen der Jahrmillionen nicht mehr an der Erdoberfläche antreffen. Andere, leichtlösliche Salze konnten dagegen ohne direkten Kontakt mit Grundwasser tief im Erdinneren überleben. Das Steinsalz – Natriumchlorid – ist das beste Beispiel dafür.

Die Zusammensetzung des Meerwassers ist ein guter Indikator für die Löslichkeit der verschiedensten Salze. Als unangefochtene Nummer Eins tummeln sich Natrium- und Chloridionen im Meerwasser. Es folgen auf den Fersen Kalium-, Magnesium- und Calziumionen. Alle Säurerestionen lassen sich in den Weltmeeren nachweisen. Natürlich gibt es keine Möglichkeit festzustellen, welches Metallion einmal im festen Zustand zu welchem Säurerestion gehört hat, denn in Lösung herrscht ein solches Durcheinander von positiven und negativen Ionen, daß einmal zusammengehörende Salzbestandteile rettungslos weit auseinander getrieben sind.

Im Meerwasser können wir fast alle Metalle des Periodensystems wiederfinden. Natürlich ist ihre Konzentration zum Teil extrem niedrig. Rein theoretisch kann aber das Meerwasser und sogar Süßwasser als Quelle zur Gewinnung von Metallionen genutzt werden. Sämtliche Lebewesen sind schon vor Milliarden von Jahren auf diesen Trick gekommen.

Gefangene der Zellen

Wie Leben entstanden sein könnte, ist nach wie vor eine der großen Streitfragen der heutigen Wissenschaft. Ich bin mir sicher, auch du wirst noch heftig mitdiskutieren können, wenn du ein erwachsener Forscher geworden bist. Es gibt verschiedene Theorien, die allesamt sehr interessant und durchaus überzeugend klingen. Einen echten Beweis konnte aber noch niemand liefern.

Ein paar grundlegende Behauptungen lassen sich jedoch nicht mehr ohne weiteres vom Tisch fegen: Da wäre zum einen die Tatsache, daß ein Leben ohne Wasser nicht möglich ist. Vielleicht hätte es auch ein anderes Lösungsmittel getan, wer weiß. Aber wahrscheinlich ist Wasser die Flüssigkeit, die in großen Mengen zuerst vorhanden war. Hinzu kommt, daß Wasser so viele interessante Eigenschaften besitzt, daß selbst bis zum heutigen Tag noch nicht alles über Wasser bekannt ist. Demgegenüber sind andere Flüssigkeiten regelrecht langweilig und nur für ganz spezielle Zwecke geeignet.

Ein weiterer, nicht mehr abstreitbarer Punkt ist, daß der Weg der Entwicklung von Lebewesen über sogenannte Einzeller verlaufen ist. Eine Zelle ist für einen Biologen das, was ein Atom für einen Chemiker darstellt – die kleinste, nicht mehr teilbare Einheit. Klar, ich weiß schon, was du sagen möchtest. Auch der Biologe ist nicht so blöd, daß er nicht weiß, daß seine Zelle aus tausenden von unterschiedlichen Molekülen gebildet ist. Wenn aber einmal ein so grundlegendes Prinzip erkannt worden ist, daß sich ein Großes aus vielen kleinen Teilen zusammensetzt, muß man nicht immer wieder darüber nachdenken, daß das Kleine aus noch kleineren Teilchen besteht. Stell dir doch mal vor, ein Maurer würde bei jeden Ziegelstein, den er in die Hand nimmt, andächtig darüber nachdenken, daß der Stein aus Sand und Ton gebrannt ist. Und Sand war doch ... Und Ton, enthielt der nicht ... Wann wäre da ein Haus fertig? Der Maurer zögert zum Glück nicht lange. Viele Ziegel – ein Haus. Wie beim Chemiker: Viele Atome – ein Molekül. Genauso hält es der Biologe: Viele Zellen – ein Organismus.

Eine Zelle allein kann bereits ein kleines Lebewesen sein. Sie kann fressen, atmen und sie kann sich fortpflanzen. Die ersten Zellen haben sich sicher im Urozean entwickelt, der damals, vor Milliarden von Jahren, die Erde bedeckte. Jetzt können wir unseren chemischen Sachverstand einschalten: Wenn es Wasser gegeben hat, müssen auch Metallsalze darin gelöst gewesen sein. Vielleicht war die chemische Zusammensetzung des Urmeeres etwas anders als die der heutigen Ozeane. Natriumchlorid und Kaliumchlorid waren früher genauso leichtlöslich wie heute. Also müssen Zellen in einem Wasser gewachsen sein, daß von Kalium- und Natriumionen nur so gewimmelt hat. Wußten sie etwas damit anzufangen?

Selbstverständlich. Allein diese eine kleine, winzige, dumme, stocktaube und maulwurfsblinde Zelle wußte so viel mit diesen beiden Metallionen anzufangen, daß der Eindruck entsteht, daß sie damals schon mehr von Chemie verstand, als ein Student nach fünf Jahren Studium heutzutage. Dabei hatte sie nicht mal ein Gehirn!

Der offensichtlichste Zweck zu dem Metallionen benutzt werden, ist, eine ganz bestimmte Menge Wasser im Zellinneren festzuhalten. Die Zellwände sind an verschiedenen Stellen durchlässig für Wassermoleküle. Normalerweise wäre so ein ständiges Kommen und Gehen von Wasserteilchen zu beobachten. Ist es draußen trocken, finge auch die Zelle an, Wasser zu verlieren. Bei totaler

Nässe außerhalb wäre auch die Zelle im Inneren überflutet. Dieses ständige Hin- und Her bereitet den Vorgängen in einer Zelle Streß. So hat sie sich einen Mechanismus einfallen lassen – wie sie das ohne Gehirn tun konnte, ist eines der größten Rätsel – dem Wasser, trotz offener Zelltüren ein Hindernis in den Weg zu legen.

Wie lockst du einen Hund in seinen Zwinger? Tür auf, Knochen rein, Hund hinterher, Tür zu. Solange der Knochen im Zwinger liegt, würde selbst bei offener Tür der Hund nicht auf den Gedanken kommen, sein Eßzimmer zu verlassen. Wie lockt man ein Wassermolekül in eine offene Zelle? Man bietet ihm ein Ion an, an das es sich mit seiner polaren Seite anschmiegen kann. Da ein Ion nicht nur ein, sondern sehr viele Wasserteilchen an sich ziehen kann, reichen der Zelle einige Natrium- und Kaliumionen aus, um einen ganzen Haufen Wasser in sich zu binden. Wir wissen ja bereits, daß die polaren Anziehungskräfte zwischen Molekülen und Ionen kleiner sind als die einer Ionenbeziehung oder einer Atombindung. Für den Zweck, Wasser in einer Zelle unter gewissen Umständen zu halten, sind sie ausreichend.

Du könntest jetzt mitreden!

Frage: Was passiert, wenn die Zelle in ein Wasser geworfen wird, das eine höhere Konzentration an Metallionen besitzt als das Zellwasser?

Antwort: Viele untreue Wasserteilchen aus dem Zellinneren hätten nichts anderes im Kopf als aus der Zelle hinauszurennen, um sich draußen an die weniger von Wasser umhüllten Ionen anzulagern. Erst wenn draußen wie drinnen genausoviele Wassermoleküle pro Metallion zu zählen sind, hört diese Flucht auf. Dann hat aber die Zelle möglicherweise schon so viel Wasser verloren, daß sie stirbt.

Genau das passiert, wenn Schiffbrüchige versuchen, Meerwasser zu trinken. Das Meerwasser ist salziger als der Zellsaft im Körper des Menschen. Anstatt Wasser hereinzulassen, rasen Wassermoleküle aus den Körperzellen zu den vielen Natrium-und Kaliumionen im Mageninhalt, um diese zu umhüllen. Der Mensch verdurstet beim Trinken!

Diese Wanderung von Flüssigkeitsmolekülen durch Zellwände, die durch Ionen gelenkt wird, nennt man **Osmose**. Es ist kein Beinbruch, wenn du dieses Wort vergißt. Vielleicht fällt es dir ja eines Tages wieder ein, wenn du Zukker auf deine Erdbeeren streust und dich wunderst, wo auf einmal der ganze Saft herkommt.

‚Was‘, wird mich jetzt vermutlich eine Zelle verächtlich von der Seite her anfunkeln ‚das ist alles, was dir einfällt, wozu ich Natriumionen verwende?‘ Nun, sicher, da gibt es noch einiges zu berichten. Vielleicht muß ich noch ein anderes Buch schreiben: Die Zelle, wie sie leibt und lebt. Jedenfalls, an dieser Stelle soll es das gewesen sein.

Neben diesen beiden Sorten von Metallionen schwimmen und schwammen noch einige andere im Meerwasser herum. Die nächste Stufe in der Entwicklung des Lebens kann auch nicht mehr angezweifelt werden. Man faßt sie gerne zusammen unter dem Begriff Spezialisierung. Keine Person kann heutzutage in mehreren Berufen gleich gut sein. Der Pianist kann keinen Nagel gerade in ein Stück Holz einschlagen. Der Schlosser kann keinen Anzug nähen. Beim Physiker brennt sogar der Kaffee an. Gut, es mag für jedes dieser Beispiele löbliche Ausnahmen geben. Aber im Prinzip sind wir so spezialisiert, daß wir nur noch einen einzigen Beruf richtig beherrschen. Ähnliches scheint bei den Einzellern passiert zu sein. Plötzlich gab es Zellen, die in der Lage waren, die Photosynthese – die Reaktion zwischen Kohlendioxid und Wasser zu Zucker und Sauerstoff mit Hilfe von Licht – in ihrem Inneren ablaufen zu lassen. Andere wiederum waren in der Lage, sich durch Einbau von Kalk in ihre Zellwände einen harten Panzer anzuschaffen. Kalk, der ja chemisch gesehen nichts anderes als Calciumcarbonat ist, ließ sich einfach aus dem Meerwasser gewinnen. Dort ein Calciumion, da ein Carbonation und diese Stück für Stück übereinandergestapelt – fertig war die Kalkschale. Diese Einzeller bildeten mit ihren Panzern riesige Friedhöfe auf dem Meeresgrund, wenn sie starben. Die Schichten, die sie bildeten, waren manchmal hunderte von Metern dick. Dann verschob sich der Meeresgrund und hob sich empor – manche unserer Kalksteingebirge sind nichts anderes als Millionen von aufgeschichteten, kalkigen Zellhüllen. Unter dem Mikroskop lassen sich die phantastischen Formen, die die Wesen damals besaßen, erkennen. Calcium, ein weiteres Metallion, das eine lange Geschichte besitzt. Vielleicht war die Treppenstufe, über die du so schmerzhaft gestolpert bist, aus diesem Gestein?

Die Herzen der Biomotoren

Es gibt drei Reaktionen in lebenden Organismen, die von Biomotoren am Laufen gehalten werden. Wären wir in der Lage, diese Reaktionen genauso geschickt zu beherrschen, wie es uns vorgemacht wird, hätten wir einen ganzen Haufen Probleme weniger. Die drei Reaktionen sind die **Photosynthese**, die **Stickstoffixierung** und die **Atmung**.

Die Photosynthese kennen wir bereits.

Atmung ist für dich sicher nichts anderes als Luftholen. Doch das ist eigentlich nur der allererste Beginn eines Vorgangs, der zu dem führt, was Biologen, Biochemiker, Mediziner und Chemiker unter Atmung verstehen. Denn in deren Augen ist Atmung die rückwärts verlaufende Photosynthese: Zucker wird durch die Reaktion mit Sauerstoff zu Kohlendioxid und Wasser zerlegt, wobei Energie entsteht. Diese Energie bewegt dich, treibt dich an beim Rennen und Spielen und hält dein Gehirn in Trab beim Hausaufgabenmachen. Traubenzucker zu CO_2 und H_2O zu verbrennen, ist eigentlich keine Kunst. Jeder könnte das mit einem Streichholz versuchen. Die Reaktion aber bei Körpertemperatur ablaufen zu lassen, dahinter verbirgt sich wahre Meisterschaft.

Stickstofffixierung klingt etwa genauso interessant wie Bruttosozialprodukt. Stickstoff, was soll da schon Interessantes dran sein? Fliegt in der Luft herum und geht niemanden etwas an. Der Luftstickstoff ist tatsächlich ein ziemlich lahmer Geselle. In Aminosäuren ist er aber das Element, das die Säure erst zur *Amino*säure macht. Aminosäuren ergeben Proteine. Und Proteine sind dieses Biopolymer, aus dem ein ganzer Teil von dir und mir geformt ist. Von irgendwoher muß der Stickstoff in die Aminosäure gelangen. Dafür ist die Stickstofffixierung unerläßlich. Bei dieser Reaktion holen Bakterien den Luftstickstoff in ihr Zellinneres und bereiten ihn zum Einbau in Aminosäuren vor. Die Bakterien leben im Erdboden nahe der Wurzeln bestimmter Pflanzen. Die Reaktion läuft also bei sehr niedrigen Temperaturen ab.

Die einzige Reaktion, die von Menschen bisher im vernünftigen Maße zum Laufen gebracht wurde, um Stickstoff aus der Luft zu gewinnen, ist die **Ammoniaksynthese.** Dabei reagieren Stickstoff (N_2) und Wasserstoff (H_2) zu Ammoniak (NH_3). Die Reaktion verläuft bei hohem Druck und bei Temperaturen von über 400 °C. Ich befürchte, die Bodenbakterien würden sich vor Lachen in die Hose machen, wenn sie das wüßten.

Wir stehen vor Photosynthese, Atmung und Stickstofffixierung wie ein intelligenter Vorschüler vor Großvaters Taschenuhr. Wir wissen, daß sich im Inneren der Uhr Zahnräder bewegen. Vielleicht ist uns schon klar, warum die Uhr aufgezogen werden muß. Aber wie das ganze Räderwerk ineinandergreift, das werden wir noch lange nicht verstehen.

Eins wissen wir aber heute schon ganz genau: Ohne Metallionen kämen die Reaktionen nicht in Gang. Metallionen sind sogar das Herzstück der aktiven Teilchen in der Reaktion. Es sind hochkomplizierte Moleküle, die den Gang der Reaktionen steuern. Meistens sind es stark ineinandergeknäulte Proteinketten, die das Äußere der Reaktionsmaschinen bilden. Aber im Inneren, dort wo es richtig heiß hergeht, wo der Stickstoff auf den Operationstisch gelegt wird, der Sauerstoff an den Zucker weitergereicht wird oder das Wasser seine Wasserstoffatome verliert – da vertreten einzelne Metallionen den Chefarzt. Bei der Stickstoffixierung ist ein Molybdänion der Leiter der Operation. Die Photosynthese findet nur mit Erlaubnis von Magnesium statt. Die Liebe zu Oxygenia hat Ferrum sogar in die Atmungskette von Lebewesen hineingezogen. Er sitzt als Eisenion im Zellinneren, um dort wenigstens kurz in Kontakt mit Sauerstoff zu kommen.

Es ist der Zeitpunkt gekommen, sich von den Metallen zu verabschieden. Der Besuch bei ihnen war viel zu kurz. Wir hätten noch so viel über sie erfahren können.

Warum machen sich Lebewesen nichts aus Gold (im chemischen Sinne)? Oder wieso hat kein Teil der lebenden Natur jemals reine Metalle verwendet um irgendeine Aufgabe zu lösen? Oder hast du schon einmal einen Schmetterling mit Aluminiumflügeln oder ein Krokodil mit Titanpanzer gesehen? Je mehr wir erfahren haben, desto mehr Fragen sind aufgetaucht. Immerhin haben wir jetzt einen besseren Überblick über diesen Teil des Reiches der Chemie. Lassen wir es vorerst dabei bewenden.

Fälschungssichere Moleküle
oder
Der linksdrehende Joghurt

Einer meiner besten Freunde ist Christian. Christian ist ungefähr so alt wie ich, hat eine liebe Frau und zwei schnucklige kleine Töchter. Und ein altes Motorrad: eine „BK" mit Seitenwagen. Manchmal an Wochenenden, wenn Christian eine Stunde frei bekommt von seiner Familie, dreht er eine Runde mit seinem Motorrad. Dann stülpt er sich die Lederkappe über, setzt sich eine breite Fliegerbrille auf und los gehts, mit flatternden Ohrenklappen. Die meisten wenden sich nach ihm um, wenn er vorbeiblubbert. Erstens, weil das Motorrad ganz besonders klingt. Und zweitens, weil es eine wirklich bemerkenswerte Maschine ist. Ein Fossil der Landstraße.

Wir haben gerade so entsetzlich viel ernsthaftes über Chemie gehört. Eine Pause hätten wir uns mehr als verdient. Bei Christian gibt es immer eine Tasse guten Tee. Komm, wir laden uns einfach bei ihm ein und lassen uns erzählen, wie er zu seinem Motorrad gekommen ist.

Als Kind, da war ich so eine richtige Großstadtpflanze. Spielen immer nur auf dem Hof, nie richtig draußen. Aber ab der sechsten Klasse durfte ich in den großen Ferien allein zur Oma fahren. Oma lebte in einem kleinen Dorf auf den Elbhöhen oberhalb von Dresden. Sie hatte sogar einen eigenen Bauernhof.

Auf der einen Seite des Hofes stand das Wohnhaus, so ein altes Gemäuer mit Fachwerk, auf der anderen Seite lag die Scheune. Das heißt, es war nur eine halbe

Scheune, die andere Hälfte war Großvaters Werkstatt. Die Werkstatt war genau das, was ein Junge in diesem Alter braucht. Großvater war leider schon lange tot, er starb, da war ich ungefähr vier. An ihn kann ich mich nur noch in blassen Bildern erinnern. Er hatte in seiner Jugend Wagenbauer gelernt, arbeitete aber im Dorf dann nur noch als Schlosser in der Genossenschaft. So war Großvaters Werkstatt halb Tischlerei, halb Schlosserei. In einer Ecke verstaubten Säcke voller Nägel. Oh, was haben wir damit für Buden im Wald zusammengebaut!

Ich hatte zwei Freunde im Dorf, Thomas und Matthias. Das waren so richtige Landeier, mußten nachmittags immer mit im Stall helfen und hatten auch an den Wochenenden voll zu tun. Da gab es Momente, an denen ich mich lieber nicht auf deren Höfen blicken ließ.

Oma war eine ganz zarte, unheimlich freundliche Frau. Sie konnte himmlisch gut kochen. Manchmal kamen Thomas und Matthias mit rein, da machte sie immer frische Quarkspitzen, von denen wir mindestens eine Tonne verschlangen. Aber meistens waren wir in der Werkstatt.

Hinter der Scheune ging es noch ein Stück bergauf. Vom Werkstattfenster aus konnten wir die Spitze eines Daches sehen, das zu einer Feldscheune gehörte. Das war ein uralter, gespenstischer Bau. Außen alles Bruchsteine, kein einziges Fenster und das Dach war schon an einer Ecke eingebrochen. Auf der einen Giebelseite war ein riesiges Holztor. Um das Gebäude herum wuchs ein einziges Brennesselmeer. Ich glaube, irgendwo an der einen Wand vermoderte eine alte Landmaschine unter dem Gestrüpp. Die Scheune gehörte zur Genossenschaft, aber die hatten wohl seit Jahren schon damit nichts mehr anzufangen gewußt. Wir waren nicht besonders gern da oben. Irgendwie war es immer kalt und ein wenig gruselig in der Nähe des Baus.

Einmal hatten wir uns mit Knüppeln einen Weg durch die Brennesseln bis zum Tor geschlagen. Die Klinke war schon halb vergammelt. Aber die Tür war zugeschlossen. Es gab nichts aufregendes zu sehen durchs Schlüsselloch. Ein Haufen schwarz gefaultes, fast völlig verrottetes Stroh an der Stelle, wo das Dach kaputt war. Und noch eine Menge gut erhaltenes Stroh im trockenen Teil der Scheune. An der einen Seite des Tores war ein Stein herausgefallen, so daß man in einen Teil der Halle sehen konnte, die nicht durchs Schlüsselloch zu beobachten war. Thomas schielte hindurch und rief ganz aufgeregt: „Eh, da steht ein Motorrad im Stroh." Ich war schon immer verrückt nach so einer Karre und meinte sofort: „Los, das holen wir uns, das braucht doch sowieso niemand mehr." Matthias konterte gleich: „Du spinnst wohl mal wieder. Wie soll ich meinem Vater klarmachen, daß ich ein Motorrad habe, noch dazu aus der Genossenschaftsscheune, wo der dort arbeitet." „Na, wir können doch aber das Ding in Omas Scheune stellen und es so nach und

nach flott kriegen!", fiel mir da zum Glück noch ein. Wir trabten wieder nach Hause und besprachen dabei die technischen Details der Überführung. Großvater hatte noch einen alten PKW-Anhänger in seiner Werkstatt. Darauf wollten wir das Motorrad laden. Es sollte in einer Neumondnacht passieren. Weil alle gefährlichen Aktionen in einer Neumondnacht geschehen, das kannten wir aus den Indianerbüchern. Irgendwie würden wir das Tor schon aufbekommen.

Dann geriet die ganze Geschichte erstmal wieder in Vergessenheit. Wir hatten gerade unsere Wasserradphase. Überall hatten wir Dämme mit Feldsteinen im Bach errichtet und die tollsten Wasserräder dahinter aufgebaut. Das forderte ganze Männer, da konnte man nicht mit den Gedanken woanders sein. An einem trüben Nachmittag, ich lag gerade auf dem Teppich und las ein Buch aus Omas Bücherschrank über den Krieg der Mauren gegen die Spanier, rief Matthias an: "Hei, Chrissi, ich weiß wie wir die Scheune aufkriegen!"

"Was denn für eine Scheune?"

"Na Mensch, die mit dem Motorrad. Heute nacht ist Neumond!"

"Mist, da habe ich doch überhaupt nicht mehr dran gedacht. Wollen wir das Schloß aufbrechen?"

"Nein, viel besser, wir schließen es auf. Ich weiß wie der Schlüssel aussehen muß. du kannst nachher gleich in der Werkstatt mit Feilen anfangen."

Matthias hatte, als er die Kühe zum Melken an der Scheune vorbeigetrieben hatte, ein Stück Pergamentpapier über das Schlüsselloch gelegt. Das Profil des Schlüsselloches wurde durch das Licht aus der Scheune auf das Papier geworfen. Und das hatte er mit einem Bleistift vorsichtig nachgezeichnet.

„Der Schlüssel ist ganz einfach zu machen. Es ist nur ein „Z“. Paß auf: Der Stiel vom Schlüssel ist sechs Millimeter stark. Das „Z“ ist mit einem zwei Millimeter dicken und drei Millimeter langen Steg mit dem Stiel verbunden. Also der Steg geht oben genau in der Mitte vom „Z“ los. Alle Seiten vom „Z“ sind ...“ usw. ...“

Ich hatte jedenfalls eine genaue Arbeitsanweisung mitgeschrieben und trabte danach gleich in die Werkstatt. An einer Wand hingen auf einen Draht aufgefädelt Unmassen von Schlüsselrohlingen. Ich suchte mir den passenden heraus und feilte los. Die Rohlinge waren aus Alu, das machte das Feilen schön leicht. Nach einer halben Stunde guckte mich schon ziemlich deutlich ein „Z“ an. Und noch eine Viertelstunde später stimmten alle Maße.

Glücklicherweise konnten es Thomas und Matthias einrichten, am Abend zu mir ‚zum Rommé spielen zu kommen‘. Das machten wir wirklich öfters mit Oma, nur an dem Tag war es mal Tarnung. Als es so richtig stockfinster war, zerrten wir den Anhänger hinten von der Werkstatt weg in Richtung Feld. Es war ein schweineschweres Ding. Derjenige der vorn an der Deichsel zog, mußte im Entengang watscheln, weil sonst das Ende des Anhängers immer auf der Erde geschliffen hätte. Nach einer reichlichen halben Stunde waren wir bei der Scheune angekommen, sonst waren wir immer schon in fünf Minuten oben. Thomas leuchtete mit seiner Taschenlampe, die schon ziemlich schwach auf der Brust war, an das Schlüsselloch. Ich zog triumphierend mein Meisterstück aus der Hosentasche und steckte es mit einem ‚Sesam öffne dich‘ ins Schlüsselloch. Das heißt, ich versuchte es. Aber es ging keinen Millimeter.

„Mist, ich habs genau nach deinen Maßen gemacht!“

Matthias schnappte sich die Funzel und nahm meinen Schlüssel. Er peilte sorgfältig ins Loch und schob den Schlüssel hinein. Gleiches Ergebnis. Dann drehte er den Schlüssel in den Lichtstrahl und es fuhr aus ihm heraus: „Du bist aber auch ein Blödmann. Habe ich dir nicht gesagt, das Schlüsselloch sieht aus wie ein „Z“. Jetzt male dir mal ein „Z“ auf den Boden. Wie muß ein Schlüssel aussehen, den du in so ein Loch stecken willst? Genau spiegelverkehrt!“

Er hatte recht. Ich hatte es voll vermasselt. Ich hatte auf meinen Schlüssel gesehen, von oben versteht sich, und war stolz wie ein Schwan auf mein „Z“ gewesen. Dabei hätte ich es genau umgedreht feilen müssen. Wir sind an diesem Abend ziemlich einsilbig auseinandergegangen, nachdem der Anhänger wieder bei Omas Hof stand.

Am nächsten Morgen habe ich sofort einen neuen Schlüssel gefeilt. Dann bin ich noch am Tag allein hochgegangen zum Tor und habe es wirklich aufschließen können. Ich ließ es einfach offen, richtete die niedergetrampelten Brennesseln auf und trommelte dann noch einmal die beiden zusammen. In der nächsten Nacht stand die Beu-

te dann in Omas Scheune. Dort wartete sie noch vier Jahre, ohne daß irgendwas damit passierte. Irgend ein Idiot hat dann noch die große Feldscheune angezündet. Nach dem Motorrad würde nie wieder jemand fragen. Mit neunzehn, da hatte ich auch endlich die Fahrerlaubnis, habe ich dann die Kiste aufgemöbelt, einen ganzen Sommer lang. Der Motor war noch tipptopp in Ordnung, nur die Karosse hatte unter dem nassen Klima in der Scheune ziemlich gelitten. Aber das ist ja eigentlich eine Kleinigkeit. Tja, und nun steht sie bei mir, die gute Emma! Sieht sie nicht tauzart aus?

‚Aber das hat doch nun mit Chemie überhaupt nichts zu tun!' So so.

‚Und außerdem mache ich mir nichts aus Motorrädern!' Vielleicht magst du statt dessen Joghurt?

„Mal sehen, was unsere jungen Leute heutzutage für Speisen zu sich nehmen.", meint der Vater am Sonntagmorgenfrühstückstisch und greift sich ausgerechnet den Becher Himbeerjoghurt, über den du gerade im Stillen das Todesurteil gefällt hattest. „Dieser Joghurt wurde hergestellt mit der Hilfe von Acidophilus-Kulturen und enthält linksdrehende Milchsäure.", liest der Herr des Hauses laut vor. „Aha, noch irgendwelche weiteren Fragen? Na, Küken, dann lass dir mal die Acidophilus-Kulturen schmecken. Schade, daß du nicht auf dem Klavierhocker sitzt, ich hätte doch zu gerne mal gesehen, wie sich jemand beim Joghurtessen linksherum dreht."

Ha, ha, ha … Immer nur lahme Witze auf Kosten der Jugend. Küken – pfffh – selber altes Gestell! Immerhin ist er nicht auf die Idee gekommen, den Becher einzubehalten. Ist alles schon passiert. Manche Erwachsenen scheinen bei ihren eigenen Kindern keine Tabus zu kennen. Wahrscheinlich wissen sie nicht einmal was Milchsäure ist.

Milchsäure klingt unwahrscheinlich nach Chemie. Jedenfalls die „Säure". Laß uns doch mal nachgucken, wie dieser Vogel aussieht. Hier, ich habs: Milchsäure, Summenformel $C_3H_6O_3$, Strukturformel:

Milchsäure

Beeindruckend! Doch was ist hier Säure und wo soll hier etwas drehen? Ich entsinne mich so ganz dumpf, bei dem wissenschaftlichen Abwasch, tauchte da nicht schon einmal diese COOH-Gruppe auf? Richtig, das war die Säuregruppe. Das heißt, der sehr polar gebundene Wasserstoff, welcher leicht von Wassermolekülen abgestreift werden kann, sorgt dafür, daß die COOH-Gruppe zu den Säuren zu zählen ist blablabla ... Übrig bleibt das Säurerestion COO^-. Der Vollständigkeit halber muß gesagt werden: COO^- ist noch mit einem Molekülrest verbunden, der dann natürlich auch zum Säurerestion dazugehören würde. Das als kleine Auffrischung der Säuretheorie.

Was ist sonst noch Besonderes an Milchsäure? Eine OH-Gruppe? Nein, das ist nichts aufregendes. Alle Alkohole haben eine OH-Gruppe, in Zuckern stolpert man auch ständig darüber. Das kann es nicht sein. Werfen wir noch einmal einen kritischen Blick auf das Kohlenstoffatom im Zentrum des Moleküls. Es bildet, der alten Regel für Kohlenstoff folgend, vier Bindungen aus. Jede Bindung führt zu völlig unterschiedlichen Partnern. Ein Wasserstoffatom, eine CH_3-Gruppe, eine Säuregruppe und eine OH-Gruppe. Alle diese Bindungspartner – auf fachchinesisch **Substituenten** – können nicht miteinander verwechselt werden.

Stellen wir zwei Moleküle Milchsäure nebeneinander. Das geht wunderbar, weil die Bindungsarme, die aus einem Kohlenstoffatom herausragen (solange es keine Doppelbindungen gibt!), wie die Stacheln eines Reifentöters angeordnet sind. Du weißt nicht, was ein Reifentöter ist? Das ist ein ganz fieses Instrument, um einem autofahrenden Feind einen platten Reifen zu bescheren. Ein kleiner vierstrahliger Stern aus Stahl, der, egal wie man ihn auf die Straße wirft, immer mit einer Spitze noch oben piekt. Funktioniert 100 %.

Ein Kohlenstoffatom mit vier Substituenten läßt sich in gleicher Weise aufstellen. Wir machen das jetzt mit zwei Milchsäuremolekülen.

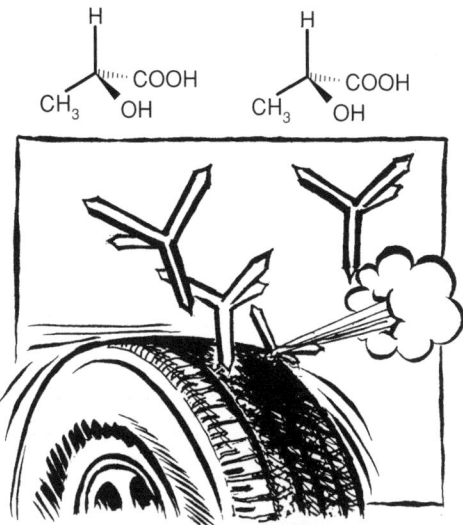

Sehr schön. Du läßt dich hoffentlich nicht dadurch beirren, daß ich die Substituenten in einer Art kleinen Summenformel zusammengefaßt habe. Es ist die gleiche Milchsäure, die bereits oben abgebildet ist. Ich könnte jetzt ein Tuch über die beiden Moleküle werfen, dann unter dieser Decke die Moleküle vertauschen, und du könntest mir hinterher nicht mehr sagen, welches von den beiden am Anfang rechts oder links gestanden hat.

Nun verändern wir ein Molekül Milchsäure ein ganz kleines bißchen: Wir vertauschen die Plätze der Säuregruppe und der OH-Gruppe. Nun steht ein Molekül vor uns, das jeder auf den ersten Blick sofort als Milchsäure erkennen würde. Doch stellen wir es neben das ursprüngliche Säuremolekül, müssen wir eins feststellen: Man kann machen was man will, das Molekül drehen, es auf den Kopf stellen, es noch einmal drehen – es läßt sich nicht mehr in der Weise hinstellen, wie es vor dem Austausch der Gruppen stand.

Statt dessen können wir nur noch eins sagen: Das alte und das neu gebildete Molekül Milchsäure verhalten sich zueinander wie ein Bild und dessen Spiegelbild.

‚Oh nein‘, stöhnt jetzt der Lehrling, ‚schlimm genug, daß es so viele unterschiedliche Moleküle gibt, die man sich merken muß. Jetzt kann auch noch ein Molekül Bild oder Spiegelbild sein. Wer soll denn da den Überblick behalten?‘

Alles halb so wild. Das Problem ist gar nicht so neu, wie du vielleicht denkst! Sieh dir nur einmal deine Hände an: Ein Handteller, fünf Finger, beide Hände mit gleicher Reihenfolge der Finger und doch könntest du auf Anhieb bestimmen, welche Hand die rechte oder die linke ist. Mit kurzem Nachdenken würdest du die gleiche Bestimmung für zwei Ohren oder zwei Schmetterlingsflügel vornehmen können. Wir sind damit aufgewachsen, daß es von manchen Dingen zwei Versionen gibt, die sich nur durch dieses eine Merkmal, Bild oder Spiegelbild, unterscheiden. Diese Erfahrung müssen wir nur auf die scheinbar unsichtbaren Moleküle übertragen.

Warum? Ist es denn nicht völlig gleichgültig, ob wir die rechte oder linke Form einer Verbindung vor uns haben? Wenn sie aus exakt den gleichen Atomen besteht, sollte es doch keine Unterschiede in ihrem Verhalten geben? Sie haben die gleiche Molekülmasse. Sie schmelzen und sieden sicher bei gleichen Temperaturen. Sie reagieren bestimmt genauso gut oder schlecht unter gleichen Reaktionsbedingungen. Wo besteht da die Notwendigkeit, sie zu unterscheiden?

Oberflächlich gesehen könnte man sagen: Wir pfeifen auf die Unterschiede. Es ist nur eine Gedankenspielerei, dieses Auseinandersortieren von rechts und links. Wenn nicht folgendes passiert wäre: Louis Pasteur war der erste Forscher, der praktisch zeigen konnte, was theoretisch bereits vorhergesagt worden war. Er trennte ein Gemisch von Molekülen, die als Bild und Spiegelbild nebeneinander vorlagen. Dabei war das Glück stark auf Pasteurs Seite, denn es bildeten sich Kristalle in seiner Lösung. Die einen waren die rechte, die anderen ausschließlich die linke Molekülform. Alles was Pasteur brauchte, waren ein wacher Blick und eine Pinzette. Schon an der Form der Kristalle konnten die Unterschiede gesehen werden. Das passiert nicht jeden Tag.

Es waren Weinsäuresalze, deren Kristalle Pasteur sortiert hatte. Diese waren im Labor hergestellt worden. Kurz danach kratzte man Weinstein (ein bestimmtes Weinsäuresalz) aus leeren Weinfässern, wandelte es in das Pasteursche Weisäuresalz um und ließ wieder die Kristalle wachsen. Mit Erstaunen wurde festgestellt: Aus Weinfässern konnte nur die eine Kristallform des Weinsäuresalzes gewonnen werden. Die andere schien im Traubensaft nicht vorzukommen.

Jetzt begann eine hastige Sucherei, ob sich eine solche Besonderheit auch bei anderen, irgendwo in der Natur hergestellten Molekülen beobachten ließ. Dafür wurde eine Methode entwickelt, die die mühselige Kristallzüchterei erübrigte. Es zeigte sich, das sich Bild und Spiegelbild der interessanten Moleküle in einer Eigenschaft unterscheiden:

Sie können die Schwingungsebene von Lichtwellen, die in einer Ebene schwingen, verdrehen.

Wauh, klingt das kompliziert!

Du mußt es dir etwa so vorstellen: Du stehst an einem heißen Sommertag im Garten. Der Rasen ist schon ziemlich ausgetrocknet und deshalb am vergangenen Abend gesprengt worden. Der Schlauch liegt noch auf der Wiese. Du, weil du gerade nichts besseres anzufangen weißt, hast dir den Schlauch gegriffen und schlenkerst Schlauchwellen damit. Die gehen am besten, wenn du das Ende hoch und runter reißt, dann gleiten sie weit über den Rasen. Jetzt stell dir vor, irgendwo nach dem dritten Wellenberg würde der Schlauch auf ein Molekül treffen, das die Fähigkeit besitzt, die Schwingungsebene abzulenken. Hinter dem Molekül würde der Schlauch nicht mehr in auf- und abgehenden Wellen weiterschlenkern sondern beispielsweise in rechts – links schwingenden Wellen. Das ist mit der Drehung der Schwingungsebene gemeint. Diese Drehung läßt sich in einem Gerät messen, das wie ein Fernrohr aussieht. Da hinein füllt man die Lösung des fraglichen Moleküls. Die Methode ist sehr empfindlich und war zu damaligen Zeiten unentbehrlich bei der Suche nach links- oder rechtsorientierten Molekülen.

Jetzt lüftet sich auch das Geheimnis der linksdrehenden Milchsäure von selbst: Dieses Milchsäuremolekül dreht das in einer Ebene schwingende Licht nach links – also nennt man es „linksdrehend". Damit weiß man aber noch nicht, wie das Molekül aussieht! Es gibt bisher keine Möglichkeit vorherzusagen, ob ein bestimmtes Molekül das Licht nach rechts oder links drehen wird. Es sei denn, du findest eine.

Bist du schon völlig verdreht? Beruhigt es dich, daß nicht alle Moleküle diese Dreheigenschaft besitzen? Es sind nur die, die wie Milchsäure wenigstens ein Kohlenstoffatom besitzen, an dem vier unterschiedliche Substituenten hängen.

Wie ging das damals nach Pasteur weiter? Mit diesem Drehlichtrohr – genannt Polarimeter – vor den Augen stolperten die Forscher durch die Molekülwelt. Wie aufregend muß die Feststellung gewesen sein, daß fast jeder Naturstoff, der diese Dreheigenschaft besaß, in immer nur einer Form vorkam? Für die Fachwelt war das sensationell, für die Verwandten und Bekannten der Chemiker wahrscheinlich der Zeitpunkt, nach einem freundlichen Psychiater Ausschau zu halten.

Emil Fischer brachte es kurz nach der Jahrhundertwende auf den Punkt. Seine Feststellung war: „In der Natur sind die Moleküle so konstruiert, daß sie an bestimmte Orte in Lebewesen nur dann gelangen, wenn sie wie ein Schlüssel in das Schlüsselloch passen."

Mein Freund Christian hätte sich einmal mit Herrn Fischer unterhalten sollen, bevor er anfing, sein „Z" zu feilen.

Du kennst bereits zwei Polymere, in denen es nur so wimmelt von diesen Kohlenstoffatomen, die unterschiedliche Substituenten tragen – man nennt sie auch **asymmetrische Kohlenstoffatome** – Cellulose und Proteine. Ohne irgendeine Abweichung wiederholen sich in diesen Stoffen die Drehrichtungen der entsprechenden Kohlenstoffatome. Bei den Aminosäuren, diesen Bausteinen der Proteine, muß noch folgendes gesagt werden: Wenn du eine Aminosäure so aufstellst, daß ihr Wasserstoff nach oben sticht, steht das Stickstoffatom immer links vom Aminosäurerest R.

$$H$$
$$C\text{''''}\,COOH$$
$$H_2N \diagdown R$$

Das führt bei der Verkettung der Aminosäuren zu einem Protein mit einer ganz besonderen Form. Das Protein sieht von der Ferne aus wie eine Spirale.

‚Junge, ich versteh gar nicht, wieso du dich immer so abmühst mit deinen Erklärungen', krächzt die Großmutter vom Ofen her. ‚Guck doch mal auf mein Strickzeug: Alles rechte Maschen, das sieht so aus. Hier alles linke Maschen – vollkommen anders. Und rechts, links im Wechsel – wieder anders. Aber wehe, ich verwechsele mal eine Masche! Das würdest du sofort auch unter tausend Maschen herauslesen, da stimmt das Muster nicht mehr'. Oh, die alten Leutchen. Manchmal unterschätzt man sie vollkommen.

Da sich ein echter Wissenschaftler nie damit zufrieden gibt, daß etwas ist wie es ist, wurde natürlich auch gefragt, warum die Aminosäuren dieser Regel gehorchen. Es gab die wildesten Spekulationen, welche Kraft diese strikte Ordnung erzwungen haben könnte. Keine Vermutung konnte bisher bewiesen werden. Eine nicht ganz von der Hand zu weisende Spekulation war, daß das Magnetfeld der Erde die Bildung einer Aminosäureart erzwungen haben könnte. Doch auch dafür fehlte ein Experiment, das die Wahrheit an den Tag bringen könnte.

Dann schlug eine Meldung wie eine Bombe ein, die in einer hochgeachteten Fachzeitschrift als Mitteilung gedruckt worden war: Zum ersten Mal in der Geschichte der Chemie hatte eine Laborreaktion in einem sehr starken Magnetfeld zu einem Molekülgemisch geführt, in dem links- und rechtsdrehende Form in unterschiedlichen Verhältnissen entstanden waren! Das war eine Sensation! Man wandte sich an den Forscher, der das Experiment durchgeführt hatte. Nett wie er war, stellte er seine Chemikalien zur Verfügung, damit andere seine Versuche nachprüfen konnten. Es funktionierte erneut. Die Erregung stieg. Da berichtete eine dritte Gruppe, daß sie mit eigenen Ausgangsstoffen nichts dergleichen beobachten konnte. Man stutzte. Schließlich flog der ganze Schwindel auf: Das asymmetrische Endprodukt war von Anfang an dem Reaktionsgemisch beigefügt worden. Natürlich mußte es so am Ende der Reaktion im Überfluß vorkommen. Die Geschichte ist 1995 passiert und es wurde viel gelacht, daß sich dies so billig als Wahrheit in die Welt setzen ließ. Der entscheidenden Rolle, die asymmetrische Kohlenstoffe in Naturstoffen spielen, tat das keinen Abbruch.

Von nun an, wenn in diesem Buch ein asymmetrisches Kohlenstoffatom in einem Molekül auftaucht, werde ich es dir mit einem Sternchen markieren. Du sollst dir nicht den Kopf zerbrechen, welche Form das Molekül einnimmt oder wohin das Licht im Polarimeter gedreht wird. Es gibt Regeln, wie man asymmetrische Kohlenstoffatome charakterisiert. Wichtig werden sie aber erst für den, der ein ganz bestimmtes Molekül als biologischen Schlüssel braucht – zum Beispiel ein Chemiker, der Arzneimittel herstellen möchte.

Es gibt ein sehr bekanntes und trauriges Beispiel aus der Arzneimittelforschung, wie fatal manchmal die Unkenntnis von der Auswirkung eines Kohlenstoffes mit falschem Drehsinn enden kann. Besonders Müttern, die jetzt etwa sechzig Jahre alt sind, jagt der Name noch einen nachträglichen Schauer über den Rücken: „Contergan". Es war ein Mittel, das gegen Schlaflosigkeit und Schmerzen in den ersten Schwangerschaftsmonaten verschrieben wurde. Das Molekül hatte folgende Struktur (mit Sternchen):

Contergan

Die Substanz kam als Gemisch der rechts- und linksdrehenden Form zur Anwendung. Das wußte man. Das Gemisch zu trennen, erschien nicht notwendig. Doch im Körper der Mütter gingen die beiden Molekülsorten wie zwei völlig fremde Wesen ganz unterschiedliche Wege. Die eine Sorte ergab genau die Wirkung, die von ihr erwartet wurde – sie dämmte das Unwohlsein. Die andere wanderte inzwischen zum Embryo und richtete grausame Schäden an: Die Kinder kamen später mit verkrüppelten Ärmchen und Händen zur Welt. Heute ist man in der Lage, nur die helfende Molekülart zu isolieren. Der Schock war damals aber so groß, daß sich nun wahrscheinlich keine Frau mehr auf dieses Risiko einlassen würde.

Uns werden auf unserer weiteren Reise durch die Chemie noch ein paar Beispiele begegnen, wo eine Verwechslung von Drehrichtungen nicht so folgenschwer endet. Ob links- oder rechtsdrehende Milchsäure, den Unterschied würdest du im Joghurt nie schmecken.

Der Milchsäurebazillus kann aber nur die eine Form herstellen, deswegen tauchte die völlig unnötige Information auf dem Etikett auf.

Wenigstens hat sie dazu geführt, daß wir uns mit der verwirrenden Geschichte befaßt haben. Im Hinterkopf wollen wir nur behalten, daß in der Natur meistens eine Auswahl stattfindet, wenn von einem Molekül eine rechts- und eine linksdrehende Form angeboten wird. Welche es ist, muß der Fachmann herausfinden, nicht wir. Ist es nicht herrlich, daß man sich nicht immer um alles selbst kümmern muß?

Kleine Moleküle – große Wirkung

*D*er Waldboden lag noch im Dämmerlicht des heranbrechenden Morgens, als Yani, ein Amazonasindianer, bereits auf der Jagd war. Alles dampfte vor Nässe vom nächtlichen Tropengewitter. Zwischen Yanis Zehen quoll aufgeweichte, schlammige Erde hervor und verursachte leise, schmatzende Geräusche. Hoch über dem Kopf des Mannes lärmten bereits die Papageien in den sonnenglitzernden Baumwipfeln. Sobald sie aufflogen, wurden die noch an den Zweigen hängende Regentropfen abgeschüttelt und zerstoben zu feinem Rieseln im Weg nach unten.

Bisher hatte Yani noch kein größeres Tier entdecken können. Sein Blick war aufmerksam nach oben gerichtet. Gegen das Licht, das sich in den Kronen brach, konnte er am ehesten eine Beute ausmachen.

Da, ein dunkler, wendiger Schatten unterbrach das Funkeln der Wassertropfen in den Blättern schräg über ihm! Nur noch die Augen bewegten sich am Körper des Indianers. Der Schatten wurde im Näherkommen ein Affe, der scheinbar absichtslos und gleichgültig seinen Weg über die Äste nahm. Er nahm keine Notiz von dem Menschenwesen unter sich, das in einer einzigen fließenden Bewegung ein Blasrohr an den Mund gehoben hatte. Ein unangenehmer Stich links unter der Schulter ließ den Affen zusammenzucken. Verwirrt versuchte er die Ursache des Schmerzes zu ergründen. Doch er konnte seinen Kopf weder wenden, noch mit einer Hand in Richtung Brust greifen: Ein Eishauch rann durch seinen Körper und zwang ihn zur Erstarrung. Mit einem hilflosen, kleinen Aufkrächzen verlor er den Halt, prallte auf einen sich unter ihm entlangziehenden Ast und stürzte inmitten eines Hagels dicker Tropfen auf den dunklen Boden. Yani war mit drei Schritten bei dem gelähmten Tierkörper. So viel Glück wie heute hatte er selten gleich zu Beginn einer Jagd gehabt.

Curare, Pfeilgift südamerikanischer Indianer; oral aufgenommen nahezu unwirksam; Calebassencurare wird aus Rinden von Strychnosarten extrahiert und in Flaschenkürbissen aufbewahrt; Topfcurare (Tubocurare) ist ein Extrakt aus Chondodendronarten; Die Wirkstoffe beider Curarearten besitzen große strukturelle Unterschiede; Calebassencurare hat → Strychnin ähnelnde Strukturmerkmale; aktive Substanzen von Tubocurare sind Bis-benzylisochinolinalkaloide; Verwendung als Muskelrelaxans.

Selbst wenn der Affe diese Zeilen aus dem Chemielexikon gekannt hätte: Er wäre der Wirkung des Giftpfeiles nicht entronnen. Yani konnte weder lesen, noch wußte er von der Existenz von Chemikern. Sein Vater hatte ihm die Sträucher gezeigt, deren Rinde er zur Bereitung des Giftes abschaben mußte. Der Vater wiederum wußte dies von dem Großvater. Keiner konnte sich erinnern, wann zum ersten Mal mit Gift gejagt worden war. Es war gut so, daß es diese Methode gab, große Tiere zu fangen.

Selbst du, der du dich tapfer bis zu dieser Stelle in dem Buch vorgearbeitet hast, warst vielleicht gerade erschrocken. Was ist denn ,oral' und ,extrahiert'? Und was ist ,Strychnin'? Oder dieser furchtbare Zungenbrecher ,Bis-benzylisochinolinalkaloide'? Ein ,Muskelrelaxans' – kann man das essen?

Nein, du mußt nicht verzweifeln. Bei einem einfachen Lexikon würde nach der Erklärung ,Curare = Pfeilgift südamerikanischer Indianer' wahrscheinlich nichts mehr zu lesen sein. Du kannst das ja einmal an deinem Lexikon nachprüfen. Frag dann mal herum, wer den Begriff Curare überhaupt kennt. Es werden nicht allzuviele sein.

Komm, laß uns noch einmal eine kleine Verschnaufpause einlegen. Der Abschnitt über Curare soll uns nicht verunsichern. Jedes Rätsel hat eine Lösung.

Die Polymere und Metalle liegen hinter uns. In groben Zügen können wir erklären, woraus die großen Dinge bestehen, die uns umgeben: die Cellulose in der Pflanzenmasse, Proteine in den durch Muskeln bewegten Körpern und Metallionen in Kombination mit Säurerestionen in allen Gesteinsarten. Sogar über den chemischen Unterschied zwischen Wollpullover und Feinstrumpfhose könntest du deine Mutter beim Abtrocknen aufklären. Eine Eigenschaft ist allen diesen Substanzen gemeinsam: Einmal gebildet und in eine bestimmte Materialstruktur eingeordnet, verlassen sie nur noch ausnahmsweise ihren zugewiesenen Platz. Ein Gebirge ist, soweit mir bekannt ist, noch nie auf Urlaubsreise angetroffen worden. Alle seine Ionen sitzen Jahrzehnt für Jahrzehnt auf ihrem

Stammplatz. Nur das Wetter kratzt und scharrt ständig an der Oberfläche herum und löst da und dort ein Krümchen ab. Doch das ist, gemessen an der Größe des Berges, die Ausnahme.

Es gibt im Vergleich zu den riesigen Molekülen von Polymeren oder den endlosen, in alle Richtungen reichenden Ionengittern, eine Unmenge von recht kleinen Substanzen. Deren gemeinsames Hauptmerkmal ist Beweglichkeit. Ständig sind sie auf Wanderschaft, haben Aufträge zu erledigen und sind auch sonst lose Gesellen, die kein eigenes Zuhause kennen. Ihnen soll dieses Kapitel gewidmet sein.

Was hat sich der Mensch nicht schon alles ausgedacht, um Signale zu übermitteln? Rauchzeichen, Buschtrommeln, Meldeläufer, reitende Boten, Postkutschen, optische Telegraphen, Überseekabel, Telefone, Satelliten, Fernseher oder E-mail sind alles Beispiele für menschgemachte Lösungen, um so schnell wie möglich zu einer Nachricht zu kommen.

Welche Chancen hat ein Baum, seinem Ärger Luft zu machen, wenn er Tag für Tag von einem Hirschrudel beknabbert wird? Oder wie lädt ein gefräßiger Borkenkäfer seine Kumpels zum Schmaus an einer kranken Fichte ein? Von wem erfährt die Mehlschwalbe, daß es Zeit ist, die Koffer für die herbstliche Afrikareise zu packen? Warum ist für den Hai ein Tröpfchen Blut im Wasser über Kilometer hinweg Signal genug, um im Eilzugtempo herbeizuschwimmen?

Düfte, Farben, Aromen – alles Nachrichten, die an die entsprechende Adresse gerichtet, mehr sagen können als ein abendfüllender Fernsehbericht.

Geheimdienste oder andere üble Schurken können heute jede Nachrichtenleitung anzapfen. Früher wurde einfach der berittene Bote kaltgestellt, um eine wichtige Depesche an den König abzufangen. Auch das Belauschen der Tierwelt hat bereits erste Früchte erbracht. Das drohende Grunzen einer Bache mit Frischlingen, der Brunftschrei des Elchs oder das Schelten einer Amsel sind für Verhaltensforscher keine Geheimnisse mehr.

Mit den Signalen der „stummen" Lebewesen hingegen haben wir lange nichts anfangen können. Es war einfach ein Rätsel, wie sie miteinander in Verbindung treten konnten. Nach und nach gelingt es uns zwar, eine vage Ahnung von der unermeßlichen und verwirrenden Vielfalt der Nachrichtenübermittlung in der Natur zu bekommen, doch täglich werden Stoffe neu entdeckt, die als Boten für Signale in Frage kommen. Nur selten können wir die Sprache ihrer Nachrichten entschlüsseln. Wir wissen meistens nicht einmal, an wen die molekulare Botschaft gerichtet ist.

Wir stehen wie eine Putzfrau in einer riesigen, unbesetzten internationalen Telefonzentrale. Neugierig lauschen wir bei ein paar Telefonaten und sind ent-

täuscht, weil wir weder chinesisch noch isländisch verstehen. Neue Verbindungen können wir auch nur auf gut Glück herstellen. Es ist riesengroßer Zufall, wenn wir wirklich einmal die richtigen Gesprächspartner zusammengestöpselt haben.

Überall auf unserer Welt sind Wissenschaftler unterwegs, um neue Moleküle in Pflanzen oder Tieren zu finden. Die meisten dieser Substanzen haben früher oder später irgendwelche Botenfunktionen. Du kannst dir sicher denken, daß das Bestimmen der Struktur der Verbindungen eine harte Herausforderung für Analytiker ist.

Biologen und Biochemiker nehmen die neuen Stoffe und testen, wie sie auf Lebewesen wirken. Das ist ein Spiel mit ungewissem Ende. Ein geübtes Auge erfaßt sehr schnell, zu welcher Klasse von Verbindungen eine neue Substanz gehört. Die meisten Strukturen lassen jedoch kaum die Vorhersage ihrer möglichen Wirkung zu.

Sehen wir uns doch mal ein paar dieser Signalmoleküle an. Dir ist sicher klar, daß solche Verbindungen absolut gefühllos sind. Sie kommen an wie eine graue Postkarte, auf der steht: „Dein Hamster ist tot." Du hast gar keinen Hamster? Dann war die Nachricht offensichtlich nicht an dich. Einen anderen wird dieser Satz treffen und ganz traurig machen. Dafür können weder die vier Worte noch die Postkarte. Genauso ist es mit den Molekülboten: Egal was sie für schreckliche Reaktionen nach sich ziehen. Sie kennen weder Mitgefühl noch Gnade.

Auf denn! Was war unser Problem am Beginn des Kapitels? Curare. Einverstanden, sehen wir uns das einmal durch die chemische Brille an.

Tubocurarinchlorid – ein lähmendes Molekül

Der Text, den ich uns aus dem Chemielexikon abgeschrieben habe, verlangt eigentlich, daß wir uns mit mehreren unterschiedlichen Verbindungen befassen müßten. Das kann ich aber nicht machen, nicht hier und nicht jetzt. Denn dann würde dieses Buch unvermeidlich zu einer sehr teuren und schlecht verdaulichen Schlaftablette. Beschränken wir uns auf die Verbindung, die am besten erforscht ist und die mehr kann, als nur Affen von Bäumen zu holen. Darf ich vorstellen – Tubocurarinchlorid.

2 Cl

Tubocurarin

Das ist ja ein fetter Brocken! Mit diesem Bild haben wir nicht viel Freude. Man kann sich gar nicht konzentrieren bei dem Atomgewimmel. Weil Chemiker sehr oft bei großen Molekülen mit diesem Problem zu kämpfen haben, erfanden sie eine vereinfachte Strukturdarstellung, um den Überblick behalten zu können. Dieses Hilfsmittel werden wir jetzt auch benutzen. Folgende Regeln werden dabei befolgt:

1. Alle Wasserstoffatome, die mit Kohlenstoff verbunden sind, werden weggelassen.
2. Alle anderen Wasserstoffe werden direkt an das Atom geschrieben, mit dem sie verbunden sind (aus O-H wird beispielsweise OH).
3. Kohlenstoffatome werden nicht mehr mit C bezeichnet.

Tubocurarinchlorid sieht dann so aus:

Viel besser! Fast ein bißchen eine nackte Erscheinung. Wie ein Gerippe. Deshalb kann man diese Abbildungsform auch **Kohlenstoffskelett** nennen. Es fällt leicht, so zu tun, als ob wir dieses Molekül noch nie gesehen haben. Was meinst du, kann man ihm ansehen, daß es gefährlich sein könnte? Würdest du mit ihm eine Nacht unter einer Bettdecke verbringen wollen? Welche Eigenschaften können wir der Strukturdarstellung auf Anhieb entnehmen?

Bei dieser Molekülgröße ist zu vermuten, daß die reine Verbindung als feste Substanz im Glas liegen müßte. Das große Molekül besitzt zwei positive Ladungen durch zwei positiv geladene Stickstoffatome. Da positive Ladungen nie allein vorkommen dürfen, haben sich zwei negative Chloridionen als Partner angelagert. Tubocurarinchlorid ist in gewissem Sinne nichts anderes als ein Salz. Von Salzen wissen wir, daß sie sich meistens gut in Wasser lösen. Die Substanz wird sicher gut ins Blut gehen, weil auch Blut zu großen Teilen aus Wasser besteht! Diese Löslichkeit macht es den Indios sehr leicht, das Gift aus der Rinde zu gewinnen. Sie brauchen sie nur in Wasser zu legen. Das leicht wasserlösliche Molekül wandert fast von selbst aus der Rinde ins Wasser. Dieses Herausholen von Verbindungen aus Blättern, Holz oder anderen Materialien nennt man **extrahieren**. Kaffeekochen ist nichts anderes als eine Extraktion der Geschmacksstoffe aus den gerösteten und gemahlenen Bohnen. Ja, auch bei Tee ist es das gleiche.

Wahrscheinlich lassen die Indios einen Teil des Wassers aus den Rindenauszügen wieder verdampfen. So erhöht sich die Konzentration des Giftes in der Lösung. Dann tauchen sie die Pfeilspitzen in die tödliche Brühe und fertig ist der Giftpfeil.

Die Strukturabbildung trägt an zwei Kohlenstoffatomen ein Sternchen. Aha, wieder so ein Molekül, das nur als Wirkstoff erkannt wird, wenn die Drehrichtung stimmt! Andere Informationen, zum Beispiel wie die Verbindung entsteht und in die Rinde gelangt, kann uns die Struktur alleine nicht verraten. Dazu sind Studien nötig, die schnell ein paar Jahre in Anspruch nehmen. Heute weiß man besonders gut über die Wirkungsweise von Tubocurarinchlorid Bescheid. Dafür ist sicherlich eine gehörige Portion an Neugier verantwortlich zu machen. Was passiert, werden sich Forscher sicher gedacht haben, wenn ich dieses Gift in ganz, ganz geringen Mengen einem Tier einspritze? Gedacht, getan und siehe da: Nur noch einzelne Körperbereiche wurden gelähmt, und nach einiger Zeit verschwand die Lähmung sogar wieder. Kann man das nicht irgenwie ausnutzen?

Nun ist gerade bei schwierigen chirugischen Operationen an stark geöffneten Wunden ein Problem, daß die Muskeln des Patienten trotz Narkose nicht vollkommen entspannt sind. So wie du dich im Schlaf drehst oder mit der Hand zuckst, spannt auch ein narkotisierter Mensch immer noch Muskelpartien unbewußt an. Im falschen Moment kann so ein kurzes Zucken die ganze Operation in Gefahr bringen. Eine Lösung ist Tubocurarinchlorid. Mit ein paar gezielt gesetzten Injektionen werden Muskelpartien, die vielleicht als Störenfriede in Frage kommen, einfach lahmgelegt. Der Arzt hat freie Hand in einem vollständig ruhigen Operationsbereich. Weil „entspannen" viel zu einfach klingt, mußte wieder ein Fremdwort dafür herhalten: Tubocurarinchlorid ist ein Muskelrelaxans, ein Muskelentspanner.

Wie funktioniert nun aber die Verbindung wirklich? Dazu müssen wir einen tieferen Blick in die Chemie des Menschen werfen. Machst du mit?

Alle Muskeln werden von Nervenbahnen angesteuert. Ohne Verbindung zu Nervenleitungen ist ein Muskel nichts anderes als eine tote, schlaffe Proteinmasse. Für die Reizübertragung von einem Nerv auf einen Muskel gibt es – hättest du es anders vermutet? – einen Botenstoff. Dieser Stoff ist so enorm wichtig, daß seine Struktur gleich in dem Abschnitt mit erscheinen muß: Es handelt sich um Acetylcholin.

Acetylcholin

Zur besseren Übersicht nun gleich Struktur und Kohlenstoffskelett nebeneinander. Nanu, da ist ja auch ein positiver Stickstoff im Molekül! Doch wie geht es weiter mit der Muskelentspannung?

Zwischen Nervenende und Muskel gibt es einen winzigen Spalt. Eine Reizübertragung findet nur statt, wenn Acetylcholin, das am Nervenende ausgeschüttet wird, über diesen Spalt hinwegschwimmt und auf der gegenüberliegenden Seite am Muskel anlegen kann. Das geschieht normalerweise in Sekundenbruchteilen. Die Anlegestellen für Acetylcholin, die letztendlich auch nur Moleküloberflächen sind, haben eine ganz bestimmte Form. Sie sind sozusagen auf den Empfang von Acetylcholin spezialisiert.

Was passiert, wenn ein Molekül daherkommt, das sich als Acetylcholin verkleidet hat? Wenn die Maskierung täuschend echt ist, kann es genauso gut andocken.

Tubocurarinchlorid ist so ein fremder Eindringling. Es hat sogar noch eine andere, für die Medizin positive Eigenschaft – es bleibt viel länger als Acetylcholin an seiner Position kleben. Wenn also alle Anlegestellen mit Pfeilgiftmolekülen besetzt sind, kann kein Nervenreiz mehr empfangen werden. Der Muskel wird zum willenlosen Etwas.

Wieso, wirst du dich vielleicht nach dieser Rallye über chemische und medizinische Holperstrecken fragen, wieso stirbt man denn dann eigentlich an so einer Substanz? Na, auch die Lungen werden nur von Muskeln bewegt und ganz besonders das Herz, es ist ein einziger Muskel! Die Dosis eines Giftpfeils ist so hoch, daß jeder Muskel im Körper betroffen ist. Den Rest kannst du dir selbst ausmalen.

Damit haben wir wohl Punkt für Punkt den Lexikontext durchgeackert. Hättest du gedacht, daß dabei so viele zusätzliche Probleme zur Sprache kommen? Es ist immer wieder erstaunlich, wohin es Chemiker verschlägt, wenn sie sich richtig in ein Problem hineinknien. Da landet man schnell mal im Amazonasurwald zum Rindekratzen anstatt sich im Labor den Kittel zu bekleckern. Kannst du mir vielleicht verraten, was Turbocurarinchlorid in Pflanzen zu suchen hat?

Das wartet doch bestimmt nicht darauf, daß ein Indianer des Weges kommt. Vielleicht ein Stoff, der Tieren das Knabbern abgewöhnen soll? Stand da nicht im Lexikon „oral aufgenommen unwirksam"? Das heißt übersetzt „bei Verschlucken ungiftig". Doch keine Knabberbremse? Selbst bei Strychnin, einem ekelhaft bitter schmeckendem Gift, kann man nur vermuten, weshalb es in den Samen der Brechnuß vorhanden ist. Dabei ist es schon seit 1818 bekannt! Da kommt einiges an Arbeit auf dich zu, wenn du diese Geheimnisse lüften möchtest.

Was hältst du davon, eine weitere Familie von Botenstoffen im menschlichen Körper kennenzulernen, wo wir doch sozusagen schon einmal am Operationstisch gestanden haben? Du hast nichts dagegen?

Vorhang auf für die Gruppe der Hormone.

Ho(r)mone und der Homo sapiens

Was gäbe das für ein Gaudi, wenn bei einem Schulausflug alle Lehrer vergessen worden wären! Das totale Chaos! Jeder macht nur das, was ihm gerade paßt. Dieser Zustand würde auch in der Tier- und Pflanzenwelt herrschen, wenn man auf einen Schlag alle **Hormone** abschaffen würde. Nichts würde mehr in vorgeschriebenen Bahnen verlaufen. Jedes Lebewesen wäre außer Rand und Band.

Hormone sind die Verbindungen, die innerhalb eines Körpers für ein geordnetes Zusammenarbeiten aller Organe und deren Zellen sorgen. Es ist ein unglaublich kompliziert gemixter Cocktail an Stoffen, der in deinen Adern und den Körperflüssigkeiten schwimmt und Signale über sehr lange oder auch winzig kleine Entfernungen überträgt. Hormone legen fest, wann du wächst und ob es schnell oder langsam passiert. Sie entscheiden, ob du allmählich eine Brust bekommst oder deine Stimme tiefer wird. Sie sind verantwortlich für das Herzklopfen vor einem Auftritt. Sie machen dich zu einem guten oder schlechten Futterverwerter. Sie starten die Vorbereitungen für eine Geburt. Es ist eigentlich sagenhaft, wofür sie alles zu sorgen haben. Unterschiedliche Hormone gibt es genau so viele wie Fahrzeugtypen. Doch ähnlich wie man wenigstens eine Unterscheidung machen kann zwischen Personenkraftwagen und Lastkraftwagen kann man die meisten Hormone zwei großen Gruppen zuordnen – den **Steroidhormonen** und den **Peptidhormonen**.

Steroide, das Wort ist dir sicher noch nicht so oft begegnet. Aber Peptide, halt, Moment, das kam doch bei den Proteinen mit vor. Ja richtig, das waren doch die Proteine, die aus weniger als einhundert Aminosäureeinheiten gebildet wurden! Ist das nicht erleichternd, wenn man in einer vollkommen fremden Landschaft auf einmal auf einen Bekannten stößt? Heben wir uns aber das Treffen noch etwas auf und ergründen zuerst, was sich hinter den Steroidhormonen verbirgt. Erinnert mich eigentlich sehr an ein Stereoradio.

Steroidhormone

Wer weiß, wie es unserem alten Bekannten, dem Synthesechemiker DC Säule gerade geht. Vielleicht schwitzt er gerade zu Hause beim Schreiben seiner Doktorarbeit, oder er hockt hinten in der Universitätsgaststätte an einem Tisch beim Fenster über seinem fünften Kaffee. Was würde er wohl sagen, wenn wir uns zu ihm setzten und ihm diese Zeichnung neben seine Tasse gleiten ließen:

„Kann man so etwas synthetisieren?"

Wahrscheinlich nähme DC Säule erst einmal einen tiefen Schluck aus seinem fast leeren Kaffeebecher und fixierte dabei mit den Augen eines Pokerspielers unsere Struktur. Ein wahrer Synthesechemiker zeigt nie sofort, was er weiß. Schon gar nicht, was er nicht weiß!

„Hmmmm, jaaah", bekämen wir dann zu hören, wobei sich der Maestro hörbar über seinen Dreitagebart schabt. „Erinnert mich irgendwie",(stärkeres Scheuern)" irgendwie an, waren das nicht, genau – Steroide?"

100 Punkte, DC Säule! „Hmm, sechs asymmetrische Kohlenstoffe. Sollen die einen bestimmten Drehsinn haben?" Das hätten wir eigentlich erwartet. „Das macht das ganze natürlich verdammt kompliziert. Also, da würde ich doch erst mal gucken, ob ich nicht einen billigen natürlichen Ausgangsstoff finde, der so ähnlich aussieht." Und das wäre zum Beispiel? „Vielleicht irgendwelche Harzsäuren oder Diterpene, oder Cholesterin."

Na, viel geholfen hat uns das ja nicht. Jetzt wären wir nun wieder dazu verdonnert, erst einmal herauszufinden, was es mit diesen Stoffen auf sich hat. Ganz so leicht herzustellen sind Steroidhormone offensichtlich nicht.

Jede Kunst hat ihre Meister. Seien es Bach, Mozart und Händel in der Musik, oder Rembrandt und Dali in der Malerei. Immer wieder findet sich jemand, der Dinge leistet, zu denen andere vor ihm nicht fähig waren. Auch der Mount Everest sträubte sich lange einer Besteigung, bis er sich dann schließlich Edmund Hillary und Tensing Norgay beugen mußte. Komplizierte Naturstoffmoleküle sind schon immer so etwas wie ein Mount Everest der Chemie gewesen. Einer deren Bezwinger, der an Willen und Genialität durchaus mit Bach oder Hillary vergleichbar ist, war R. B. Woodward. Ständig stolpert man über seinen Namen, wenn man sich mit Synthesemethoden für große, unüberschaubare Moleküle beschäftigt. Ein „das geht nicht" war ihm scheinbar unbekannt. Eigentlich hatte er damit ja auch recht. Heute traut man sich an die unwahrscheinlichsten Probleme heran. Man muß sagen: Theoretisch ist fast alles machbar. Nur sind manche Synthesen so teuer und so zeitaufwendig, daß man lieber doch auf sie verzichtet.

Ein Steroidhormon ist synthetisierbar. Wenn man aber mit kleinen Bausteinen beginnt und das Molekül Stück für Stück, Ring für Ring wachsen läßt, kann es am Schluß niemand mehr bezahlen. Außerdem enstehen so viele Nebenprodukte bei den einzelnen Reaktionen, daß das Molekül unter dem Haufen Abfall regelrecht ein Witz ist. Als ob man aus einem Baum ein einziges Streichholz schnitzen würde.

Schielt man nun vorsichtig zur Natur herüber, wie sie dieses Problem gelöst hat, gibt es eine kleine Überraschung zu erleben: Auch sie verzichtet auf eine Synthese aus kleinen Teilen. Im menschlichen Blut ist eine Substanz gelöst, die bereits viele Hauptmerkmale der Steroidhormone besitzt, ohne selbst ein Hormon zu sein: das Cholesterol – du kennst dieses Molekül vielleicht unter dem Namen Cholesterin. Insofern war die Idee von DC Säule gar nicht so abwegig. Sehen wir uns die Struktur und das Skelett von Cholesterol einmal an:

Cholesterol

Dieser Stoff kommt nicht nur im Menschen sondern auch in allen Wirbeltieren vor. Seine Ähnlichkeit mit der Struktur der Steroidhormone ist so groß, daß sich die Vermutung regelrecht aufdrängt, daß Hormone und Cholesterol miteinander zusammenhängen. Alle Drüsen, in denen im Körper Steroidhormone hergestellt werden, haben ständigen Zugang zu vorbeitreibendem Cholesterol. In den Drüsen sind dann „nur" noch ein paar korrigierende synthetische Handgriffe am Molekül zu erledigen und fertig ist das Hormon.

Manche Hormone werden ein Leben lang in unserem Körper hergestellt. Andere nur zu ganz bestimmten Zeiten. Kommt ein Hormon zu spät oder erscheint gar nicht an seinem Einsatzort, geraten manche Körperfunktionen durcheinander. Manche Frauen konnten zum Beispiel kein Baby bekommen, weil eine Hormonwerkstatt ihren Dienst nicht angetreten hat.

Was würdest du unternehmen, wenn du wüßtest, woran es liegt? Ist es nicht wunderbar, daß man jemandem helfen kann, wenn man so einen komplizierten Fall verstanden hat! Diejenigen, die vor ungefähr sechzig Jahren die Zusammenhänge zwischen Hormonen und der Fortpflanzung entdeckten, wurden dafür mit dem Nobelpreis belohnt.

Gerade als man sich einigermaßen beruhigt zurücklehnen wollte, weil scheinbar das Geheimnis der Steroidhormone gelöst war, tauchte ein Problem auf, mit dem nicht zu rechnen war: So wie das Tubocurarin das Acetylcholin von seinem Platz verdrängt, können auch Hormone von fremden Substanzen vorgetäuscht werden. Bis heute ist schon ein ganzer Haufen von Verbindungen bekannt, die solche Eigenschaften besitzen. Diese in Gestalt eines Hormons daherkommenden blinden Passagiere sind Moleküle, die von der chemischen Industrie hergestellt wurden. Es kann zwar mit Sicherheit gesagt werden, daß sie niemals mit der Absicht synthetisiert wurden, den Hormonhaushalt von Lebewesen durcheinander zu bringen, das konnte man einfach nicht vorhersehen. Aber trotzdem darf das niemand als Entschuldigung akzeptieren. Die Moleküle sind jetzt einfach da. Sie wirken – ohne nach Gerechtigkeit zu fragen. Ohne „Chemie" hätte es sie nie gegeben. Wir sollten in Zukunft vorsichtiger sein.

Waren wir nicht vor kurzem über den Begriff „Peptide" gestolpert? Die alten Bekannten aus der Proteinkettenschmiede! Sehen wir uns mal an, was Peptide können.

Peptidhormone

Ab und zu liest oder hört man von Leuten, die einen schweren Unfall hatten. Dann fragt man sich: Wie muß das wohl wehgetan haben? Doch dann erfährt man mit Erstaunen, daß die meisten im Moment der Katastrophe überhaupt nichts gespürt hatten. Erst im Krankenhaus, da kamen dann die Schmerzen. Wenn man an das eigene Geheul denkt, damals, als man sich mit dem Hammer den Daumen fast plattgeschlagen hatte ...

Schmerz, so gemein er auch sein mag, ist wichtig. Es ist die Meldung an das Gehirn: Da stimmt irgendwo etwas nicht im Körper. Das Gefühl tritt immer dann auf, wenn wir gerade im Begriff sind, uns selbst in Gefahr zu bringen. Es ist ein Schutzsignal. Je größer die Gefahr, desto größer der Schmerz. Hoffentlich ist es dir nicht selbst schon einmal so ergangen. Du kannst mir glauben: Es gibt einen Punkt, ab dem kann man keinen klaren Gedanken mehr fassen. Alles ist einem recht, nur damit endlich die Pein aufhört.

Genau an dieser Stelle scheint es in unseren Gehirnen eine Sicherung zu geben. Sozusagen ein eingebautes Beruhigungsmittel, gespeichert für den Extremfall. Denn man hat nur dann eine Chance, sich selbst außer Gefahr zu bringen, wenn man noch einigermaßen zurechnungsfähig ist. Das völlige Abschalten unserer Schmerzempfindung übernimmt ein Hormon. Genauer gesagt, ein Gemisch aus zwei Peptiden, die jeweils nur aus fünf aneinandergehängten Aminosäuren bestehen. Man nennt dieses Mittel Enkephalin.

Enkephalin

Du kannst bei dem Molekül ganz deutlich die Kette der miteinander verknüpften Aminosäuren verfolgen. Am besten sieht man es natürlich in der vereinfachten Darstellung. Ein Dreisternemolekül – also wird wohl auch hier wieder eine Spiegelbild-Falle ausgelegt sein. Das andere Peptid, das zum Enkephalingemisch gehört, unterscheidet sich in seiner Abbildung nur in der letzten Aminosäure. Deshalb verzichten wir einfach auf das zweite Bild.

Wenn das so eine einfach konstruierte Verbindung ist, könnte man denken, warum stellt man Enkephalin nicht als Schmerzmittel her? Keine schlechte Idee! Jeder Student sollte das können, wenn man ihm die entsprechenden Aminosäuren (mit dem richtigen Drehsinn!) gibt. Leider hat die Geschichte einen Haken. Es wäre ja auch zu einfach gewesen.

Irgendwie müssen die Moleküle in das Gehirn gelangen, wenn sie dort wirken sollen. Verschluckt man Enkephalin, gelangt es in die Verdauungsmaschinerie im Magen. Dort werden fast alle Proteine gespalten, egal wo sie herkommen und wie sie heißen. Das Enkephalin bildet dabei keine Ausnahme. Dieser Weg scheidet also aus.

Spritzt man die Substanz in die Blutbahn, wird das Problem der Verdauung geschickt umgangen. Trotzdem gibt es genügend Stellen im Körper, an denen Peptide zerstört werden, die irgenwo eine Signalfunktion besitzen. Das ist eine Art körpereigene Müllabfuhr. Die Chancen für ein injiziertes Enkephalinmolekül, im Gehirn anzukommen, sind etwa so groß wie die einer Flaschenpost, die du in Dresden in die Elbe geworfen hast, damit sie jemand in Hamburg lesen kann. Bleibt also nur noch übrig, Enkephalin direkt in die Hirnmasse zu leiten. Das ist so aufwendig, daß es von selbst ausscheidet.

Ganz bestimmt gibt es mindestens ein Molekül, das wie Enkephalin aussieht und doch kein Peptid ist! Wenn das für Acetylcholin und die Steroidhormone gilt, wieso sollte es hier anders sein? Jahrzehntelang kannte man ein Betäubungsmittel ohne zu wissen, daß es die Stelle von Enkephalin im Gehirn besetzt. Es wirkt, chemisch gesehen, hervorragend und hat trotzdem einen zweifelhaften Ruf:

Morphin – der Wolf im Schafspelz

Morphin ist ein wichtiger Bestandteil von Opium. Opium – wem ist dieser Begriff nicht schon einmal in Verbindung mit Rauschgift über den Weg gelaufen? Nicht in diesem Buch, aber in Zeitungen, in Krimis oder in den Nachrichten. Dabei fällt mir ein Gespräch ein, das ich vor einiger Zeit mit dem Besitzer einer kleinen Druckerei führte.

Wir unterhielten uns über die letzten Neuerungen, die einem Farbdruck eine noch lebendigere und wirklichkeitsnahere Erscheinung verleihen. Und plötzlich fiel das Wort *Holographie*. (Mit Hologrammen wird der Eindruck eines räumlichen Bildes erzeugt. Du siehst auf eine glatte Fläche und hast das Gefühl, es schwebt ein greifbarer Gegenstand hinter der Bildebene im Raum. Man möchte unwillkürlich in das Hologramm hineingreifen, um das abgebildete Teil neugierig näher betrachten zu können. Auf vielen Scheckkarten kannst du ein kleines Hologramm finden, weil es dort als Fälschungschutz angebracht ist.) Dieses Thema heizte unser Gespräch an. Mit Händen und Füßen und einem begeisterten Redeschwall wurde mir klargemacht, was das für ein gewaltiger Fortschritt sei, Hologramme anfertigen zu können. Ich habe nicht alle Details davon verstehen können. Für den Eindruck, daß mein Gegenüber sehr gut über diese Sache Bescheid zu wissen schien, reichte es allemal. So sagte ich am Ende seines Gefühlsausbruches eigentlich nur aus Spaß: Warum hast du nicht längst eine Scheckkartenfälscherei gegründet?

Da sah er mich halb verschmitzt, halb ernst an und meinte: „Erklären kann man Holographie noch einigermaßen. Aber wer Hologramme wirklich drucken kann, der braucht nichts mehr zu fälschen."

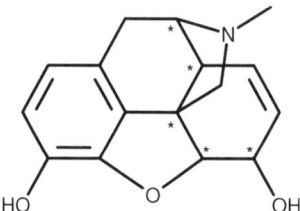

Kohlenstoffskelett von Morphin

Hier hast du das Kohlenstoffskelett von Morphin. Ein Molekül, das mehr als nur die Gemüter von Wissenschaftlern und Gangsterbossen erregt hat. Der Strukturformel kann man so etwas nicht ansehen. In den Chemical Abstracts, der weltgrößten Molekülbibliothek, würdest du hunderte von Einträgen zu dieser Verbindung finden. Ja, du könntest auch genügend Hinweise erhalten, wie man es synthetisieren kann. Obwohl es in fast allen Staaten dieser Erde eine Verbindung ist, die nur Ärzte besitzen dürfen, um es als sehr starkes Schmerzmittel Menschen im Notfall verordnen zu können.

Doch es ist totsicher ähnlich wie mit dem Drucken von Hologrammen: Wer Morphin wirklich synthetisieren kann, hat es nicht mehr nötig, sich durch Rauschgiftherstellung Geld zu verschaffen.

Wer nur ein kleines bißchen aufgepaßt hat, lernt beim Studium der Chemie genügend, um eine halbe Stadt mit Gift und Sprengstoffen in Angst und Schrecken versetzen zu können. Doch allein der Gedanke an so etwas ist genauso unsinnig, wie den Führerschein zu machen, um hinterher seinen ärgsten Feind zu überrollen. Seien wir froh, daß wir ungehinderten Zugang zum Wissen über die Moleküle haben und laß uns nur das Beste daraus machen.

Während ich die Morphinstruktur für dich zeichnete, hatte ich mit einem kleinen Problem zu kämpfen. Eigentlich wären gerade Hologramme die beste Darstellungsform für Moleküle. So ein Molekül hat ja Ecken, Kanten, Ausbuchtungen und Wölbungen in alle Himmelsrichtungen. Man erhält ein völlig verkehrtes Bild von den Verbindungen, wenn man sie immer nur plattgequetscht als Strichmännchen auf dem Papier serviert bekommt. Weil Hologramme in dieser Größe das Buch unbezahlbar machen, möchte ich dir bei Morphin einen Kompromiß vorschlagen:

Nachdem du es in der ersten Abbildung flachgebügelt und von oben gesehen hast – für Moleküle gibt es eigentlich genausowenig ein oben und unten wie für Raumschiffe in der Schwerelosigkeit – zeichne ich dir das Molekül noch einmal in einer Seitenansicht von der Seite mit den drei Sauerstoffen aus betrachtet. Der Sechsring mit den drei Doppelbindungen liegt dabei genau auf der Papierebene.

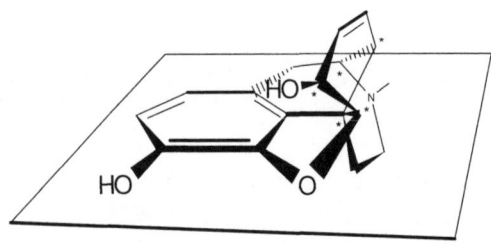

Verwirrt? Das erste Bild von Morphin war nicht aufschlußreicher, als eine Fotografie eines flachgedrückten Blumenkohl von oben. Dir würde nie und nimmer in den Sinn kommen, daß der Blumenkohl in Wirklichkeit so dick und prall ist, wenn du ihn nicht noch einmal von der Seite gezeigt bekämst.

Morphin ist mit „fünf Sternchen" absolut fälschungssicher konstruiert. Würde man ein Morphin herstellen, dessen Kohlenstoffatome alle den entgegengesetzten Drehsinn besitzen, hätte man folgendes Gebilde vor sich:

Es fällt besonders ins Auge, daß auf einmal der stickstoffhaltige Ring unter der Betrachtungsebene liegt, während die vorher nahezu versteckte OH-Gruppe jetzt dem Betrachter regelrecht ins Gesicht springt. So wäre eine Struktur entstanden, die überhaupt nicht mehr in das molekulare Schlüsselloch für Morphin passen würde, obwohl die Anzahl von Atomen und Bindungen exakt die gleichen sind wie bei Morphin!

Warum kann das Enkephalin durch Morphin ersetzt werden, wo doch beide Moleküle vollkommen unterschiedlich aussehen? Die Antwort darauf ist überraschend und doch logisch. Vor allem hilft uns der Blick auf die Struktur der Substanzen weiter. Laß uns zuerst die polaren Bereiche in dem Molekül markieren (dafür wurden Elektronegativitätswerte der einzelnen Atome benutzt). Das könntest du jetzt für Morphin im Handumdrehen erledigen wie ein Chefarzt eine Blinddarmoperation – reine Routineangelegenheit. Polare Bereiche finden sich in der Umgebung der Sauerstoffatome und am Stickstoff. Nicht zu vergessen, daß die beiden OH-Gruppen Wasserstoffbrückenbindungen zu einem in Frage kommenden Nachbarn ausbilden können.

Ist Morphin nun endlich nach langer Reise durch die Blutbahn ins Gehirn eingetreten, kommt der entscheidende Moment: Es gelangt in die Nähe der Nervenenden, die eigentlich für das Anlegen der Enkephalinmoleküle konstruiert sind. So wie der Gast im Hotel an der Rezeption empfangen wird, sind es im lebenden Organismus die **Rezeptoren**, die ein Molekül willkommenheißen. Der Rezeptor ist natürlich selbst nichts anderes als ein Molekül oder ein Teil davon. Es ist sicher, daß der Enkephalin/Morphinrezeptor der Abschnitt eines Proteins ist – du merkst, das wird eine geballte Wiederholung. Es macht aber riesengroßen Spaß, wenn auf einmal sämtliche Zusammenhänge klar werden.

Ein Protein ist nichts anderes als eine lange, in sich verknäulte Kette von aneinandergehängten Aminosäuren. Auf der Oberfläche dieses Knäuels gibt es Ritzen, Falten und Ausbuchtungen mit ganz bestimmten Formen. An einer einzigen, genau festgelegten Stelle kann sich das Enkephalin/Morphinmolekül anschmiegen wie ein perfekt maßgeschneiderter Puzzlestein. Dort befindet sich der Rezeptor. Das Anschmiegen findet aber nicht nur statt, weil die Formen ineinanderpassen wie eine Hand in einen Handschuh. Das allein ist noch nicht ausreichend, um als Schlüssel ins Schloß zu gleiten. Jetzt müssen auch noch alle und *wirklich alle* polaren und sonstigen Anziehungskräfte zwischen ankommendem Molekül und Rezeptor zur Wirkung kommen. Nur dann bleibt ein Molekül am Rezeptor hängen und kann seine Wirkung entfalten.

Enkephalin erscheint nicht als die simple, langgezogene Kette, wie ich sie dir hingemalt habe. Kaum sind die fünf Aminosäuren, aus denen es besteht, aneinandergehängt, schnurrt es auch schon zu einem Knäuel zusammen. Ein von theoretischen Chemikern und Mathematikern entworfenes Computerprogramm würde dir nach etwa einer halben Stunde Rechenzeit ein Bild von dem Molekül liefern, wie es sich höchstwahrscheinlich in sich selbst verwik-

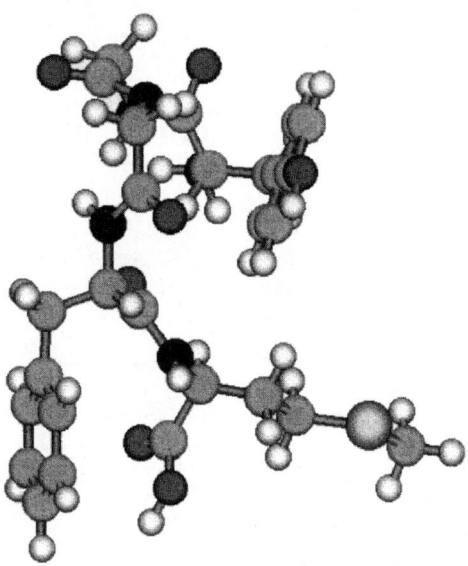

kelt. Dabei macht das Programm nichts anderes, als die Kräfte abzuschätzen, die zwischen den einzelnen Molekülabschnitten aufeinander ausgeübt werden. Es sucht nach polaren Bereichen und eventuellen Wasserstoffbrücken und dann knickt und verdreht es das Molekül so lange, bis alle Bereiche so gut wie nur möglich ihre Anziehungskräfte entfalten können. Dann erscheint ein Enkephalinmolekül auf dem Bildschirm, das von der äußeren Form her nichts mehr mit dem gemeinsam hat, das ich dir auf einer vorangegangenen Seite gezeigt hatte.

Es gilt als ziemlich wahrscheinlich, daß Enkephalin in dieser berechneten und nie in der langgestreckten Kettenform im Gehirn wirkt. Das Bild von der Aminosäurekette ist also eigentlich nur eine ganz jämmerliche Hilfskrücke für den Chemiker! So ein kleines Molekülknäuel besitzt natürlich auch eine Oberfläche mit polaren Bereichen. Traraaaa – ein Trommelwirbel zur endgültigen Auflösung des Ähnlichkeitsrätsels: Die Oberflächen und die darauf verteilten Kräfte von Morphin und Enkephalin müssen gleich sein. Ansonsten wären sie nicht vom gleichen Rezeptor erkannt worden.

Darüber kannst du ein klein wenig meditieren. Und wenn du gerade einmal dabei bist: Wie würdest du es nennen, wenn ein kleines Peptid im Menschenhirn und eine Substanz, die nur im Saft unreifer Mohnkapseln vorkommt, die gleiche Wirkung auf Nervenzellen haben? Schicksal, Zufall, Ironie der Götter? Oder stammt der Mensch von der Mohnblume ab?

Da wir gerade das Thema Computer in der Chemie angepickt haben, kann ich dir noch einen kleinen, interessanten Nachtisch dazu verschaffen. Vielleicht begann sich in dir soeben eine dumpfe Vermutung zu regen: Da man schon Molekülformen und -oberflächen berechnen kann – ist es dann nicht auch möglich, Moleküle für Rezeptoren regelrecht vorauszusagen?

Mit dieser Frage triffst du genau ins Herz des sogenannten „Computergestützten Wirkstoffdesigns". Um dir erklären zu können, was sich dahinter verbirgt, müssen wir ganz kurz die Uhr um einhundert Jahre zurückdrehen:

Damals hatte soeben Robert Koch, der berühmte Entdecker der Tuberkulosebakterien, in seinen Forschungen über Krankheiten folgende Feststellung von sich gegeben: Zu jeder Krankheit muß es einen Erreger geben, den es zu finden gilt. Der Erreger muß zu vermehren sein und es muß ein Gegenmittel für ihn ersonnen werden.

Runzele jetzt nicht verächtlich die Stirn: Zu jenen Zeiten waren das heftig umstrittene Aussagen, die sich erst nach langer Zeit durchsetzten. Diesen ‚Kochschen Postulaten' könnte man heute noch eine Forderung anhängen: Im Organismus eines Krankheitserregers gibt es immer einen schwächsten Punkt, an dem er am sichersten zu töten ist. Für diesen Punkt ist ein ideales Molekül zu konstruieren. Ob Pilze, Bakterien oder Viren: Biologen und Biochemiker haben bis heute schon so viel über diese Mikroben zusammengetragen, daß sie auf Anhieb die Stellen voraussagen können, wo die Burschen am empfindlichsten sind. Dann werden die Erreger wie ein armer Frosch im Biounterricht zerlegt und die entsprechenden Riesenmoleküle, an denen ein Wirkstoff seine Arbeit verrichten soll, herausgezogen. Man analysiert sie, berechnet ihre Form und gibt sie als feste Struktur in eine leistungsstarke Rechenmaschine ein. Endlich ist der Augenblick gekommen, an dem der Computer wie ein Flaschengeist ein Wunder verrichten soll: Sag uns, wie das Superkillermolekül aussehen muß, das diesen vorgegebenen Rezeptor am besten blockiert!

Das ist eine spannende Angelegenheit. Heraus kommen aber oft Molekülvorschläge, bei denen jeder Synthesechemiker entsetzt aufschreit: „Was soll denn das kosten?" Besonders kompliziert wird die Sache, wenn im Molekül ein Haufen dieser asymmetrischen (Sternchen)Kohlenstoffe auftauchen. Bisher sind jedoch noch keine Wirkstoffe auf diesem Wege geschaffen worden, die dann tatsächlich den entsprechenden Erreger aufs Kreuz gelegt haben. Das liegt nicht daran, daß die Modelle falsch sind oder die Rechner nichts taugen: Ehe ein Molekül bis zu der Stelle vorgedrungen ist, an der es zur Wirkung kommen soll, muß es zahllose Hürden nehmen. An irgendeinem Hindernis, von dem weder der Computer etwas wissen, noch Biochemiker etwas ahnen konnten, scheitern sie dann und lösen sich auf Nimmerwiedersehen auf.

So gesehen ist es für einen Wirkstoff viel komplizierter, an seinen Bestimmungsort zu gelangen, als die schon einmal erwähnte erfolgreiche Reise einer Flaschenpost von Dresden nach Hamburg. Wenn in der Elbe zwanzig Stromschnellen, mehrere Wasserkraftwerke, ein paar Schleusen und Schiffshebewerke lauern würden und dann letztendlich in Hamburg die schwimmende Botschaft an einem ganz bestimmten Dock anlegen soll – dann wären die Verhältnisse eher mit denen im Organismus vergleichbar. Wagenladungen an verkorkten Flaschen müßten am Dresdener Elbufer ins Wasser geschüttet werden, nur damit eine einzige Nachricht an das vorbestimmte Ziel kommt.

Umso überraschender ist es, daß Morphin zielsicher und fast noch wirksamer als Enkephalin diese speziellen Rezeptoren im Gehirn findet und das Schmerzempfinden blockiert.

Uh, verflixt, da rede ich und rede ich – und alles nur zu einer Verbindung. Eine Frage muß ich noch klären, das bin ich dir einfach noch schuldig. Dann sei das Thema Morphin für uns abgehakt.

Warum ist ein Schmerzmittel gleichzeitig ein Rauschgift? „Mein Vater," könntest du jetzt ins Grübeln kommen," nimmt ab und zu eine Kopfschmerztablette. Heißt das, daß ich einen Süchtigen in meiner Familie habe?" Du kannst beruhigt durchatmen, nein, keine Gefahr dergleichen. Im Gegensatz zu den Wirkstoffen in einer durchschnittlichen Kopfschmerztablette hat Morphin noch eine Nebenwirkung, die man „rauscherzeugend" nennt. Ähnlich wie bei einem Betrunkenen nimmt der Betroffene seine Umwelt anders war als im nüchternen Zustand. Seine von Morphin benebelten Sinne gaukeln ihm eine Landschaft vor, wie sie gar nicht existiert. Wir beide, du und ich, können diesen Zustand sogar einigermaßen erklären: Irgendwo im Gehirn werden durch die Anwesenheit des Rauschmittels Reize an Nerven erzeugt, die sonst für die Leitung ganz anderer Signale zuständig sind. Ein Berauschter glaubt tatsächlich manchmal Farben zu riechen oder Töne zu sehen – ein Zeichen, daß normales Empfinden völlig durcheinandergekommen ist. Die riesengroße Gefahr an den meisten Rauschmitteln – weshalb sie zu recht Gifte genannt werden – ist, daß sie ein Suchtgefühl erzeugen. Eine Sucht nach Makkaroni oder Erdbeertorte ist harmlos gegen eine Rauschgiftsucht. Das arme Opfer hat ein Verlangen nach seinem Mittel wie ein Verdurstender in der Wüste nach einem Schluck Wasser. Wie das Entstehen einer Sucht im chemischen Sinne zu erklären ist, kann man bis heute noch nicht genau sagen. Du könntest vielen helfen, würdest du eine Antwort finden, wie das quälende Suchtgefühl abgeschaltet werden kann.

Auch wenn es möglicherweise eine verblüffende Angelegenheit sein mag, eine Farbe zu riechen, ist es die Sache absolut nicht wert, sich solchen Gefahren und tausend anderen, nicht erwähnten Nebenwirkungen auszusetzen. Hände weg! Es geht doch nichts über den Duft einer Bratwurst auf dem Grill. Besonders wenn man weiß, daß man in den nächsten fünf Minuten seine Zähne in die knusprige, braunfettige Pelle schlagen wird. Das ist Rausch ohne Gift!

Bratwurst und andere Verführungen

Da fährst du an einem stillen, warmen Samstagabend mit dem Fahrrad durch eine Siedlung aus Gartenhäusern und da, auf einmal, da trifft dieser Duft deine Nase. Ohne zu sehen, wo es stattfindet, weißt du genau: Hinter irgendeiner Hecke steht so ein beschürzter, verschwitzter, vom Feierabendbier beschwingter Hausherr und wendet eifrig brutzelnde Steaks, Bratwürste und andere Köstlichkeiten über der Holzkohleglut, und du bist, wie könnte es anders sein, nicht eingeladen. Da heißt es hart zu bleiben und weiterzufahren. Ohne Nase wäre das nicht passiert.

Die Bratwurst ist nicht das einzige Wesen, das uns eine Nachricht wie „komm her und iß mich" zukommen läßt. Das verfaulte Ei schreit uns an „Rühr mich bloß nicht in den Kuchen, sonst erlebst du was!". Die verbrannte Milch zischelt: „Trottel, wieder zu spät!" Das Heu schmeichelt: „Arbeite nicht so hart! Ruh dich aus!" Mit Geruch werden wir verführt, gewarnt, angelockt oder ab-

geschreckt, steigen Erinnerungen an Ferien, Weihnachten, Großmutters un-
nachahmliche Apfeltorte und den ersten Ritt auf einem Pferd erneut in uns
auf.

Alle Nasen sind eine Verbindung zur Außenwelt, auf die kaum jemand verzichten kann, egal ob er oder sie Hund, Maulwurf oder Elefant genannt wird.

Der Mechanismus des Riechens ist den Vorgängen, die bei Reizübertragun-
gen im Gehirn ablaufen, sehr ähnlich. Die Nase zieht die Riechstoffe (die mit
Wirkstoffen zu vergleichen sind) mit der Luft ein und leitet die Geruchs-
moleküle am Ende des Nasenganges über spezielle Geruchsrezeptoren. Wie für
alle Rezeptoren gilt auch hier: Ein Molekül von ganz bestimmter Größe, Form
und polaren Eigenschaften erzeugt einen bestimmten Reiz.

Es wird dich wahrscheinlich kaum noch vom Hocker reißen, wenn ich dir
jetzt sage, daß nach genau dem gleichen Prinzip der Geschmack funktioniert.
Hier befinden sich die Rezeptoren auf der Zunge verteilt und senden die Reize für bitter, süß, scharf oder salzig an das Gehirn.

Schmecken und Riechen – alles nur durch Moleküle verursacht. Damit deine
Sammlung für Wirkstoffmoleküle auch an dieser Stelle nicht ohne Beispiel
bleibt, zeichne ich dir die Strukturen von Zimtaldehyd und Saccharin. Zimtaldehyd riecht, wie es der Name schon sagt, sehr kräftig nach frisch gemahle-
ner Zimtrinde und ist auch wirklich in ihr enthalten. Saccharin ist ein Zucker-
ersatz für die, die gern Süßes naschen, ohne dabei dick werden zu wollen. Denn
Saccharin kitzelt nur die Rezeptoren für „süß" auf der Zunge. Der Rest des
Körpers kann mit diesem Molekül überhaupt nichts anfangen, sondern scheidet es einfach wieder aus.

Zimtaldehyd   Saccharin

Was für eine Erleichterung! Es gibt auch noch kleine Verbindungen ohne Sternchen, die trotzdem eine gewisse Wirkung entfalten.

Die Zahl der Verbindungen, die für Signale verantwortlich sind, ist so groß
wie die Zahl der Sandkörner an einem Meeresstrand. Wir könnten jetzt einen
endlosen Spaziergang entlang der Brandung unternehmen. Ab und zu würde

sich einer von uns bücken und ein Sandkrümchen aufheben. Dann würden wir es uns ansehen und überlegen, wozu es wohl gut sein könnte. Nur, befriedigend wäre das auf die Dauer weder für dich noch für mich. Chemie ist doch kein Molekülmuseum – Chemie ist zuallererst und immer wieder Leben!

Der Faden der Parzen

Manchmal abends im Bett, wenn ich noch nicht einschlafen kann, lasse ich meine Gedanken machen, was sie wollen. Ich lausche, was sie da für verrücktes Zeug vor sich hinschwatzen und amüsiere mich über den Unsinn, der dabei zusammengeredet wird. Ob das alles so passieren mußte, was mir da an einem einzigen Tag geschehen ist? Die Straßenlaterne, an die ich rückwärts mit dem Auto geknallt bin. Den Zug, den ich verpaßt habe. Das Buch, das ich in der Kommode auf dem Sperrmüll fand. Den fast vergessenen Freund, den ich wiedertraf. Da liege ich unter meiner Bettdecke und bekomme den Eindruck, daß alles was heute passiert ist, egal ob traurig, überraschend, zufällig, erwünscht oder aufgezwungen, mein weiteres Leben bestimmen wird. Warum mußte es gerade so kommen und nicht anders?

Diese Frage ist sicher so alt wie die Menschheit selbst. In der griechischen Sagenwelt gibt es dafür eine besonders eindeutige Antwort: Das Schicksal eines jeden Menschen ist eingewebt in einem Faden des Lebens. Dieser Faden wird von drei Nymphen gesponnen, die beim Totengott Hades angestellt sind – den Parzen. Wird der Faden von ihnen abgeschnitten, endet das Leben des betroffenen Menschen.

Abgesehen davon, daß ich das Wort „Parzen" ziemlich gruselig finde, ist das eine hochinteressante Erklärung. Obwohl eine Sage, trifft sie fast den Kern der Sache. Erinnerst du dich noch an den Griechen Demokrit, der als erster vermutet hatte, daß alle Dinge aus Atomen bestehen? Irgendwie scheinen die alten Griechen ein Gespür für Entdeckungen gehabt zu haben.

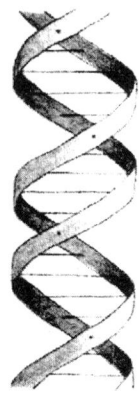

DNA

Es gibt tatsächlich einen Faden, der unser aller Leben bestimmt und überhaupt erst möglich macht. Er ist nicht ganz so lang, wie bei den sagenumwobenen Parzen. Aber er besteht, wie es sich für einen ordentlichen Faden gehört, aus zwei ineinander gedrehten Einzelsträngen. Dieser Faden hat zwar ein Ende, aber der Besitzer stirbt nicht dran. Er wird auch nicht irgendwo im Reich der Götter oder Toten hergestellt, sondern er befindet sich direkt in jedem von uns. Im Detail unterliefen den griechischen Denkern noch ein paar Irrtümer. Im Großen und Ganzen war die Idee vom Lebensfaden grandios.

Das Wort *atomos* haben die Wissenschaftler kritiklos übernommen und Atom daraus gemacht. Der Faden des Lebens bekam jedoch einen zeitgemäßen Namen. Nachdem ihn die Naturwissenschaftler gefunden und analysiert hatten, nannten sie ihn **Desoxyribonukleinsäure**. Jeder, der dieses Wort ohne rot zu werden oder zu stottern ausprechen kann, gerät schnell in Verruf, ein Klugscheißer zu sein. Deshalb sagt man kurz und bündig statt Desochsenrübezahlnachtmütze einfach DNS. Oder, weil Säure auf englisch *acid* heißt, DNA. **DNA = DNS**, das sollte man im Gedächtnis behalten.

In meiner DNS stand ganz sicher nicht, daß ich an einem besagten Sonntag, 14^{23} Uhr mit 16 kmh^{-1} rückwärts beim Ausparken an einen Lampenmast schmettern würde. Noch würde in der DNS zu lesen sein, daß ich dabei in einem orangen Auto sitzen würde, genannt die Möhre, Baujahr 1983, 75 PS und 2000 cm^3 Hubraum.

Aber welche Augen- und Haarfarbe ich besitze, wie groß ich bin und ob ich als Mann oder Frau durchs Leben gehe, habe ich ganz sicher meiner DNS zu verdanken. Auch solche Dinge, über die eigentlich keiner mehr redet, sind in der DNS eingetragen: Zwei Hände mit je fünf Fingern, Nase in Kopfmitte, zwei Augen, keine Flügel oder Schwimmblase, Allesfressergebiß, Greifschwanz verkümmert, getrenntgeschlechtige Vermehrung.

Die DNS ist der molekulare Personalausweis und Bauplan eines jeden Lebewesens. Mit ihr hat alles angefangen, auch du und ich.

Jede Zelle, egal ob sie zu einem Pantoffeltierchen, einer Zwiebel oder einem Wal gehört, hat einen Zellkern. Durchs Mikroskop kann man im Zellkern einen ganzen Haufen komischer Kringel erkennen. Sie sehen aus wie aneinandergehängte Bockwürste. Genannt werden diese Gebilde **Chromosomen**. In den Chromosomen steckt die DNS.

Würde man die komplette DNS eines Menschen vorsichtig aus den Chromosomen einer einzelnen Zelle herausziehen, wäre der Molekülfaden etwa zwei Meter lang.

Das ist bei der Winzigkeit von Atomen eine gigantische Moleküllänge. Weil die einzelnen Bausteine des DNS-Moleküls wieder und wieder vorkommen, können wir diese Molekülschlange auch als Polymer betrachten. Wenn es aber eine Rangfolge unter den Polymeren gäbe, wäre die DNS ohne jede Diskussion die Kaiserin der Polymere. Wie eine echte Kaiserin macht sich auch die DNS mit keiner niederen Arbeit die Finger schmutzig. Weder kann man ein Netz aus ihr knüpfen, noch taugt sie zu anderen Stütz- oder Trägerdiensten. Sie ist einzig und allein der Bewahrer und Vermittler von Informationen, nicht mehr und nicht weniger.

Soll ich dich jetzt wirklich mit den Strukturen quälen, die die DNS bilden? Ich weiß, mittlerweile kann dich nichts mehr schrecken. Darauf kannst du sehr stolz sein. Ich mache es aber nur, damit du dieses Buch überlebst und nicht hier an dieser Stelle vor Neugier stirbst.

Sechs Zutaten braucht der Koch für eine gelungene DNS à la chef. Vier sogenannte Nucleinsäurebasen mit den Namen Adenin, Guanin, Cytosin und Thymin. Weiterhin einen Zucker, genannt Desoxyribose und die Phosphorsäure, deren Säurerestion uns bereits bei den Metallsalzen, den Phosphaten begegnet war.

Wirf nur einen kurzen Blick auf die Basenstrukturen. Für uns ist nur eine einzige Eigenschaft dieser Moleküle von ausschlaggebender Bedeutung. Das ist die Fähigkeit, Wasserstoffbrücken ausbilden zu können. Die können überall da entstehen, wo an den entsprechenden Basen NH- oder NH_2-Gruppen auftauchen. Der Zucker Ribose tritt in der DNS nur in seiner Ringform auf. Zu Phosphorsäure selbst ist nicht viel zu sagen.

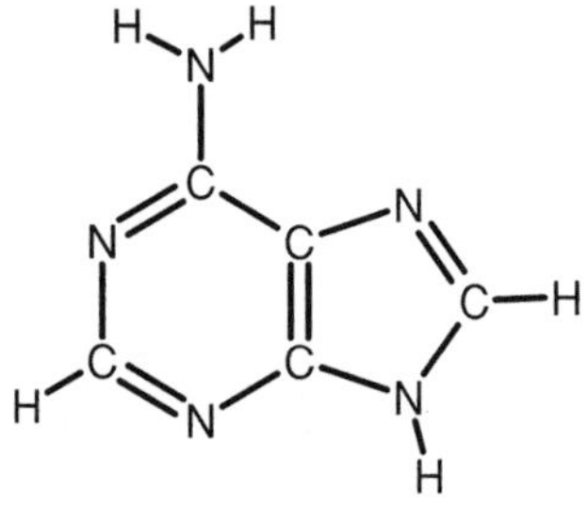

Adenin

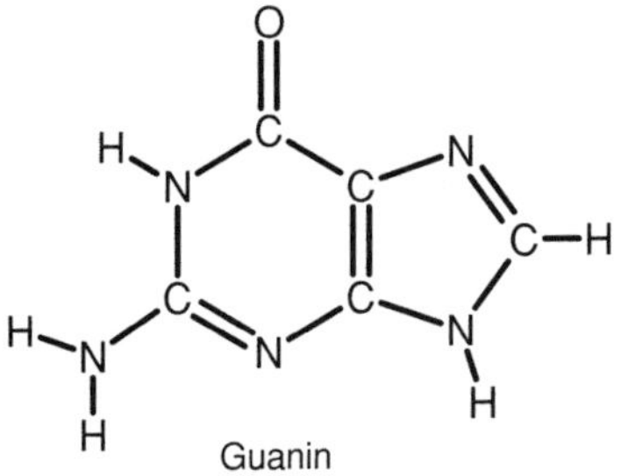

Guanin

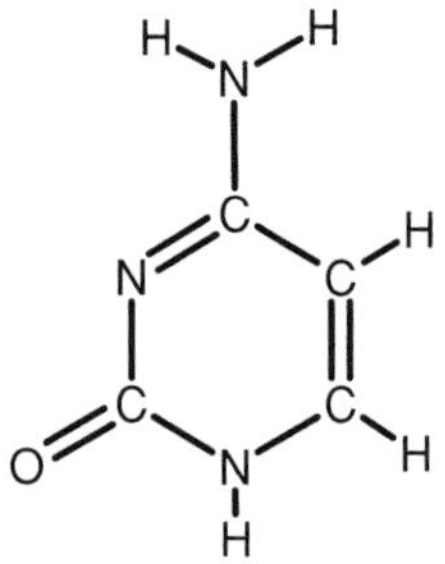

Cytosin

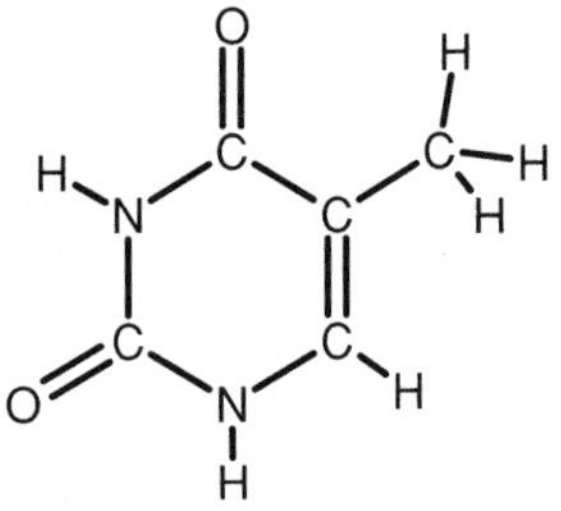

Thymin

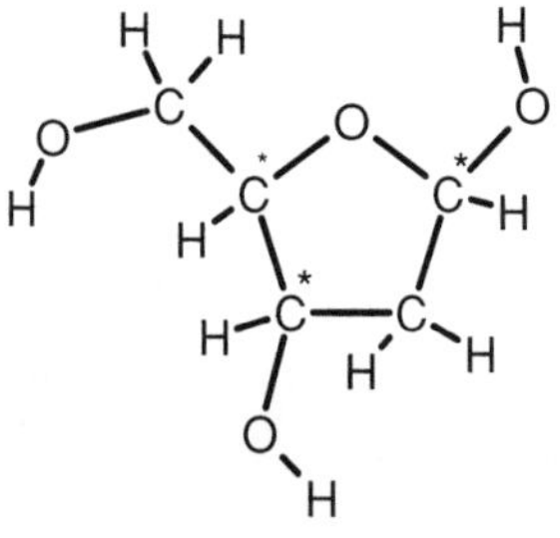

Desoxyribose

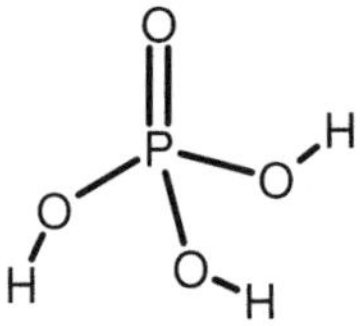

Phosphorsäure

Die Grundstruktur der Polymerkette entsteht durch abwechselndes Aneinanderhängen von Phosphorsäure- und Zuckermolekülen. Der Charakter der DNS als unverwechselbares Einzelstück entsteht aber erst, wenn an jeden Zuckerring noch eine ganz bestimmte Base gehängt wird. Ähnlich wie bei den Proteinen sorgt die Reihenfolge der Nucleinsäurebasen für die Einzigartigkeit des Moleküls. In diesem Fall handelt es sich um einen ganz besonders inhaltsschweren Geheimcode.

Auf diese Weise läßt sich ein Strang der DNS beschreiben. Da jedoch der Faden des Lebens aus zwei Molekülketten gedreht ist, muß noch etwas zum Gegenstrang gesagt werden: Er folgt dem gleichen Aufbauprinzip der phosphorsäureverbrückten Zucker mit angehängten Nucleinsäurebasen. Klingt doch unverschämt wissenschaftlich – findest du nicht auch?

W asserstoffbrücke

Damit sich die zwei Stränge überhaupt so aneinanderschmiegen können, müssen sie auch mit ihren Strukturen ineinanderpassen. Das gelingt nur wenn Adenin-Thymin- oder Thymin-Adenin-Paare und Guanin-Cytosin- oder Cytosin-Guanin-Basen einander gegenüberstehen. Die Paarung erfolgt ausschließlich durch Wasserstoffbrücken.

Du kannst also vorhersagen, wenn zum Beispiel die Reihenfolge der Basen auf einem Strangabschnitt Adenin-Adenin-Cytosin-Adenin-Guanin (AACAG) lautet, daß der Gegenstrang für diesen Abschnitt Thymin-Thymin-Guanin-Thymin-Cytosin (TTGTC) als Basenreihe besitzen muß. Die ordnende Fähigkeit der Wasserstoffbrücken ist so bedeutend, daß dir folgendes Experiment immer gelingen würde: Greife dir eine DNS und trenne beide Einzelstränge voneinander – das geht verhältnismäßig einfach durch Erhitzen der Substanz auf etwa 60 °C, Fachleute nennen das aufschmelzen. Wirf einen Strang in lauwarmes Wasser. Den anderen schneidest du in viele kleine Stücke, von denen du einige in den Abfall wirfst. Den Rest gibst du zu dem bereits im Wasser schwimmenden Gegenstrang. Umrühren, stehenlassen. Nach einer Weile wirst du feststellen, daß kein einziger DNS-Abschnitt mehr einsam in deiner Lösung treibt. Alle Teile haben sich wieder an den großen, unzerstörten Strang angeschmiegt haben, wo sie vorher ihren Platz hatten. An den Lücken könntest du wie ein Detektiv ablesen, welche Teile im Abfall gelandet sind. Ist das nicht ein sagenhaftes Phänomen? Eine Selbstorganisation, wie sie sich mancher für sein Zimmer wünschen würde.

Die DNS, die im Zellkern fein säuberlich in den Chromosomen verpackt ist, ist im Grunde nichts anderes als eine in Plastikfolie eingeschweißte Gebrauchsanweisung einer komplizierten Maschine auf chinesisch. Damit die in der DNS gespeicherten Informationen den Zellkern verlassen können, muß das Molekül umgeschrieben (übersetzt) werden.

Jeder einzelne Strang der DNS dient als Vorlage für ein neu zu bildendes Molekül, das ähnlich wie die DNS aufgebaut ist. Nur der Zucker, der ständig in der Polymerkette auftaucht, trägt jetzt eine OH-Gruppe mehr. Statt der Nucleinsäurebase Thymin wird eine andere namens Uracil verwendet. Der Zucker in der DNS hieß Desoxyribose. Mit einer OH-Gruppe mehr wird daraus Ribose. So heißt die Abschrift (Übersetzung) der DNS, die dann den Zellkern verlassen kann, **Ribonucleinsäure** oder einfach **RNS**.

Laß dich nur nicht von all diesen Namen irremachen!

Einmal gebildet, verdrehen sich die beiden gebildeten RNS-Stränge nicht ineinander, wie wir es von der DNS kennen. Sie verlassen getrennt als einzelne Polymerketten den Zellkern auf dem schnellsten Wege. Draußen irren sie etwas hilflos in der Gegend herum, bis sie auf ein anderes Körperchen stoßen, das wie der Kern zu jeder Zelle gehört – das Ribosom.

Bevor es die richtigen Telefone gab, wurden Nachrichten telegraphisch mit dem Morsealphabet übermittelt. Jeder Buchstabe wurde dazu übersetzt in eine Kombination von kurzen „pip"- und langen „piiiep"-Signalen. Als die Titanic sank, sendete der Funker das Seenotsignal in den Äther: „piep, piep, pieppiiiep, piiiep, piiiep-piep, piep, piep". Das ist übersetzt S-O-S und heißt „save our souls" – „rettet unsere Seelen". Wer so ein Signal empfängt, sollte alle Hebel in Bewegung setzen, einen Rettungsdienst zu informieren. Ein Funker muß natürlich das Morsealphabet genauso gut kennen wie sein eigenes Geburtsdatum. Für die meisten anderen, die mit der Telegraphie nichts am Hut haben, ist es wieder eine Art Geheimcode.

Mister Rrrribosom, zuständig für die RrrrNS, ist ein Telegraphist der ganz besonderen Sorte. Er hat die ehrenvolle Aufgabe, das unverständliche Kauderwelsch der Basenreihenfolge auf der RNS in Aminosäuren zu übersetzen. Die Biochemiker mußten Mister Ribosom eine Weile bei der Arbeit belauschen, bis folgendes klar war: Immer drei aufeinanderfolgende Basen (ein Triplett) entsprechen einer Aminosäure. Jede spezielle Aminosäure, von denen es ja bekanntermaßen 20 wichtige gibt, hat ihr spezielles Triplett.

Weht eine frische RNS bei Mr. Ribosom durchs Fenster, beginnt er pflichteifrig mit der Arbeit. Er greift die Polymerkette am Anfang und zieht sie sich durch die Finger. Oft passiert es, daß zu Beginn der RNS die Basen in einer Reihenfolge erscheinen, die unübersetzbar ist. Das stört aber den Übersetzer nicht weiter. In dem Moment, wo *Adenin-Uracil-Guanin* in der Kette hintereinanderstehen, wird er hellwach. Ab jetzt gilt es, keinen Fehler mehr zu machen!

Dreierpäckchen für Dreierpäckchen wird der nun folgende RNS-Abschnitt in Aminosäuren übersetzt. Jedesmal, wenn ein Triplett entschlüsselt ist, schreit Mr. Ribosom den Namen der entsprechenden Aminosäuren aus dem Fenster. Draußen stehen schon seine Helfer mit zwanzig Säcken, in denen sich die unterschiedlichen Aminosäure befinden. Zack, wird die Säure aus dem Sack gezerrt und ohne viel Federlesen an die kurz davor aufgerufene angeknüpft. Mr. Ribosom und seine Angestellten sind ein eingespieltes Team: Ungefähr einhundert Aminosäuren pro Sekunde – das ist die Norm!

Schließlich liest der Übersetzer ein Stop-Signal auf der RNS und schreit nur noch heiser: „Ende". Das bedeutet für seine Helfer eine kurze Verschnaufpause, nachdem sie der geknüpften Aminosäurekette mit einem Schubs auf die Beine geholfen haben. Nach einem neuen *AUG*-Triplett geht der Streß wieder von vorn los.

Das müssen wir uns eigentlich nicht noch einmal ansehen. Das ist ja immer wieder dasselbe, wie Pulloverstricken. Was soll nun so besonderes daran sein, wenn man erst DNS in RNS und anschließend RNS in Aminosäuren umschreibt? Ist das nicht fürchterlich umständlich oder beinahe sinnlos? Oberflächlich betrachtet sieht es wirklich so aus. Wieder mal etwas, worüber sich Chemielehrer endlos ereifern können und das außerhalb der Schule so nützlich ist wie Sonnencreme für Eskimos.

Doch stop, ehe wir uns verächtlich einer neuen Sache zuwenden ... Aminosäuren, erinnert dich das nicht an etwas? Proteine, Peptide – waren das nicht die Namen für die Ketten aus Aminosäuren. Beinahe wären diese natürlichen Polymere wieder in Vergessenheit geraten und hätten nur als nette Episode eine oder zwei Seiten dieses Buches gefüllt. Damit hätte ich ihnen unendlich Unrecht getan. Denn sie gehören zum Leben einer neuen Zelle genauso wie deren DNS.

Spulen wir das eben Gehörte noch einmal zurück bis zu dem Moment, an dem Mr. Ribosom „Ende“ aus dem Fenster krächzt. Ende, also Schluß mit der Aminosäureaneinanderhängerei. Ende eines Proteins. Kaum hat das Protein seinen verabschiedenden Stups im Rücken verspürt, schwimmt es im Zellsaft davon. Das macht es nicht irgendwie. Es kringelt sich zusammen, legt seinen Strang so zusammen, daß sich möglichst viele polare Stellen anziehen können oder Wasserstoffbrücken gebildet werden – das dauert eine Weile, bis es seine Lieblingsstellung eingenommen hat. (Diese könnte auch mit einem dicken Computer berechnet werden, wie wir schon fast im Schlaf singen können). Dabei bewegt sich das Protein ununterbrochen in einer Lösung, in der Wasser das Lösungsmittel ist. Im Zellsaft befindet sich nicht nur dieses einzige, gerade fertiggestellte Protein. Es sind Salze der verschiedensten Art darin gelöst, Natriumchlorid, Kaliumchlorid, Calziumcarbonat und noch Spuren vieler anderer Metallsalze, deren Ionen im Wasser treiben. Natürlich stößt das sich zurechträkelnde Protein auch auf diese Ionen, und, sobald es eine Falte oder ein Loch in der Moleküloberfläche zuläßt, werden auch mal schnell ein paar Metallionen mit eingebaut. Einige Proteine sind durch ihre Aminosäurereihenfolge regelrecht dafür gemacht, ein oder mehrere Metallionen zu verschlucken, andere können das überhaupt nicht.

Währenddessen ist am Ribosom bereits das nächste Protein fertig montiert worden. Da jede RNS nur einmal gelesen wird, ist zu vermuten, daß nun ein anderes Eiweißmolekül als das vorherige entstanden ist. Auch dieses schwimmt los, grapscht nach Ionen in der Lösung und verdrillt sich wieder in sich selbst. Protein für Protein wird in den Zellsaft abgesondert, bis die gesamte RNS durch das Ribosom übersetzt worden ist. Je mehr neugeschaffene Moleküle im Zellwasser schwimmen, desto größer ist die Wahrscheinlichkeit, daß sie aufeinanderstoßen. Bei solch einem Treffen entscheidet die äußere Form, ob zwei Proteine sich nach den Gesetzen über das „Große Molekülleben" anziehend finden. So schwimmt manches Eiweißmolekül trotz mehreren vergeblichen Anläufen allein in der Zelle herum, während andere bereits einen großen Verband gebildet haben. Auf diese Weise formen sich Stück für Stück die Bestandteile einer neuen Zelle oder werden bereits bestehende Zellstrukturen verstärkt. Haben alle Proteine ihren Platz eingenommen, führt ein chemisches Signal (von dem ganz stark zu vermuten ist, daß es sich um ein von Mr. Ribosom hergestelltes Peptidhormon handelt) zu einer Verdopplung der DNS im Zellkern. Die Zelle schnürt sich ein, teilt sich und nun beginnt der Kreislauf DNS zu RNS, RNS zu Proteinen erneut. Zelle für Zelle wächst ein neuer Organismus heran.

Selbst beim Schreiben bin ich ganz außer Atem gekommen. Bist du noch da? Ist das nicht GENIAL? So genial, daß man dieses Wort gar nicht groß genug schreiben kann!

Schon allein diese Proteinsynthese! Was murkst man da im Labor herum, um ein kleines Peptid aus etwa fünfzehn Aminosäuren herzustellen! In der Zelle entstehen Proteine, über 20000 Aminosäureeinheiten lang, und ohne einen einzigen Fehler! Dann werden diese einfach in die Freiheit entlassen, und nur ihre Umgebung sorgt dafür, daß sie (wieder ohne Fehler) ihren richtigen Platz finden und nebenbei noch ganz spezielle Metallionen aus dem Zellsaft keschern.

Hui, jetzt kommt dir aber bestimmt der Verdacht, daß ich dir nicht die ganze Wahrheit gesagt habe. Denn, diese Story konsequent zurückgedreht, bedeutet doch folgendes: Für dich und mich und alle Lebewesen auf der Erde begann das Leben in einer einzigen Zelle. Eine winzige, gerade vom Samen befruchtete Eizelle – damit ging es mit uns los. Nach einem Tag hatte sich diese Zelle schon geteilt. Und auch die beiden Tochterzellen hatten bereits eine Teilung hinter sich. Doch nicht nur das, auch die Tochtertochterzellen hatten den Teilungsschritt abgeschlossen. Acht Zellen bildeten eine kleine Kugel.

Mit jeder Teilung mußte sich die DNS verdoppeln, in RNS umgeschrieben werden, in Proteine verwandelt werden, die in der entsprechenden Form einen bestimmten Platz finden mußten – schon an dieser Stelle müßten alle Synthesechemiker der Welt schweißgebadet das Handtuch werfen. Unmöglich, undurchführbar. Das war nur der erste Tag deines beginnenden Lebens!

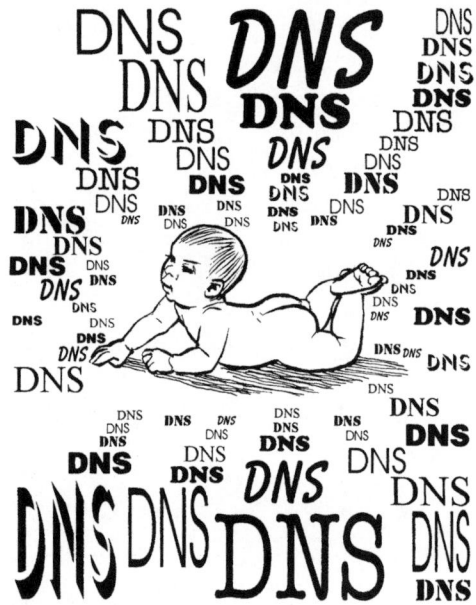

Wenn das so weitergegangen wäre, wärst du aber nicht als knuddeliges süßes Baby mit einem Kopf und Armen und Beinen auf die Welt gekommen,
sondern als eine dicke Kugel, gebildet aus mehr als einer Milliarde Zellen, die
alle die gleiche Form haben. Mit der gleichen DNS müßte, nach unserem
Verständnis immer die gleiche Zelle entstehen. Das stimmt sogar, wenn wir
uns einzellige Lebewesen ansehen, Bakterien beispielsweise.

Was aber höhere, mehrzellige Organismen betrifft, von Tieren oder sogar
Menschen ganz abgesehen, stehen wir vor einem riesengroßen Geheimnis.
Niemand kann dir sagen, woher die Zellen, die sich ohne Unterlaß im Bauch
deiner Mutter geteilt haben und dich Stück für Stück formten, wußten, daß
sie einmal Zelle in deiner Haut, deinem Herzmuskel oder deines Gehirns sein
werden!

Wir haben einen ganz blassen Schimmer, wie es funktionieren könnte: Die
menschliche DNS ist viel länger, als es die Anzahl der aus ihr hergestellten
Proteine eigentlich verlangen würde. Nur der zwanzigste Teil der DNS wird
dazu genutzt, um als Bauplan für Proteine zu dienen. Der Rest ist unleserlich
für Mr. Ribosom. Es ist denkbar, aber das ist wirklich nur eine Vermutung unter
den Forschern, die sich ständig mit DNS beschäftigen, daß der Platz zwischen
den Abschnitten, die für Proteinbildung verantwortlich sind, genutzt wird, um

im Laufe des Zellwachstums kleine Veränderungen in der DNS zu ermöglichen. Stück für Stück könnten so Zellen an neue Funktionen angepaßt werden.

Allerdings müßten das deutlich ablesbare Veränderungen sein: Überleg dir nur mal, was die Zellen in deinem Zahnbett für eine hochspezialisierte Tätigkeit übernommen haben, wenn es darum geht, einen wachsenden Zahn mit Calcium- und Phosphationen zu versorgen. Da müssen extra dafür spezialisierte Proteine in Massen dafür sorgen, daß nur diese Ionen Stück für Stück aus dem Blutplasma herausgefischt und an die Zahnsubstanz weitergereicht werden. Im gleichen Augenblick sind Zellen in deinen Körperdrüsen gerade dabei, Cholesterol einzusaugen und in Steroidhormone umzuwandeln. Rote Blutkörperchen – Zellen, die viele eisenhaltige Proteine (das Hämoglobin) in sich tragen – sorgen dabei ununterbrochen für eine ausreichende Sauerstoffversorgung aller Körperbereiche, damit die Zellatmung gesichert ist. Überall laufen diese zellulären Werkstätten auf Hochtouren. Und alle sind sie die Ururururururenkel dieser einen kleinen befruchteten Eizelle.

Alles greift ineinander. Gelöste Stoffe werden als Signale, Bausteine, Energiequellen oder Speichersubstanzen an ihren Einsatzort geschwemmt. Sie finden ihre Plätze durch die Anziehungskräfte, die Moleküle aufeinander ausüben. Kleine Startmoleküle werden zu großen Polymeren aneinandergereiht. Ausgesuchte Polymere formen Rezeptoren. Hormone übertragen Nachrichten zwischen den Zellen. Ionen von gelösten Metallsalzen leiten winzige Ströme in den Nervenbahnen. Feste Metallsalze bilden ein stützendes Gerüst. Unfaßbare Zahlen von großen und kleinen Verbindungen führen zu einem großen, lebendigen Verband.

Finale

Seite für Seite haben wir uns auf diese Stelle zugearbeitet. Wir haben die Instrumente kennengelernt, die dem Orchester der Chemie seinen unverwechselbaren Klang geben. Wir durften manchem Solo lauschen. Kapitel für Kapitel wuchs unser Verständnis für die unbekannten Harmonien. Langsam begannen wir ein Gefühl für das Thema, die Bindung unter den Atomen, zu entwickeln. Variationen des Themas leiteten uns zu den zauberhaften und verspielten Melodien über Moleküle. Becken und Triangeln mit ihren ganz eigenen metallenen Klängen setzten Ausrufezeichen im verwobenen Miteinander der Instrumente. Wieder und wieder wurde das Thema in abgewandelter Form zu Gehör gebracht. Allmählich schwoll der Klang an, verstärkt von neu einsetzenden Instrumenten. Schließlich war das gesamte Orchester vereint zum letzten Satz dieser unnachahmlichen Sinfonie eines unbekannten Komponisten.

Ein einziger, gemeinsamer und urgewaltiger Schlußakkord.

Benommen sitzen wir auf unseren Stühlen. Eine Weile nichts als Schweigen. Ist es wirklich zu Ende?

Ja, das Licht geht langsam an, wir können wohl jetzt an der Garderobe unsere Mäntel abholen. Komm, wir müssen nicht rennen. Wir können in aller Ruhe nach Hause laufen. Morgen kannst du so lange schlafen, wie du willst.

Um die Zeit ist kaum noch jemand auf der Straße. Nein, heute will ich gar nicht wissen, ob dir das Konzert gefallen hat. Vielleicht erzählst du es mir ganz von selbst an einem anderen Tag. Wie sieht es aus bei dir, hast du noch Lust auf eine kleine Geschichte beim Nachhauseweg?

Du siehst mich an und nickst. Na gut, also

Die Geschichte vom weisen Che-Mi und seinem Schüler

*E*ines Tages kam zum gelehrten Che-Mi ein Kind. Es verneigte sich ehrfürchtig an der offenstehenden Tür zum Hause des Weisen, worauf es freundlich zum Eintritt aufgefordert wurde. Der Gelehrte erkundigte sich bei seinem jungen Gast nach dem Grund des Besuches. „Weiser Che-Mi, bitte unterrichte mich in deiner Wissenschaft!" bat ihn das Kind. Che-Mi erhob sich von seiner Matte und führte den Besucher vor das Haus. „Siehst du jenen Berggipfel in der Ferne? Dort hinauf mußt du mit mir steigen, um das Geheimnis der Wissenschaft sehen zu können." Das Kind stimmte diesem Vorschlag ohne Zögern zu. So packte Che-Mi das nötigste ein, was die beiden zu dieser Reise brauchen würden.

Es war ein langer und anstrengender Weg. Doch während der Wanderung sprach Che-Mi in leichter und unterhaltender Weise mit seinem Schüler über seine Lehre. Unmerklich begann das Kind eine Empfindung für Che-Mis Gedankenwelt zu entwickeln. Steiler und kräftezehrender wurde ihr gemeinsamer Aufstieg. Längst hatten sie die Baumgrenze hinter sich gelassen und nur noch Felsbrocken und Geröll lagen auf ihrem Weg.

An einem sonnigen Mittag erreichten sie schwer atmend den Gipfel. Ein fast schwarzes Blau des Himmels wölbte sich über ihren Köpfen. Der Wind ließ ihre Kleider flattern. So weit sie blicken konnten, fiel ihr Auge nur auf umliegende Berggipfel. Das Grün der Wälder zog sich an den Füßen der Berge empor und füllte die dazwischenliegenden Täler. Auf manchen Spitzen des Gebirges glänzte

noch Schnee im Sonnenlicht. Es war eine Aussicht, die mit ihrer Schönheit die Betrachter vor Ehrfurcht verstummen ließ.

Che-Mi ließ seinen Blick über die Welt vor seinen Augen schweifen und sagte kein einziges Wort. Das Kind schwieg eine lange Weile aus Höflichkeit. Doch schließlich konnte es nicht mehr an sich halten und fragte seinen Meister: „Werde ich nun das Geheimnis deiner Lehre erfahren?"

Che-Mi lächelte und antwortete: „Das Geheimnis liegt direkt vor dir."

Verwirrt blickte das Kind um sich und hielt nach einem Hinweis Ausschau, der seine Neugier stillen könnte. Der Meister hatte sich währenddessen auf einem Felsstück niedergelassen. Mit einer Handbewegung winkte er das Kind auf den Platz an seiner Seite.

„Der Berg," begann er, „den wir gemeinsam bestiegen haben, ist meine Wissenschaft. Der Weg auf den Gipfel war meine Lehre. Die Aussicht von der Bergspitze ist der Blick auf das Leben." Die Augen des Kindes hingen erwartungsvoll an den Lippen des Weisen. „Nur die, die sich auf einen Berg wagen, werden auch mit einen Blick von dessen Spitze belohnt. Doch sieh dich um: Es gibt so viele Berge, wie es unterschiedliche Wissenschaften gibt. Von jedem Berg wirst du eine andere Aussicht haben. Auf einen Gipfel führen mehrere unterschiedliche Aufstiege. Kein Mensch wird von allen Bergen zugleich sehen können. Das ist das Geheimnis jeder Lehre."

Sieh mal, bei der ganzen Erzählerei sind wir schon in deine Straße eingebogen, und bei euch in der Wohnung brennt sogar noch Licht. Da warte ich nur unten an der Haustür, bis du oben nach dem Klingeln reingelassen worden bist.

Also, jetzt haben wir so viel Zeit miteinander verbracht, nun geht jeder erstmal seine eigenen Wege. Ich kann es eigentlich gar nicht so richtig glauben, daß du so lange durchgehalten hast. Kneif mich mal!

Au – offensichtlich ist es doch alles wahr gewesen. So wahr wie dieses Buch, das als Erinnerung an unsere Reise durch die Chemie auch morgen noch neben deinem Bett liegen wird. Übrigens, habe ich dir wenigstens einmal gesagt, daß du der bewunderungswürdigste, geduldigste und aufmerksamste Zuhörer warst, der mir je begegnet ist?

Machs gut!

208

Periodensystem der Elemente

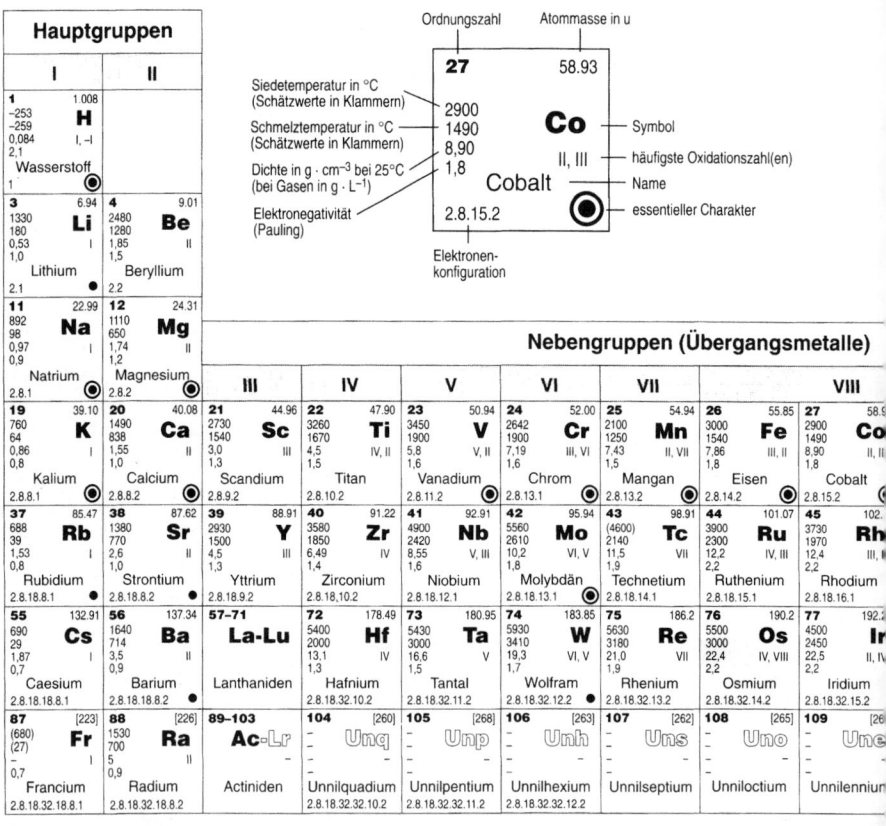

Hauptgruppen

Legend (example Co):
- Ordnungszahl: **27**
- Atommasse in u: **58.93**
- Siedetemperatur in °C (Schätzwerte in Klammern): 2900
- Schmelztemperatur in °C (Schätzwerte in Klammern): 1490
- Dichte in $g \cdot cm^{-3}$ bei 25°C (bei Gasen in $g \cdot L^{-1}$): 8,90
- Elektronegativität (Pauling): 1,8
- Symbol: **Co**
- häufigste Oxidationszahl(en): II, III
- Name: Cobalt
- essentieller Charakter: ●
- Elektronenkonfiguration: 2.8.15.2

Nebengruppen (Übergangsmetalle)

Hauptgruppen I und II

I	II
1 1.008 **H** −253 / −259 / 0,084 / 2,1 — Wasserstoff — 1 — I, −I — ◉	**4** 9.01 **Be** 2480 / 1280 / 1,85 / 1,5 — Beryllium — 2.2 — II
3 6.94 **Li** 1330 / 180 / 0,53 / 1,0 — Lithium — 2.1 — I — ●	**4** (siehe oben)
11 22.99 **Na** 892 / 98 / 0,97 / 0,9 — Natrium — 2.8.1 — I — ◉	**12** 24.31 **Mg** 1110 / 650 / 1,74 / 1,2 — Magnesium — 2.8.2 — II — ◉

Nebengruppen (Übergangsmetalle)

III	IV	V	VI	VII	VIII		
21 44.96 **Sc** 2730/1540/3,0/1,3 Scandium 2.8.9.2 III	**22** 47.90 **Ti** 3260/1670/4,5/1,5 Titan 2.8.10.2 IV,II	**23** 50.94 **V** 3450/1900/5,8/1,6 Vanadium 2.8.11.2 V,II ◉	**24** 52.00 **Cr** 2642/1900/7,19/1,6 Chrom 2.8.13.1 III,VI ◉	**25** 54.94 **Mn** 2100/1250/7,43/1,5 Mangan 2.8.13.2 II,VII ◉	**26** 55.85 **Fe** 3000/1540/7,86/1,8 Eisen 2.8.14.2 III,II ◉	**27** 58.9 **Co** 2900/1490/8,90/1,8 Cobalt 2.8.15.2 II, II	
39 88.91 **Y** 2930/1500/4,5/1,3 Yttrium 2.8.18.9.2 III	**40** 91.22 **Zr** 3580/1850/6,49/1,4 Zirconium 2.8.18.10.2 IV	**41** 92.91 **Nb** 4900/2420/8,55/1,6 Niobium 2.8.18.12.1 V,III	**42** 95.94 **Mo** 5560/2610/10,2/1,8 Molybdän 2.8.18.13.1 VI,III	**43** 98.91 **Tc** (4600)/2140/11,5/1,9 Technetium 2.8.18.14.1 VII	**44** 101.07 **Ru** 3900/2300/12,2/2,2 Ruthenium 2.8.18.15.1 IV,III	**45** 102. **Rh** 3730/1970/12,4/2,2 Rhodium 2.8.18.16.1 III,	
57–71 La-Lu Lanthaniden	**72** 178.49 **Hf** 5400/2000/13,1/1,3 Hafnium 2.8.18.32.10.2 IV	**73** 180.95 **Ta** 5430/3000/16,6/1,5 Tantal 2.8.18.32.11.2 V	**74** 183.85 **W** 5930/3410/19,3/1,7 Wolfram 2.8.18.32.12.2 VI,V ●	**75** 186.2 **Re** 5630/3180/21,0/1,9 Rhenium 2.8.18.32.13.2 VII	**76** 190.2 **Os** 5500/3000/22,4/2,2 Osmium 2.8.18.32.14.2 IV,VIII	**77** 192. **Ir** 4500/2450/22,5/2,2 Iridium 2.8.18.32.15.2 II,IV	
89–103 Ac-Lr Actiniden	**104** [260] **Unq** Unnilquadium 2.8.18.32.32.10.2	**105** [268] **Unp** Unnilpentium 2.8.18.32.32.11.2	**106** [263] **Unh** Unnilhexium 2.8.18.32.32.12.2	**107** [262] **Uns** Unnilseptium 2.8.18.32.32.13.2	**108** [265] **Uno** Unniloctium	**109** [26...] **Une** Unnilennium	

(Weitere Hauptgruppen-Spalten I und II, unten:)

19 39.10 **K** 760/64/0,86/0,8 Kalium 2.8.8.1 I ◉	**20** 40.08 **Ca** 1490/838/1,55/1,0 Calcium 2.8.8.2 II ◉
37 85.47 **Rb** 688/39/1,53/0,8 Rubidium 2.8.18.8.1 I ◉	**38** 87.62 **Sr** 1380/770/2,6/1,0 Strontium 2.8.18.8.2 II ◉
55 132.91 **Cs** 690/29/1,87/0,7 Caesium 2.8.18.18.8.1 I ◉	**56** 137.34 **Ba** 1640/714/3,5/0,9 Barium 2.8.18.18.8.2 II ●
87 [223] **Fr** (680)/(27)/−/0,7 Francium 2.8.18.32.18.8.1 I	**88** [226] **Ra** 1530/700/5/0,9 Radium 2.8.18.32.18.8.2 II

Lanthaniden

57 138.91 **La** 3470/920/6,17/1,1 Lanthan 2.8.18.18.9.2 III	**58** 140.12 **Ce** 3470/795/6,78/1,1 Cer 2.8.18.20.8.2 III,IV	**59** 140.91 **Pr** 3130/935/6,77/1,1 Praseodym 2.8.18.21.8.2 III,IV	**60** 144.24 **Nd** 3030/1020/7,00/1,2 Neodym 2.8.18.22.8.2 III	**61** [145] **Pm** (2730)/(1030)/−/− Promethium 2.8.18.23.8.2 III	**62** 150 **Sm** 1900/1070/7,54/1,2 Samarium 2.8.18.24.8.2 III,II

Actiniden

89 [227] **Ac** 3200/1050/−/1,1 Actinium 2.8.18.32.18.9.2 III	**90** 232.04 **Th** 4200/1700/11,7/1,3 Thorium 2.8.18.32.18.10.2 IV	**91** 231.01 **Pa** −/(1230)/15,4/1,5 Protactinium 2.8.18.32.20.9.2 III,IV	**92** 238.03 **U** 3820/1130/18,90/1,7 Uran 2.8.18.32.21.9.2 VI,V	**93** 237.05 **Np** −/640/20,4/1,3 Neptunium 2.8.18.32.22.9.2 VI,V	**94** [24...] **Pu** 3230/640/19,8/1,3 Plutonium 2.8.18.32.23.9.2 IV,V

Hauptgruppen

	III	IV	V	VI	VII	VIII

2 4.00 / −269 / −270 / 0,17 / − / **He** / Helium / 2

	III	IV	V	VI	VII	VIII
Z / Masse	5 / 10.81	6 / 12.01	7 / 14.01	8 / 16.00	9 / 19.00	10 / 20.18
	3900	4830	−196	−183	−188	−246
	(2030)	3730	−210	−219	−220	−249
	2,34	2,26	1,17	1,33	1,58	0,84
	2,0	2,5	3,0	3,5	4,0	−
Symbol	**B** III	**C** IV	**N** V, −III	**O** −II, VI	**F** −I	**Ne**
Name	Bor	Kohlenstoff	Stickstoff	Sauerstoff	Fluor	Neon
EN / Konfig.	2.3 / 2.8.3	2.4 ●	2.5 ◉	2.6 ◉	2.7 ◉	2.8 ◉

	III	IV	V	VI	VII	VIII
Z / Masse	13 / 26.98	14 / 28.09	15 / 30.97	16 / 32.06	17 / 35.45	18 / 39.95
	2450	2680	280	445	−35	−186
	660	1410	44	119	−101	−189
	2,70	2,33	1,82	2,07	2,95	1,66
	1,5	1,8	2,1	2,5	3,0	−
Symbol	**Al** III	**Si** IV	**P** V, −III	**S** −II, VI	**Cl** −I, VII	**Ar**
Name	Aluminium	Silicium	Phosphor	Schwefel	Chlor	Argon
EN / Konfig.	2.8.3 ●	2.8.4 ◉	2.8.5 ◉	2.8.6 ◉	2.8.7 ◉	2.8.8 ◉

	I	II	III	IV	V	VI	VII	VIII
(VIII) 28 / 58.71								

Nebengruppen / Hauptgruppen (Periode 4):

(VIII) 28	I 29	II 30	III 31	IV 32	V 33	VI 34	VII 35	VIII 36
58.71	63.55	65.38	69.72	72.59	74.92	78.96	79.90	83.80
2730	2600	906	2400	2830	613	685	58	−152
1450	1083	419	30	937	−	217	−7	−157
8,90	8,96	7,14	5,91	5,72	5,72	4,80	3,12	3,48
1,8	1,9	1,6	1,6	1,8	2,0	2,4	2,8	−
Ni II, III	**Cu** II, I	**Zn** II	**Ga** III	**Ge** IV, II	**As** III, V	**Se** −II, IV	**Br** −I	**Kr**
Nickel	Kupfer	Zink	Gallium	Germanium	Arsen	Selen	Brom	Krypton
2.8.16.2 ◉	2.8.18.1 ◉	2.8.18.2 ◉	2.8.18.3	2.8.18.4	2.8.18.5 ◉	2.8.18.6 ◉	2.8.18.7 ●	2.8.18.8

(VIII) 46	I 47	II 48	III 49	IV 50	V 51	VI 52	VII 53	VIII 54
106.4	107.87	112.40	114.82	118.69	121.75	127.60	126.90	131.30
3125	2210	765	2000	2270	1380	1390	183	−108
1550	961	321	156	232	631	450	114	−112
12,0	10.5	8,65	7,31	7,30	6,68	6,24	4,94	5,49
2,2	1,9	1,7	1,7	1,8	1,9	2,1	2,5	−
Pd II, IV	**Ag** I	**Cd** II	**In** III	**Sn** IV, II	**Sb** III, V	**Te** −II, IV	**I** −I, VII	**Xe**
Palladium	Silber	Cadmium	Indium	Zinn	Antimon	Tellur	Iod	Xenon
2.8.18.18 ◉	2.8.18.18.1 ◉	2.8.18.18.2 ●	2.8.18.18.3	2.8.18.18.4 ●	2.8.18.18.5	2.8.18.18.6 ◉	2.8.18.18.7 ◉	2.8.18.18.8

(VIII) 78	I 79	II 80	III 81	IV 82	V 83	VI 84	VII 85	VIII 86
195.09	196.97	200.59	204.37	207.2	208.98	[209]	[210]	[222]
3825	2970	357	1460	1740	1560	962	335	−62
1770	1063	−39	303	327	271	254	302	−71
21,4	19,3	13,53	11,85	11,4	9,8	9,4	−	9,23
2,2	2,4	1,9	1,8	1,8	1,9	2,0	2,2	−
Pt IV, II	**Au** III, I	**Hg** II, I	**Tl** I, III	**Pb** II, IV	**Bi** III, V	**Po** II, IV	**At** −I, III	**Rn**
Platin	Gold	Quecksilber	Thallium	Blei	Bismut	Polonium	Astat	Radon
2.8.18.32.17.1	2.8.18.32.18.1	2.8.18.32.18.2 ◉	2.8.18.32.18.3	2.8.18.32.18.4 ●	2.8.18.32.18.5	2.8.18.32.18.6	2.8.18.32.18.7	2.8.18.32.18.8

Lanthanoide

63	64	65	66	67	68	69	70	71
151.96	157.25	158.93	162.50	164.93	167.26	168.93	173.04	174.97
1440	3000	2800	2600	2600	2900	1730	1430	3330
826	1310	1360	1410	1460	1500	1550	824	1650
5,26	7,89	8,27	8,54	8,80	9,05	9,33	6.98	9,84
−	1,1	1,2	1,2	1,2	1,2	1,2	1,1	1,2
Eu III, II	**Gd** III	**Tb** III, IV	**Dy** III	**Ho** III	**Er** III	**Tm** III, II	**Yb** III, II	**Lu** III
Europium	Gadolinium	Terbium	Dysprosium	Holmium	Erbium	Thulium	Ytterbium	Lutetium
2.8.18.25.8.2	2.8.18.25.9.2	2.8.18.27.8.2	2.8.18.28.8.2	2.8.18.29.8.2	2.8.18.30.8.2	2.8.18.31.8.2	2.8.18.32.8.2	2.8.18.32.9.2

Actinoide

95	96	97	98	99	100	101	102	103
[243]	[247]	[247]	[251]	[254]	[253]	[258]	[256]	[256]
2600	−	−	−	−	−	−	−	−
850	−	−	−	−	−	−	−	−
11,7	−	−	−	−	−	−	−	−
1,3	1,3	1,3	1,3	1,3	1,3	1,3	1,3	1,3
Am III, II	**Cm** III	**Bk** III, IV	**Cf** III	**Es**	**Fm**	**Md**	**No**	**Lr**
Americium	Curium	Berkelium	Californium	Einsteinium	Fermium	Mendelevium	Nobelium	Lawrencium
2.8.18.32.25.8.2	2.8.18.32.25.9.2	2.8.18.32.27.8.2	2.8.18.32.28.8.2	2.8.18.32.29.8.2	2.8.18.32.30.8.2	2.8.18.32.31.8.2	2.8.18.32.32.8.2	2.8.18.32.32.9.2

BIN TRAVERLER FORM

Cut By: _Gigi #3_ **Qty** _26_ **Date** _2/21/26_

Scanned By: _____ **Qty** _____ **Date** _____

Scanned Batch ID's

_____

_____

Notes / Exceptions

_____